U0179843

环境污染与健康风险研究丛书

丛书主编 施小明

室内空气质量标准研究

主编 施小明

科学出版社

北 京

内　容　简　介

本书梳理了 GB/T 18883—2022《室内空气质量标准》中物理性、化学性、生物性及放射性等 22 个指标限值制订过程，包括各指标基本信息、室内主要来源和人群暴露途径、我国室内空气中污染水平及变化趋势、健康影响、国内外空气质量标准或指南情况，以及标准限值建议和依据六部分，以帮助专业人员深入了解《室内空气质量标准》修订的思路。

本书可供从事室内空气质量评价的机构和人员了解《室内空气质量标准》各指标限值的制订方法，在推动室内环境健康风险研究和风险管理方面具有参考意义。

图书在版编目（CIP）数据

室内空气质量标准研究 / 施小明主编. —北京：科学出版社，2024.3

（环境污染与健康风险研究丛书 / 施小明总主编）

ISBN 978-7-03-077250-3

Ⅰ. ①室…　Ⅱ. ①施…　Ⅲ. ①室内空气-空气质量标准-研究-中国　Ⅳ. ①TU834.8

中国国家版本馆CIP数据核字（2023）第247869号

责任编辑：马晓伟 / 责任校对：张小霞
责任印制：肖　兴 / 封面设计：吴朝洪

科学出版社 出版
北京东黄城根北街 16 号
邮政编码：100717
http://www.sciencep.com
北京建宏印刷有限公司印刷
科学出版社发行　各地新华书店经销
*
2024 年 3 月第　一　版　开本：720 × 1000 1/16
2025 年 1 月第三次印刷　印张：13 3/4
字数：265 000

定价：98.00 元

（如有印装质量问题，我社负责调换）

“环境污染与健康风险研究丛书”编委会

《室内空气质量标准研究》编者名单

主　编　施小明

副主编　徐东群　李湉湉　朱　英

编　委　（按姓氏笔画排序）

丁　程　王　秦　王　琡　王　琼　王贝贝
王先良　王翠平　方建龙　方道奎　朱　英
刘　宁　刘园园　孙之炜　孙全富　孙庆华
杜艳君　杜喜浩　李　峥　李　霞　李亚伟
李成橙　李湉湉　余淑苑　宋延超　张力文
张庆丽　张寅平　阿依博塔·吐尔逊别克
陈　晨　陈仁杰　陈国敏　武云云　苗晓翔
施小明　赵　峰　段小丽　侯　荣　徐东群
秦　宁　夏俊杰　唐　宋　黄素丽　曹素珍
董小艳　程义斌　阚海东　魏静雅

丛 书 序

随着我国经济的快速发展与居民健康意识的逐步提高，环境健康问题日益凸显且备受关注。定量评估环境污染的人群健康风险，进而采取行之有效的干预防护措施，已成为我国环境与健康领域亟待解决的重要科技问题。我国颁布的《中华人民共和国环境保护法》（2014 年修订）首次提出国家建立健全环境健康监测、调查和风险评估制度，在立法层面上凸显了环境健康工作的重要性，后续发布的《“健康中国 2030”规划纲要》、《健康中国行动（2019—2030 年）》和《中共中央 国务院关于全面加强生态环境保护 坚决打好污染防治攻坚战的意见》等，均提出要加强环境健康风险评估制度建设，充分体现了在全国开展环境健康工作的必要性。

自党的十八大以来，在习近平生态文明思想科学指引下，我国以前所未有的力度推动“健康中国”和“美丽中国”建设。在此背景下，卫生健康、生态环境、气象、农业等部门组织开展了多项全国性的重要环境健康工作和科学研究，初步建成了重大环境健康监测体系，推进了环境健康前沿领域技术方法建立，实施了针对我国重点环境健康问题的专项调查，制修订了一批环境健康领域重要标准。

“环境污染与健康风险研究丛书”是“十三五”国家重点研发计划“大气污染成因与控制技术研究”重点专项、大气重污染成因与治理攻关项目（俗称总理基金项目）、国家自然科学基金项目等支持带动下的重要科研攻关成果总结，还包括一些重要的技术方法和标准修订工作的重要成果，也是全国环境健康业务工作，如空气污染、气候变化、生物监测、环境健康风险评估等关注的重要内容。本丛书系统梳理了我国环境健康领域的最新成果、方法和案例，围绕开展环境健康研究的方法，通过研究案例展现我国环境健康风险研究前沿成果，同时对环境健康研究方法在解决我国环境健康问题中的应用进行介绍，具有重要的学术价值。

希望通过本丛书的出版，推动“十三五”重要研究成果在更大的范围内共享，为相关政策、标准、规范的制订提供权威的参考资料，为我国建立健全环境健康监测、调查与风险评估制度提供有益的科学支撑，为广大卫生健康系统、大专院校和科研机构工作者提供理论和实践参考。

作为国家重点研发计划、大气重污染成因与治理攻关及国家自然科学基金等重大科研项目的重要研究成果集群，本丛书的出版是多方合作、协同努力的结果。最后，感谢科技部、国家自然科学基金委员会、国家卫生健康委员会等单位的大力支持。感谢所有参与专著编写的单位及工作人员的辛勤付出。

“环境污染与健康风险研究丛书”编写组

2022 年 9 月

前　　言

党的十八大以来，党中央、国务院把“健康中国”上升为国家战略，把保障人民健康放在优先发展的战略位置。为推进健康中国建设，提高人民健康水平，中共中央、国务院于2016年10月25日印发并实施《“健康中国2030”规划纲要》，明确了要从广泛的健康影响因素入手，全方位、全周期保障人民健康。为贯彻落实党中央、国务院有关决策部署，国家卫生健康委员会出台了《健康中国行动（2019—2030年）》，提出将开展重大专项行动，努力使群众不生病、少生病。近年来，随着我国工业化、城镇化和人口老龄化的发展，我国的环境污染问题日益严重。根据《中共中央 国务院关于全面加强生态环境保护 坚决打好污染防治攻坚战的意见》的要求，国家卫生健康委员会制订并发布《坚决打好污染防治攻坚战全面加强环境与健康工作三年行动方案》，加大环境与健康工作力度。

人一生中超过80%的时间是在室内度过的，因此室内空气质量成为公众和政府高度关注的热点问题。2002年，在充分考虑了当时我国室内空气污染中主要污染物及其对人群健康危害的前提下，发布和实施《室内空气质量标准》（GB/T 18883—2002）。该标准自发布和实施以来，相关部门加强了室内空气质量管理，社会和公众了解了室内空气质量要求。在多方努力下，我国室内空气污染物的浓度明显降低，如我国室内甲醛平均浓度和超标率总体呈下降趋势。近20年来，随着我国经济和社会快速发展，我国室内空气污染特征日趋复杂，新污染物越来越多，公众对健康的需求也发生了巨大的变化。在当前形势下，GB/T 18883—2002存在一些不能满足目前室内空气质量评价和管理工作需求的情况。例如，公众关注较多的$PM_{2.5}$等指标尚未纳入。同时，国内外众多空气污染健康影响研究的最新证据不断涌现，为更好地保护公众健康提供了更为充分的科学依据。国际组织和发达国家等相继修订空气质量相关基准和标准。如2021年WHO基于全球最新的研究成果发布了《全球空气质量指南》，进一步收严部分指标。基于以上情况，国家卫生健康委员会于2018年底启动

GB/T 18883—2002 修订。修订组历时 3 年完成修订。2022 年 7 月 11 日，国家市场监督管理总局、国家标准化管理委员会发布了《室内空气质量标准》（GB/T 18883—2022）。该标准替代《室内空气质量标准》（GB/T 18883—2002），于 2023 年 2 月 1 日正式实施。

为了帮助专业人员深入了解《室内空气质量标准》修订的总体思路及过程，编者系统梳理本次室内空气质量指标及要求的制订过程，并编写成本书。本书分为 7 章，包括《室内空气质量标准》修订介绍、物理指标、无机物指标、颗粒物指标、有机物指标、生物性及放射性指标及展望。我们力求展现在遵从科学循证原则的基础上，综合考虑我国目前的经济社会发展水平，确定我国室内空气质量的主要指标及要求，以及在整个过程中运用的前沿理论和技术，确保 GB/T 18883—2022 的科学性和实用性。最后本书对 GB/T 18883—2022 的宣贯和实施，以及今后本领域工作展望等提出了设想和建议。

本书在编写出版过程中，得到北京大学郭新彪教授、首都医科大学孙志伟教授、中国环境科学研究院白志鹏研究员和王宗爽研究员、中国标准化研究院黄进研究员、国家环境分析测试中心张烃研究员的大力支持，在此谨向他们表示衷心感谢。

本书可供从事室内环境健康研究及风险管理工作的人员参考使用，也可供本领域科研机构、高等院校的师生参考使用。希望本书能够帮助读者了解 GB/T18883—2002 的修订思路、过程及使用的方法，为更好地推动室内环境健康风险研究和风险管理工作提供支撑。由于编者水平有限，该领域发展日新月异，本书不足之处在所难免，欢迎广大读者批评指正。

编者

目　录

第一章 《室内空气质量标准》修订介绍

1.1 修订背景

基于室内燃料燃烧计算室内空气污染的归因疾病负担显示，全球室内空气污染归因超额死亡人数为 231.4 万人，其中我国为 36.3 万人。在影响健康的环境类危险因素中，室内空气污染为全球排名第二（我国排名第三）的危险因素。室内空气污染对人类健康的影响是政府和公众关注的热点问题。

室内空气污染物来源极其复杂，主要包括室外空气污染物输入、现代建筑家具材料释放、人的活动等产生（如家用清洁产品、油漆和溶剂的使用，以及烹饪燃烧、打扫卫生）、动物脱落等。《中国人群暴露参数手册（成人卷）》表明我国成年人每日室内活动时间超过 18h，若长时间处于空气质量不良的室内环境中，公众的健康会受到极大威胁。

2002 年 11 月 19 日发布实施的《室内空气质量标准》（GB/T 18883—2002）（以下简称“GB/T 18883—2002”）是在借鉴国外相关指标、标准的基础上，结合我国的实际情况，参考我国现有标准而制订的，包含物理性、化学性、生物性和放射性 4 类共计 19 个室内污染指标。该标准的实施对于相关部门加强室内空气质量管理、社会和公众了解室内空气质量要求、多方努力有效降低我国室内空气污染物的浓度起到了极大的推动作用。但是，GB/T 18883—2002 的发布实施距今已 20 余年，其间我国经济和社会快速发展，人们生活水平明显提高，自然环境、社会环境和生活方式也发生了明显改变，室内空气污染特征也随之改变。GB/T 18883—2002 存在一些不能满足目前我国室内空气质量评价和管理工作需求的情况，如公众关注较多的细颗粒物（$PM_{2.5}$）等指标尚未纳入 GB/T 18883—2002。同时，国内外众多空气污染健康影响研究的最新证据不断涌现，为更好地保护公众健康提供了更为充分的科学依据。国际组织和发达国家等相继修订相关空气质量基准和标准，如 2021 年 WHO 基于全球最新的研究成果发布了全球空气质量准则，进一步收严部分指标。基于以上情况，迫切需要对 GB/T 18883—2002 进行修订，以更好地应对我国室内空气污染的新变化，不断适应人民群众健康防护实践发展的新需求。

2018 年，国家卫生健康委员会委托中国疾病预防控制中心环境与健康相关产品安全所（以下简称环境所）开展《室内空气质量标准》修订工作，施小明研究员为该工作负责人。2018 年 11 月 29 日，国家卫生健康委员会召开《室内空气质量标准》修订工作第一次全体会议，正式启动《室内空气质量标准》修订工作。为了保障修订的质量，环境所联合复旦大学、清华大学、中国疾病预防控制中心辐射防护与核安全医学所、深圳市疾病预防控制中心、北京科技大学、中国环境科学研究院、北京大学、首都医科大学、中国标准化研究院、国家环境分析测试中心、北京市疾病预防控制中心成立修订工作组，共同推进修订工作。

1.2 修订过程及修订内容

1.2.1 《室内空气质量标准》修订过程

为保证《室内空气质量标准》修订工作顺利、高效推进，环境所组织制订了标准修订总体工作方案，包括建立高效协作的标准修订工作组，明确分工，协作推进标准修订工作；系统梳理和整理我国室内空气污染文献和国内外标准等相关资料，提出《室内空气质量标准》修订的主要内容；遵从科学循证原则，合理确定室内空气污染指标和要求；遵循准确性优于便利性，传统方法与先进方法兼顾的原则，优化指标测定方法；规范各阶段核查程序，加强标准修订质量控制，广泛征求多方意见，保障标准修订的科学性和可操作性。

《室内空气质量标准》修订工作组主要包括专家咨询委员会、起草技术保障组和秘书处，各组人员工作职责明确，共同推进标准修订工作。专家咨询委员会负责对各指标的增减、限值要求和检验方法进行把关，确保标准的科学性和可操作性。起草技术保障组下设指标限值组、检验方法组、现行标准分析组和室内空气质量分析组，负责编写标准文本、支撑文件和编制说明等技术性文件。秘书处主要负责组织协调，定期组织例会等以推进标准修订工作。

通过系统梳理我国室内空气污染相关文献和空气污染对人群健康影响的流行病学、毒理学等方面最新的研究证据，结合国际组织、世界各国和我国的室内外空气质量标准与指南中的室内空气污染指标及测定方法等，综合分析并提出此次标准修订的室内主要空气污染物及其要求和配套的测定方法，为修订工作打下坚实基础。

综合考虑我国室内污染物的暴露水平、污染物的健康风险水平和已有标准对指标的关注度，确定本次标准修订的指标及其限值要求。新增指标的纳入原则：一是综合考虑现阶段该污染物具有明确的室内来源，流行病学证据明确表明其具有健康危害；二是该污染物在我国目前暴露水平下，人群存在一定的健康风险；

三是该污染物引起国际权威机构广泛关注。指标要求调整的方法：一是对于有明确毒理学系数的污染物，依据最新的权威流行病学证据，利用环境健康风险评估方法来反推可有效保护人群健康的浓度水平，作为提出该污染物标准限值的科学依据（如甲醛、三氯乙烯和四氯乙烯等）；二是对于其他污染物的指标要求，在充分调研国内外相关标准及其编制依据的基础上，借鉴国内外相关标准提出相应标准限值（如苯和可吸入颗粒物等）。

从科学性、先进性、适用性、可操作性及与国际先进技术水平接轨等方面确定新标准中指标的测定方法。通过文献检索、问卷调查、专家访谈等方式，开展现行标准中各类指标检验方法的追踪评价，系统梳理旧标准方法存在的问题，并根据评价结果对不同检验方法进行分类处理。一是因使用有毒有害试剂而易污染环境的，方法明显落后并已有先进的可替代方法的，灵敏度、检出限等方法学指标无法满足检测要求的方法均予以删除，并提出删除依据。二是经过方法适用性评估，先进性、有效性仍满足要求的方法尽量予以保留，并更新为现行有效版本。三是通过检验方法追踪和对已有国标或行标的适用性评估，能够同步采纳的，经过方法验证后直接引用；需要对部分条款进行非原则性修改的，经过方法验证后以完整方法形式纳入本标准；不能同步采纳的，经过 3 家实验室方法确认后以完整方法形式纳入本标准。四是在适用范围相同的情况下，根据灵敏度、检出限等方法学特性及实际应用情况，明确方法排序。五是为便于方法的应用，对于同步采标的检验方法，提供参考采样方法参数。

严格按照标准修订各个阶段的规范化核查程序开展有针对性的核查工作，充分利用交叉核查等手段加强标准修订整个过程中的质量控制。为了保障标准的科学性，组织召开多次专家咨询会议，对标准纳入的指标和要求及测定方法等进行研讨。同时，广泛征求各方意见，一是以邮件和发函形式收集到共 26 家高校、科研单位和企业等的 341 条意见；二是以国标网挂网的形式征求意见。在充分吸纳各方意见的情况下，对标准文本和配套文件等进一步修改完善，最终形成《室内空气质量标准》报批稿。经环境健康标准专业委员会审查、国家卫生健康委员会法规司和国家标准化管理委员会审核后，2022 年 7 月 11 日，国家市场监督管理总局、国家标准化管理委员会发布了《室内空气质量标准》（GB/T 18883—2022）。

1.2.2 《室内空气质量标准》修订内容

《室内空气质量标准》（GB/T 18883—2022）（以下简称“GB/T 18883—2022”）与 GB/T 18883—2002 相比，除结构调整和编辑性改动外，主要技术变化具体如下所述。

（1）增加了“细颗粒物”“1 小时平均”“8 小时平均”“24 小时平均”4 个

术语及其定义；删除了“标准状态”术语及其定义；更改了“室内空气质量指标”“可吸入颗粒物”“总挥发性有机化合物”3个术语及其定义。

（2）增加了三氯乙烯、四氯乙烯和细颗粒物3项指标及其要求。

（3）将“空气流速”更改为“风速”；将温度、相对湿度和风速备注中的“夏季空调”和“冬季采暖”更改为“夏季”和“冬季”；将“菌落总数”更改为“细菌总数”。

（4）更改了二氧化氮、二氧化碳、甲醛、苯、可吸入颗粒物、细菌总数和氡7项指标要求；更改了氡的控制要求，将“行动水平”修改为“参考水平”。

（5）更改了温度、相对湿度、风速、新风量、臭氧、二氧化氮、二氧化硫、二氧化碳、一氧化碳、氨、甲醛（分光光度法）11项指标的测定方法和方法来源，增加了三氯乙烯、四氯乙烯和细颗粒物的测定方法和方法来源，增加了推荐采样方法参数；增加了甲醛（高效液相色谱法）、苯并[a]芘、可吸入颗粒物、细颗粒物、氡5项指标的测定方法，更改了苯、总挥发性有机化合物（TVOC）、细菌总数3项指标的测定方法。

（6）增加了环境要求、样品运输和保存、平行样检验、结果表述、实验室安全等技术内容。

GB/T 18883—2002和GB/T 18883—2022的具体指标及要求见表1-1。

表1-1 GB/T 18883—2002与GB/T 18883—2022的具体指标及要求

序号	指标分类	指标	GB/T 18883—2002	GB/T 18883—2022
1	物理性指标	温度	夏季空调22～28℃ 冬季采暖16～24℃	夏季22～28℃ 冬季16～24℃
2		相对湿度	夏季空调40%～80% 冬季采暖30%～60%	夏季40%～80% 冬季30%～60%
3		风速	夏季空调0.3m/s 冬季采暖0.2m/s	夏季0.3m/s 冬季0.2m/s
4		新风量	≥30m³/（h·人）	≥30m³/（h·人）
5	化学性指标	臭氧	1小时平均浓度限值为0.16mg/m³	1小时平均浓度限值为0.16mg/m³
6		二氧化氮	1小时平均浓度限值为0.24mg/m³	1小时平均浓度限值为0.2mg/m³
7		二氧化硫	1小时平均浓度限值为0.5mg/m³	1小时平均浓度限值为0.5mg/m³
8		二氧化碳	日平均浓度限值为0.10%	1小时平均浓度限值为0.10%
9		一氧化碳	1小时平均浓度限值为10mg/m³	1小时平均浓度限值为10mg/m³
10		甲醛	1小时平均浓度限值为0.10mg/m³	1小时平均浓度限值为0.08mg/m³
11		氨	1小时平均浓度限值为0.2mg/m³	1小时平均浓度限值为0.2mg/m³
12		苯	1小时平均浓度限值为0.11mg/m³	1小时平均浓度限值为0.03mg/m³

续表

序号	指标分类	指标	GB/T 18883—2002	GB/T 18883—2022
13	化学性指标	甲苯	1 小时平均浓度限值为 0.20mg/m^3	1 小时平均浓度限值为 0.20mg/m^3
14		二甲苯	1 小时平均浓度限值为 0.20mg/m^3	1 小时平均浓度限值为 0.20mg/m^3
15		总挥发性有机化合物	8 小时平均浓度限值为 0.60mg/m^3	8 小时平均浓度限值为 0.60mg/m^3
16		苯并[a]芘	日平均浓度限值为 1.0ng/m^3	24 小时平均浓度限值为 1.0ng/m^3
17		可吸入颗粒物	日平均浓度限值为 0.15mg/m^3	24 小时平均浓度限值为 0.10mg/m^3
18		细颗粒物	无	24 小时平均浓度限值为 0.05mg/m^3
19		三氯乙烯	无	8 小时平均浓度限值为 0.006mg/m^3
20		四氯乙烯	无	8 小时平均浓度限值为 0.12mg/m^3
21	生物性指标	菌落总数/细菌总数	菌落总数限值为 2500CFU/m^3	细菌总数限值为 1500CFU/m^3
22	放射性指标	氡	年平均浓度限值为 400Bq/m^3（行动水平）	年平均浓度限值为 300Bq/m^3（参考水平）

第二章　物 理 指 标

2.1　温度、相对湿度、空气流速

2.1.1　基 本 信 息

中文名称：温度；英文名称：temperature；表示物体冷热程度的物理量，其热力学定义为处于同一热平衡状态的各个热力系，必定有某一宏观特征彼此相同，用于描述此宏观特征的物理量即温度。

中文名称：相对湿度；英文名称：relative humidity；指空气中水蒸气分压力与相同温度下饱和水蒸气压力之比。

中文名称：空气流速；英文名称：air velocity；指室内空气的流动速度。

2.1.2　我国室内空气温度、相对湿度、空气流速水平及趋势

以“热环境”“室内”为主题词，可检索到中文文献共 3000 余篇（2019 年 3 月 10 日在中国知网检索），在此基础上设置筛选条件，即摘要含“温度”“湿度”，符合纳入标准的中文文献共 37 篇。以“temperature”“humidity”“indoor”“China”为主题词，可检索到英文文献共 108 篇（2019 年 3 月 11 日在 WOS 核心合集中检索），经筛选符合纳入标准的英文文献共 4 篇。筛选后的 41 篇公开文献数据覆盖 23 个省、自治区和直辖市，其报道的我国夏季和冬季室内温度情况分别见表 2-1 和表 2-2。

表 2-1　公开文献报道的我国夏季室内温度情况（1998 年以来至 2019 年）

省/自治区/直辖市	研究地区	建筑或房间类型	样本量（个）	均值（℃）	最小值（℃）	最大值（℃）	论文来源
上海	/	办公室	7	23	21	28	潘毅群等，2003
北京	/	住宅	88	28.6	26	31	夏一哉等，1999
北京	农村	卧室	50	27	25	35	简毅文等，2010
辽宁	大连	卧室	11	28.4	25.3	32.6	刘鸣等，2018

续表

省/自治区/直辖市	研究地区	建筑或房间类型	样本量（个）	均值（℃）	最小值（℃）	最大值（℃）	论文来源
山东	青岛	客厅	/	30.2	29.5	30.9	赵西平等，2018
		卧室	/	30.2	29.1	31.3	
湖北	武汉	卧室	14	33.9	29.4	37.4	Zhang et al，2015
浙江	杭州	卧室	/	/	29.4	33.8	郑锐锋等，2018
	舟山	卧室	/	/	27.9	31	
安徽	宣城	卧室	5	28	/	/	黄志甲等，2017
陕西	山区	卧室	2	32	30	33	朱轶韵等，2016
陕西	农村	住宅	1	31	/	/	王雪等，2018
陕西	农村	住宅	2	28.4	24.9	30.4	王雪等，2016
河南	农村	住宅	共 370	32.1	29.5	34.2	闫海燕等，2018
	城市	住宅	/	30.5	28.4	36	
四川	桃坪羌寨	住宅	1	22.7	19	27	廖语霞等，2016
四川	红原	住宅	3	18.1	11	34.9	席欢等，2016
江苏	农村	住宅	1	29.8	28.3	33.6	冯小平等，2010
江苏	苏州	住宅	3	26.2	23.2	27.4	梁锐等，2016
广州	东莞	住宅	/	26	24	28	丁秀娟等，2007
湖南	衡阳	住宅	1	31.9	/	/	尹东衡，2018
浙江	杭州	住宅	2234	27	/	/	Guo et al，2013

表 2-2 公开文献报道的我国冬季室内温度情况（1998 年以来至 2019 年）

省/自治区/直辖市	研究地区	建筑或房间类型	样本量（个）	均值（℃）	最小值（℃）	最大值（℃）	论文来源
北京	农村	卧室	37	8.8	/	/	郑和辉等，2011
	城市	卧室	60	19.9	/	/	
北京	农村	卧室	50	15	/	21	简毅文等，2010
天津	农村	卧室	7	16.1	12.8	18.6	Liu et al，2018
黑龙江	哈尔滨	卧室	20	16.2	15.2	18.2	高枫等，2016
黑龙江	哈尔滨	卧室	66	20.1	12	25.6	王昭俊等，2002
辽宁	阜蒙	卧室	/	9	5	14	李智卓等，2018
湖北	武汉	卧室	14	11.4	10.3	12.6	Zhang et al，2015
重庆	/	住宅	1	12.1	8.2	15.1	陈金华等，2016
四川	成都	住宅	10	20.1	/	/	孙弘历等，2018
四川	红原	住宅（集中供暖）	/	/	15	17.5	魏鹏等，2018
四川	红原	住宅（分散供暖）	/	/	8	17.5	魏鹏等，2018

续表

省/自治区/直辖市	研究地区	建筑或房间类型	样本量（个）	均值（℃）	最小值（℃）	最大值（℃）	论文来源
四川	康定	住宅	2	17.4	15.3	28.7	宋晓吉等，2016
四川	红原	住宅	3	18.7	9.8	25.6	席欢等，2016
四川	桃坪羌寨	住宅	1	4.9	1	9	廖语霞等，2016
山东	青岛	住宅	9	20.8	/	/	韩飞等，2017
山东	菏泽	住宅	1	14.6	/	18	赵西平等，2018
河南	焦作	住宅	2	8.3	6.3	11.2	闫海燕等，2016
河南	农村	住宅	68	6	0.8	12.8	闫海燕等，2018
陕西	山区	住宅	2	6	5	7	朱轶韵等，2016
江苏	农村	住宅	1	8.1	6.8	10.8	冯小平等，2010
浙江	杭州	住宅	2234	5.1	/	/	Guo et al，2013
甘肃	兰州	住宅	6	20.4	16.3	26.2	段林等，2010
甘肃	民勤	住宅	/	11	/	/	李金平等，2018
内蒙古	呼和浩特	住宅	/	17.8	/	/	李智卓等，2017
西藏	农村	住宅	1	8.1	5.1	14.2	聂倩等，2017

公开文献中涉及夏季室内温度的数据有 22 组，温度均值在 22～28℃的占 31.8%。除四川红原的室内平均温度仅 18.1℃外，其余调查显示室内平均温度均在 23℃及以上（未开空调）；文献中涉及冬季室内温度的数据有 26 组，温度均值在 16～24℃的占 41.7%。达不到室内温度标准要求的房间多分布在西北地区，这是墙体、门窗等围护结构保温性能差或供暖系统问题所致。

公开文献报道的我国夏季和冬季室内相对湿度情况分别见表 2-3 和表 2-4。

表 2-3　公开文献报道的我国夏季室内相对湿度情况（1998 年至 2019 年）

省/自治区/直辖市	研究地区	建筑或房间类型	样本量（个）	均值（%）	最小值（%）	最大值（%）	论文来源
上海	/	办公室	7	46.6	11	70	潘毅群等，2003
辽宁	大连	卧室	11	59.6	24.8	79	刘鸣等，2018
山东	青岛	客厅	/	75.4	65.5	81	赵西平等，2018
		卧室	/	75.4	64.4	81.5	
湖北	武汉	卧室	14	64.3	54.2	74.8	Zhang et al，2015
浙江	杭州	卧室	/	/	66.5	77.9	郑锐锋等，2018
	舟山	卧室	/	/	70	85.8	
陕西	山区	卧室	2	70	66	73	朱轶韵等，2016
	农村	住宅	2	56	28	80	王雪等，2016

续表

省/自治区/直辖市	研究地区	建筑或房间类型	样本量（个）	均值（%）	最小值（%）	最大值（%）	论文来源
北京	/	住宅	88	77.4	53	88	夏一哉等，1999
河南	农村	住宅	370	68.8	35	75.1	闫海燕等，2018
	城市	住宅	/	73.2	32.4	83.6	
四川	桃坪羌寨	住宅	1	66.2	52.3	73.7	廖语霞等，2016
四川	红原	住宅	3	50.9	24.6	69.4	席欢等，2016
湖南	衡阳	住宅	1	75	/	/	尹东衡，2018
江苏	农村	住宅	1	72	59	83	冯小平等，2010
江苏	苏州	住宅	3	77.5	66	88	梁锐等，2016
浙江	杭州	住宅	2234	81.3	/	/	Guo et al，2013
广州	东莞	住宅	/	75	/	/	丁秀娟等，2007

表 2-4 公开文献报道的我国冬季室内相对湿度情况（1998 年以来）

省/自治区/直辖市	研究地区	建筑或房间类型	样本量（个）	均值（%）	最小值（%）	最大值（%）	论文来源
北京	农村	卧室	37	35.5	/	/	郑和辉等，2011
	城市	卧室	60	30.1	/	/	
天津	农村	卧室	7	36.5	50.6	75.8	Liu L S，et al，2019
重庆	/	住宅	1	67.1	45.1	87.4	陈金华等，2016
四川	康定	住宅	2	58.2	31.5	84.4	宋晓吉等，2016
四川	桃坪羌寨	住宅	1	32	27.8	35.2	廖语霞等，2016
四川	红原	住宅	3	37.8	15.5	50.6	席欢等，2016
四川	红原	住宅-集中供暖	/	/	/	<30	魏鹏等，2018
		住宅-分散供暖	/	/	17.5	38	
山东	青岛	住宅	9	39.2	/	/	韩飞等，2017
山东	菏泽	住宅	1	56.5	42.7	69.1	赵西平等，2018
黑龙江	哈尔滨	卧室	66	35.3	22	53	王昭俊等，2002
河南	焦作	住宅	2	61	50	70	闫海燕等，2016
河南	农村	住宅	68	68.2	21	91	闫海燕等，2018
西藏	农村	住宅	1	20	37	10	聂倩等，2017
甘肃	兰州	住宅	6	23.5	15.2	49	段林等，2010
辽宁	阜蒙县	卧室	/	46	44	54	李智卓等，2018
内蒙古	牧区	住宅	81	29.9	22.7	55.2	金国辉等，2017
江苏	农村	住宅	1	65	39.5	87.9	冯小平等，2010
浙江	杭州	住宅	2234	78.3	/	/	Guo M et al，2013
湖北	武汉	卧室	14	62.4	/	/	Zhang Y Q，et al，2015

公开文献中涉及夏季室内相对湿度的数据有 19 组，相对湿度的均值基本在 40%～80%，仅浙江省部分地区由于靠海，雨量充沛，相对湿度均值超过了 80%；涉及冬季室内相对湿度的数据有 21 组，相对湿度均值在 30%～60%的占 52.6%，地处西北地区的省/自治区（如甘肃、西藏）室内相对湿度均值不到 30%，而南方部分省市（如重庆、浙江等）相对湿度均值超过 60%。

公开文献报道的我国夏季和冬季室内空气流速情况分别见表 2-5 和表 2-6。

表 2-5　公开文献报道的我国夏季室内空气流速情况（1998 年至 2019 年）

省/自治区/直辖市	研究地区	建筑或房间类型	样本量（个）	均值（m/s）	最小值（m/s）	最大值（m/s）	论文来源
上海	/	办公室	7	/	/	<0.1	潘毅群等，2003
山东	青岛	客厅	/	0.11	/	/	赵西平等，2018
		卧室	/	0.17	/	/	
安徽	宣城	卧室	5	0.2	/	/	黄志甲等，2017
北京	/	住宅	88	0.18	0.02	1.5	夏一哉等，1999
河南	农村	住宅	370	1.25	0.02	4.7	闫海燕等，2018
	城市	住宅	/	1.29	0	5.4	
陕西	农村	住宅	1	/	0.2	0.4	王雪等，2018
		住宅	2	0.87	/	/	王雪等，2016
四川	桃坪羌寨	住宅	1	0.23	/	0.86	廖语霞等，2016
江苏	苏州	住宅	3	0.13	0.04	0.27	梁锐等，2016
湖南	衡阳	住宅	1	0.17	/	/	尹东衡，2018

表 2-6　公开文献报道的我国冬季室内空气流速情况（1998 年至 2019 年）

省/自治区/直辖市	研究地区	建筑或房间类型	样本量（个）	均值（m/s）	最小值（m/s）	最大值（m/s）	论文来源
天津	农村	卧室	7	0.06	0.04	0.07	Liu et al，2019
黑龙江	哈尔滨	卧室	20	0.06	0.01	0.22	高枫等，2016
河南	焦作	住宅	2	/	/	<0.02	闫海燕等，2016
河南	农村	住宅	68	0.02	0.01	0.5	闫海燕等，2018
四川	桃坪羌寨	住宅	1	0.38	/	0.83	廖语霞等，2016
甘肃	民勤	住宅	4	0.15	/	/	李金平等，2018
甘肃	兰州	住宅	6	/	0.01	0.06	段林等，2010
内蒙古	牧区	住宅	81	/	/	<0.2	金国辉等，2017

总体来说，公开文献中有关室内空气流速的监测数据较少。文献中涉及我国夏季室内空气流速的数据共有12组，除河南和陕西地区的室内空气流速均值超过0.3m/s外，其余地区的室内空气流速均值都小于0.3m/s；文献中涉及我国冬季室内空气流速的数据共8组，除四川地区的室内空气流速均值超过0.2m/s外，其余地区的室内空气流速均值都小于0.2m/s。

2.1.3 热感觉影响

室内温度、相对湿度和空气流速主要对人体的热感觉产生影响。人体的热感觉主要与全身热平衡有关，这种平衡不仅受空气温度、平均辐射温度、风速和空气湿度等环境参数影响，还受人体活动和着装的影响。对这些参数估算或测量后，人的整体热感觉可以通过预计平均热感觉（predicted mean vote，PMV）指数进行预测。PMV指数计算方法可参考《热环境的人类工效学 通过计算PMV和PPD指数与局部热舒适准则对热舒适进行分析测定与解释》（GB/T 18049—2017/ISO 7730：2005）。计算得到的PMV指数反映了人群对7个等级热感觉的平均值（表2-7）。

表2-7 7个等级热感觉量表

PMV指数	热感觉	PMV指数	热感觉
+3	热	−1	稍凉
+2	暖	−2	凉
+1	稍暖	−3	冷
0	适中		

当人体穿着适宜并且处于安静状态时，人体热感觉舒适（−1≤PMV≤+1）对应的温度范围在18～28℃。《中等热环境 PMV和PPD指数的测定及热舒适条件的规定》（GB/T 18049—2000）推荐相对湿度维持在30%～70%，以减少潮湿或干燥对皮肤及眼睛的刺激，以及因静电、细菌生长和呼吸道疾病产生的危害。对于空气流速，参照*Ergonomics of the thermal environment—Analytical determination and interpretation of thermal comfort using calculation of the PMV and PPD indices and local thermal comfort criteria*（ISO 7730：2005），在夏季室内温度为26℃，室内空气流速≤0.3m/s时，室内由于吹风感造成的不满意度≤20%；在冬季室内温度为20℃，室内空气流速≤0.2m/s时，室内由于吹风感造成的不满意度≤20%。

2.1.4 国内外空气质量标准或指南情况

1. 我国空气质量相关标准

我国《民用建筑供暖通风与空气调节设计规范》（GB 50736—2012）第 3.0.1 条规定了供暖室内设计温度：严寒和寒冷地区主要房间应采用 18～24℃的标准，夏热冬冷地区主要房间宜采用 16～22℃的标准。第 3.0.2 条规定了对人员长期逗留区域空调室内温度、相对湿度和空气流速的设计参数（表 2-8）。

表 2-8　人员长期逗留区域空调室内设计参数

类别	热舒适度等级	温度（℃）	相对湿度（%）	风速（m/s）
供热工况	Ⅰ	22～24	≥30	≤0.2
	Ⅱ	18～22	/	≤0.2
供冷工况	Ⅰ	24～26	40～60	≤0.25
	Ⅱ	26～28	≤70	≤0.3

注：Ⅰ级热舒适性较高；Ⅱ级热舒适性较低。

《公共场所卫生指标及限值要求》（GB 37488—2019）第 4.1.1 条规定了公共场所冬季采用空调等调温方式的，室内温度宜保持在 16～20℃；公共场所夏季采用空调等调温方式的，室内温度宜保持在 26～28℃。第 4.1.2 条规定，带有集中空调通风系统的公共场所，相对湿度宜保持在 40%～65%。宾馆、旅店、招待所、理发店、美容店及公共浴室的更衣室、休息室风速不宜大于 0.3m/s，其他公共场所风速不宜大于 0.5m/s。

《民用建筑室内热湿环境评价标准》（GB/T 50785—2012）第 4.2.5 条规定了 2 种不同着装（0.5clo 和 1.0clo 服装热阻下），采用人工冷热源时的热湿环境体感温度范围要求（图 2-1）。人员舒适的温湿度区域大致为四边形范围：冬季（对应服装热阻 1.0clo）温度在 20～26℃，相对湿度≤80%；夏季（对应服装热阻 0.5clo）温度在 24～28℃，相对湿度≤70%。

2. 世界卫生组织标准

世界卫生组织（World Health Organization，WHO）在 2018 年出版的《住房与健康指南》（*WHO Housing and Health Guidelines*）第 4 章和第 5 章均提到“坐着工作的健康人群在空气温度为 18～24℃内生活没有明显的健康风险”。

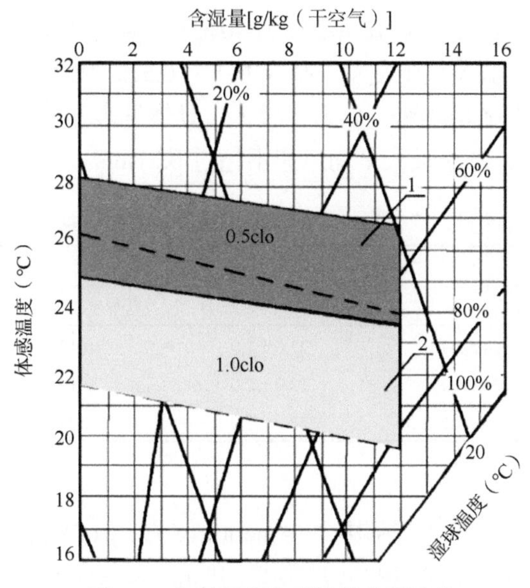

图 2-1 热湿环境体感温度范围要求

3. 其他国家和地区标准

国际标准化组织（International Organization for Standardization，ISO）在 *Energy performance of buildings–Indoor environmental quality Part 1：Indoor environmental input parameters for the design and assessment of energy performance of buildings*（ISO 17772-1：2017）分别给出了居住建筑和办公建筑的室内温度建议值（采暖和供冷各分为 4 档），具体见表 2-9。

表 2-9 居住建筑和办公建筑的室内温度建议值

建筑类型	环境质量等级	采暖时温度范围（℃）	供冷时温度范围（℃）
居住建筑	Ⅰ	21.0～25.0	23.5～25.5
	Ⅱ	20.0～25.0	23.0～26.0
	Ⅲ	18.0～25.0	22.0～27.0
	Ⅳ	17.0～25.0	21.0～28.0
办公建筑	Ⅰ	21.0～23.0	23.5～25.5
	Ⅱ	20.0～24.0	23.0～26.0
	Ⅲ	19.0～25.0	22.0～27.0
	Ⅳ	17.0～26.0	21.0～28.0

注：环境质量等级Ⅰ级为高期望水平，可用于有特殊要求的敏感和弱势人群，如残疾人、患者、婴幼儿和老人等）；Ⅱ级为正常期望水平；Ⅲ级为可接受的、适度的期望水平；Ⅳ级为低期望水平。

摘自 ISO 17772-1：2017 附表 H.5。

ISO 7730：2005 给出了湍流强度约为 40%（混合通风）条件下，办公室、教室等公共建筑中人员服装热阻夏季（制冷季）为 0.5clo 和冬季（供热季）为 1.0clo 时的操作温度及最大平均风速（分为三级），具体见表 2-10。其中夏季最大平均风速不超过 0.24m/s，冬季最大平均风速不超过 0.21m/s。

表 2-10 办公室、教室等公共建筑操作温度及最大平均风速设计准则

分级	操作温度（℃）		最大平均风速（m/s）	
	夏季（制冷季）	冬季（供热季）	夏季（制冷季）	冬季（供热季）
A	24.5±1.0	22.0±1.0	0.12	0.10
B	24.5±1.5	22.0±2.0	0.19	0.16
C	24.5±2.5	22.0±3.0	0.24	0.21

摘自 ISO 7730：2005 附表 A.5。

美国采暖、制冷与空调工程师协会（American Society of Heating, Refrigerating and Air-Conditioning Engineers, ASHRAE）在制订的标准 *Thermal Environmental Conditions for Human Occupancy*（ANSI/ASHRAE Standard 55-2017）中给出了人员舒适的温湿度范围（图 2-2）。人员舒适的温湿度区域为四边形范围，大致为：冬季（1.0clo）温度在 20～26℃，相对湿度≤80%；夏季（0.5clo）温度在 24～28℃，相对湿度≤70%。

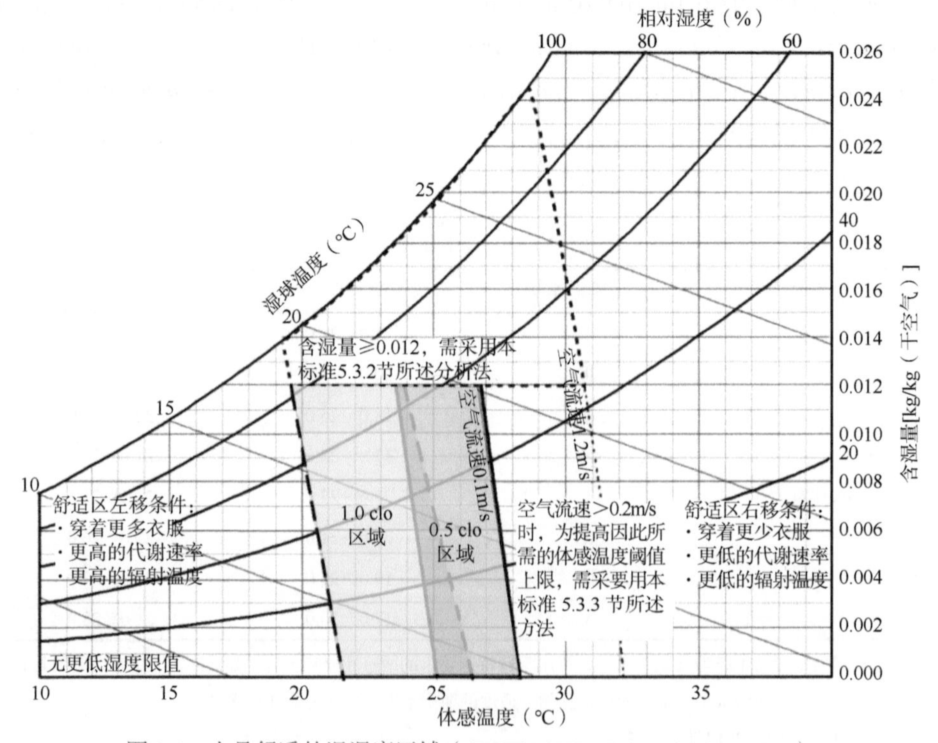

图 2-2 人员舒适的温湿度区域（ANSI/ASHRAE Standard 55-2017）

2.1.5　标准限值建议及依据

1. 温度

GB/T 18883—2002 规定夏季的室内温度限值为 22～28℃，冬季为 16～24℃。基于本章文献及标准调研结果，建议继续保留 22～28℃作为室内空气质量标准中夏季供冷的室内温度限值，16～24℃作为室内空气质量标准中冬季采暖的室内温度限值。

对于夏季的室内温度，根据 ISO 17772-1：2017 对夏季供冷温度 22.0～27.0℃（第Ⅲ档）和 21.0～28.0℃（第Ⅳ档）的要求，以及 GB 50736—2012 规定的设计温度在 24～28℃，参考 ASHRAE 规定的夏季人员舒适区间在 24～28℃，与现行标准值 22～28℃相近，建议继续保留 22～28℃作为夏季供冷的室内温度限值。对于冬季的室内温度，根据 GB 50736—2012 规定的设计温度，即严寒和寒冷地区 18～24℃、夏热冬冷地区 16～22℃，参考 ISO 17772-1：2017 标准第Ⅳ档中对冬季采暖温度 17.0～25.0℃（居住建筑）和 17.0～26.0℃（办公建筑）的要求，结合 WHO 指南中提到的人员在 18～24℃无健康风险，建议继续保留 18～24℃作为冬季采暖的室内温度限值，与现行标准值 16～24℃相近。从标准普适性的角度看，南方地区和北方地区（不同气候区）采用统一标准限值，建议继续保留 16～24℃作为冬季的室内温度限值。

从标准普适性的角度看，建议对室内温度标准限值的应用仅做季节区分，不对温度调节方式（空调或采暖）进行规定，即将 GB/T 18883—2002 备注中提及的“夏季空调”修订为“夏季”，“冬季采暖”修订为“冬季”。

2. 相对湿度

GB/T 18883—2002 规定夏季室内相对湿度限值为 40%～80%，冬季为 30%～60%。基于本章文献及标准调研结果，建议继续保留 40%～80%作为室内空气质量标准中夏季室内相对湿度限值，30%～60%作为室内空气质量标准中冬季室内相对湿度限值。

对于夏季的室内相对湿度，GB 50736—2012 规定夏季使用空调时室内相对湿度不超过 70%，参考 ASHRAE 标准中的人员夏季舒适区间相对湿度不超过 70%，与现行标准值相近。同时考虑南方部分地区的建筑夏季除湿难度较大，兼顾建筑节能，建议继续保留 40%～80%作为夏季室内相对湿度限值。对于冬季室内相对湿度，现行标准值为 30%～60%，与 GB 50736—2012 的Ⅰ级热舒适等级下供热工况的相对湿度要求相符合，建议继续保留现行标准的冬季室内相对湿度范围。

从标准普适性的角度，建议对室内相对湿度标准限值的应用仅做季节区分，不对湿度调节方式（空调或采暖）进行规定，即将 GB/T 18883—2002 备注中提及的“夏季空调”修订为“夏季”，“冬季采暖”修订为“冬季”。

3. 空气流速

我国现行的GB/T 18883—2002规定夏季室内空气流速≤0.3m/s，冬季≤0.2m/s。基于本章文献及标准调研结果，建议继续保留≤0.3m/s 作为夏季的室内空气流速限值，≤0.2m/s 作为冬季的室内空气流速限值。

对于夏季室内空气流速，GB 50736—2012 要求夏季使用空调时室内空气流速不超过 0.3m/s。国际通用标准 *Ergonomics of the thermal environment—Analytical determination and interpretation of thermal comfort using calculation of the PMV and PPD indices and local thermal comfort criteria*（ISO 7730：2005）指出，在夏季室内温度为 26℃，室内空气流速≤0.3m/s 时，室内由于吹风感造成的不满意度≤20%。同时，约 70%的调研文献结果显示，夏季室内空气流速可控制在 0.3m/s 以内，因此建议继续保留现行标准中夏季的室内空气流速限值。对于冬季室内空气流速，GB 50736—2012 要求冬季采暖时室内空气流速不超过 0.2m/s。国际通用标准 ISO 7730：2005 指出，在冬季室内温度为 20℃，室内空气流速≤0.2m/s 时，室内由于吹风感造成的不满意度≤20%。同时，约 90%的文献结果显示，冬季室内空气流速可控制在 0.2m/s 以内，因此建议继续保留现行标准的冬季室内空气流速限值。

从标准普适性的角度看，建议对室内风速标准限值的应用仅做季节区分，即将 GB/T 18883—2002 备注中提及的“夏季空调”修订为“夏季”，“冬季采暖”修订为“冬季”，“空气流速”修订为“风速”。

2.2 新 风 量

2.2.1 基 本 信 息

新风量（fresh air exchange rate）是指单位时间从室外引入室内的新鲜空气量。

2.2.2 我国新风量水平及趋势

以“室内”“新风量”“indoor”“China”“air change rate”“air exchange rate”“fresh air”“ventilation rate”及其组合进行检索，可检索到中文和英文文献共 194 篇，对“办公”“住宅”“卧室”“residence”“office room”等建筑类型进行筛选，符合要求的英文文献共 7 篇，中文文献共 2 篇，公开文献报道的我国新风量情况见表 2-11。

表 2-11 公开文献报道的我国新风量情况（1998 年以来）

地区	说明	样本量（个）	换气次数（h^{-1}）				人均新风量[L/（s·人）]				论文来源
			中位数	均值	最小值	最大值	中位数	均值	最小值	最大值	
重庆	住宅	9	10.3	10.5	8.3	11.5					Zhou et al，2014
广州	住宅	202	0.38	0.41	0.05	1.32					Cheng et al，2018
香港	办公室	8		0.84	0.81	0.9		12.11			Chao et al，2004
香港	住宅-关窗	6		0.44	0.41	0.47		4.42			
香港	住宅-开窗	6		1.31	1.27	1.36		13.17			
天津+沧州	卧室-开门开窗	46	2.65								Hou et al，2018
天津+沧州	卧室-开门关窗	152	0.75								
天津+沧州	卧室-关门开窗	6	1.09								
天津+沧州	卧室-关门关窗	164	0.32								
北京	住宅	34	0.17	0.20	0.05	0.59					Shi et al，2015
天津	住宅-秋	80	1.15		0.29	3.46					You et al，2012
天津	住宅-冬	80	0.54		0.12	1.39					
天津	住宅-开窗		0.76								孙越霞等，2016
天津	住宅-关窗		0.32								
辽宁	住宅-开窗	3	5.03		4.52	5.36					关莹等，2017
严寒地区	住宅-开窗-春	93	1.58								Hou et al，2019
严寒地区	住宅-开窗-夏	530	2.95								
严寒地区	住宅-开窗-秋	135	1.45								
严寒地区	住宅-开窗-冬	71	1.32								
严寒地区	住宅-关窗-春	471	0.26								
严寒地区	住宅-关窗-夏	180	0.33								
严寒地区	住宅-关窗-秋	424	0.24								
严寒地区	住宅-关窗-冬	458	0.30								
寒冷地区	住宅-开窗-春	147	1.32								
寒冷地区	住宅-开窗-夏	394	1.74								
寒冷地区	住宅-开窗-秋	162	1.37								
寒冷地区	住宅-开窗-冬	94	0.87								
寒冷地区	住宅-关窗-春	305	0.31								
寒冷地区	住宅-关窗-夏	99	0.40								
寒冷地区	住宅-关窗-秋	217	0.35								
寒冷地区	住宅-关窗-冬	405	0.37								
温和地区	住宅-开窗-春	157	2.21								
温和地区	住宅-开窗-夏	201	3.16								
温和地区	住宅-开窗-秋	123	2.33								
温和地区	住宅-开窗-冬	158	2.08								
温和地区	住宅-关窗-春	88	0.27								

续表

地区	说明	样本量（个）	换气次数（h^{-1}）				人均新风量[L/（s·人）]				论文来源
			中位数	均值	最小值	最大值	中位数	均值	最小值	最大值	
温和地区	住宅-关窗-夏	46	0.17								Hou et al，2019
温和地区	住宅-关窗-秋	56	0.14								
温和地区	住宅-关窗-冬	89	0.33								
夏热冬冷地区	住宅-开窗-春	361	1.74								
夏热冬冷地区	住宅-开窗-夏	467	1.51								
夏热冬冷地区	住宅-开窗-秋	238	1.81								
夏热冬冷地区	住宅-开窗-冬	198	1.86								
夏热冬冷地区	住宅-关窗-春	216	0.42								
夏热冬冷地区	住宅-关窗-夏	393	0.44								
夏热冬冷地区	住宅-关窗-秋	239	0.45								
夏热冬冷地区	住宅-关窗-冬	283	0.38								
夏热冬暖地区	住宅-开窗-春	229	2.28								
夏热冬暖地区	住宅-开窗-夏	237	2.38								
夏热冬暖地区	住宅-开窗-秋	193	2.59								
夏热冬暖地区	住宅-开窗-冬	118	2.07								
夏热冬暖地区	住宅-关窗-春	222	0.24								
夏热冬暖地区	住宅-关窗-夏	366	0.36								
夏热冬暖地区	住宅-关窗-秋	210	0.39								
夏热冬暖地区	住宅-关窗-冬	191	0.26								

公开文献中对住宅、办公建筑的新风量测试大多以换气次数表示，少有折算人均新风量的测试结果。对于换气次数的测试结果，一般房间通过开窗的方式进行换气，换气次数均可达到 $0.5h^{-1}$ 以上；对于人均新风量的测试结果，以香港的某住宅测试为例，开窗时人均新风量可以达到 13.17L/（s·人），约合 $47.4m^3$/（h·人），亦能满足现有室内空气质量标准中的新风量要求。

2.2.3　新风量需求及影响

通风是改善室内空气质量的一种行之有效的方法，其本质是提供人体所必需的氧气，并用室外污染物浓度低的空气来稀释室内污染物浓度高的空气。随着新风量加大，感知室内空气质量（perceived indoor air quality）不满意率下降。不同环境及不同人员活动强度下的新风量需求及影响有所不同，新风量需求包括以下几方面。

（1）以氧气为标准的必要换气量：必要新风量应能提供足够的氧气，满足室内人员的呼吸要求，以维持正常生理活动。人体对氧气的需求量主要取决于能量代谢水平，如人体处于极轻活动状态下时，需氧量约为 $0.423m^3$/（h·人）。可通过人体肺通气量估算人体处于不同情况下的耗氧量（表 2-12）。由此可见，单纯的呼吸耗氧量所需的新风量并不大，一般通风情况均能满足此要求。

表 2-12　人体活动强度水平与肺通气量的关系

活动强度	肺通气量（L/min）	活动强度	肺通气量（L/min）
静坐	11.6	中等强度活动	50.0
轻度活动	32.2	重度活动	80.4

（2）以室内 CO_2 允许浓度为标准的必要换气量：人体在新陈代谢过程中排出大量 CO_2，且 CO_2 浓度与人体释放的污染物浓度有一定关系，故 CO_2 浓度常被作为确定室内空气新风量的衡量指标。不同活动强度下人体 CO_2 的产生量和必需新风量见表 2-13。

表 2-13　不同活动强度下人体 CO_2 产生量和必需新风量

活动强度	CO_2 产生量[m^3/（h·人）]	必需新风量[m^3/（h·人）]		
		CO_2 浓度 0.10%	CO_2 浓度 0.15%	CO_2 浓度 0.20%
静坐	0.014	20.6	12	8.5
极轻度活动	0.017	24.7	14.4	10.2
轻度活动	0.023	32.9	19.2	13.5
中等强度活动	0.041	58.6	34.2	24.1
重度活动	0.075	107	62.3	44.0

（3）以消除臭气为标准的必要换气量：人体新陈代谢会释放体臭。体臭释放量和每人所占有的空气体积、活动情况、年龄等因素有关。国外有关专家通过试验测试得出了不同情况下除臭所需的新风量（表 2-14），其中稀释少年体臭所需的新风量比成年人多 30%～40%。

表 2-14　不同情况下除臭所需新风量

设备		每人占有空气体积（m^3/人）	除臭所需新风量[m^3/（h·人）]	
			成年人	少年
无空调		2.8	42.5	49.2
		5.7	27.0	35.4
		8.5	20.4	28.8
		14.0	12.0	18.6
有空调	冬季	5.7	20.4	/
	夏季	5.7	＜6.8	/

2.2.4 国内外空气质量标准或指南情况

1. 我国空气质量相关标准

GB 50736—2012 第 3.0.6 条第（1）款对公共建筑最小新风量进行了规定，为强制性条文（表 2-15）；第 3.0.6 条第（2）款对居住建筑最小新风量（换气次数）进行了规定（表 2-16）。

表 2-15　公共建筑主要房间每人所需最小新风量

建筑房间类型	最小新风量[m^3/（h・人）]
办公室	30
客房	30
大堂、四季厅	10

表 2-16　居住建筑设计最小换气次数

人均居住面积（F_p）	每小时换气次数
$F_p \leqslant 10m^2$	0.70
$10m^2 < F_p \leqslant 20m^2$	0.60
$20m^2 < F_p \leqslant 50m^2$	0.50
$F_p > 50m^2$	0.45

GB 37488—2019 第 4.2.1 条规定，对有睡眠、休憩需求的公共场所，室内新风量不应小于 30m^3/（h・人），室内 CO_2 浓度不应大于 0.10%；其他场所室内新风量不应小于 20m^3/（h・人），室内 CO_2 浓度不应大于 0.15%。

2. 其他国家和地区标准

ISO 17772-1：2017 分别给出了总新风量（房间换气次数）、人均新风量和基于室内空气质量（indoor air quality，IAQ）新风量的要求（分为四级），具体见表 2-17。

表 2-17　新风量四级标准值（ISO 17772-1：2017 附录 Ⅰ.6）

分级	总新风量		人均新风量	基于 IAQ 的新风量	
	L/（s・m^2）	每小时换气次数	L/（s・人）	L/（s・人）	L/（s・m^2）
Ⅰ	0.49	0.7	10	3.5	0.25
Ⅱ	0.42	0.6	7	2.5	0.15
Ⅲ	0.35	0.5	4	1.5	0.1
Ⅳ	0.23	0.4	—	—	—

ASHRAE 制订的 *Ventilation for Acceptable Indoor Air Quality*（ANSI/ASHRAE Standard 62.1-2016）规定，办公室的人均新风量为 8.5L/s（约为 $30m^3/h$），对住宅的新风量要求为 2.5L/（s·人）+ 0.3L/（s·m^2），前者为满足人的新风量，后者为带走室内材料和物品释放的污染物。

2.2.5 标准限值建议及依据

GB/T 18883—2002 规定室内新风量≥$30m^3$/（h·人）。基于本章文献及标准调研结果，建议继续保留≥$30m^3$/（h·人）作为室内空气质量标准的新风量限值。GB 50736—2012 对办公建筑要求人均新风量≥$30m^3/h$，ASHRAE 标准对办公建筑人均新风量的要求为 8.5L/s（约为 $30m^3/h$），且人员在轻度活动时，控制室内 CO_2 浓度在 1000ppm 所需的人均新风量也约为 $30m^3/h$，与现行标准相同。

参考文献

陈金华，张静，范凌枭，等，2016. 重庆市住宅冬季热环境及供暖现状[J]. 暖通空调，46（11）：90-94.

丁秀娟，郑庆红，胡钦华，等，2007. 东莞地区居住建筑夏季室内热环境调查分析[J]. 建筑热能通风空调，26（5）：82-85.

段林，张金萍，李昌锋，2010. 兰州市居住建筑冬季室内热环境测试与分析[J]. 建筑热能通风空调，29（6）：43，56-59.

方巾中，唐鸣放，王东，2016. 重庆地区夯土民居春夏两季室内热环境测试分析[J]. 建筑科学，32（8）：106-110.

冯小平，钱保国，张鹏飞，2010. 苏南地区村镇住宅建筑室内热环境实测分析[J]. 建筑科学，26（4）：44-47.

高枫，周铁钢，2016. 哈尔滨地区既有住宅冬季室内热环境研究及其优化设计[J]. 建筑节能，44（3）：37-42.

关莹，孙昊，许昂，等，2017. 北方住宅建筑冬季开窗通风对新风量的影响分析[J]. 山东工业技术，（9）：93.

韩飞，胡松涛，王海英，等，2017. 青岛市集中供暖住宅室内热环境测试与分析[J]. 青岛理工大学学报，38（3）：64-69，73.

黄志甲，张恒，龚城，等，2017. 徽州传统民居夏季热环境分析[J]. 建筑科学，33（10）：26-31.

简毅文，朱赞，施兴旺，2010. 北京地区农宅室内环境的研究[J]. 建筑科学，26（6）：40-43，86.

金国辉，张东杰，沈强，等，2017. 内蒙古西部农牧区住宅过渡季室内热舒适现场研究[J]. 建筑科学，33（6）：41-47.

兰丽，连之伟，宋沅沛，2012. 办公建筑人员工作效率室内环境影响因素及经济分析[J]. 土木建筑与环境工程，34（S2）：135-139.

李金平，王磊，甄箫斐，等，2018. 西北农宅太阳能联合燃煤锅炉供暖的室内热环境[J]. 兰州理工大学学报，44（3）：62-67.
李智卓，刘铮，2017. 呼和浩特市既有住宅热环境与节能改造分析[J]. 建筑节能，45（9）：121-125.
李智卓，刘铮，2018. 辽西地区农村住宅节能与室内热舒适性研究[J]. 建筑节能，46（4）：134-139.
梁锐，朱轶韵，刘加平，等，2016. 苏南地区三种典型城乡居住建筑夏季环境实测[J]. 西安科技大学学报，36（3）：356-363.
廖语霞，李茂杰，杨涧溪，等，2016. 羌族民居的室内热环境研究：以桃坪羌寨为例[J]. 四川建筑，36（1）：67-70.
刘鸣，任静薇，连超丽，2018. 寒冷地区既有住宅室内热环境研究[J]. 低温建筑技术，40（6）：144-151.
聂倩，张群，桑国臣，等，2017. 拉萨乡村碉房民居冬季室内热环境测试研究[J]. 建筑科学，33（10）：21-25，44.
潘毅群，龙惟定，范存养，2003. 上海市 7 幢办公楼室内环境品质评价[J]. 暖通空调，33（4）：15-18.
宋晓吉，郑武幸，何泉，等，2016. 康定民居夏季室内热环境分析[J]. 建筑技术，47（7）：609-611.
孙弘历，林波荣，王者，等，2018. 成都地区居住建筑不同供暖末端能耗与满意率调研[J]. 暖通空调，48（2）：30-34，96.
孙越霞，侯静，张庆男，等，2016. 天津市居住建筑新风量的测量与分析[J]. 暖通空调，46（6）：10-13.
王雪，杨柳，成辉，2016. 陕西关中农村住区热环境测试与研究[J]. 住区，（2）：101-105.
王雪，杨柳，刘加平，等，2018. 陕南山地民居夏季室内热环境与能耗特性[J]. 西安建筑科技大学学报（自然科学版），50（4）：563-568.
王昭俊，方修睦，廉乐明，2002. 哈尔滨市冬季居民热舒适现场研究[J]. 哈尔滨工业大学学报，34（4）：500-504.
魏鹏，王智伟，王亚雄，等，2018. 川西藏区红原县供暖现状分析[J]. 暖通空调，48（6）：29-34.
文小兵，关文静，李金平，等，2018. 采暖方式对农宅室内环境的影响[J]. 中国农机化学报，39（7）：63-70.
席欢，万婷，涂卫国，2016. 四川红原牧民新居室内热环境测试研究[J]. 资源开发与市场，32（12）：1477-1481.
夏一哉，赵荣义，江亿，1999. 北京市住宅环境热舒适研究[J]. 暖通空调，29（2）：1-5.
闫海燕，李道一，李洪瑞，等，2016. 焦作民居建筑冬季室内热环境测试研究[J]. 建筑科学，32（10）：21-28，72.
闫海燕，李道一，李洪瑞，等，2018. 南阳农村民居建筑冬季室内人体热舒适现场研究[J]. 暖通空调，48（3）：91-95.
闫海燕，李洪瑞，李道一，等，2018. 豫北高温天气下城市与农村人群热适应差异研究[J]. 暖通空调，48（11）：114-119.
尹东衡，2018. 湘南地区多层住宅夏季室内热环境实测分析与改善研究[J]. 西安建筑科技大学学报（自然科学版），50（4）：594-601.
赵西平，葛碧秋，闫海燕，2018. 菏泽地区新农宅冬季室内热环境的优化研究[J]. 新型建筑材料，45（2）：70-74.

赵西平，景云峰，闫海燕，2018. 青岛自然通风住宅夏季室内热环境测试分析[J]. 新型建筑材料，45（11）：73-78.

郑和辉，钱城，叶研，等，2011. 北京市部分居室内空气污染情况调查[J]. 环境与健康杂志，28（12）：1106，1107.

郑锐锋，Joon-ho CHOI，2018. 夏季浙江省地域气候适应性民居热舒适研究[J]. 武汉大学学报（工学版），51（10）：888-894.

朱轶韵，刘蓬晨，桑国臣，等，2016. 陕南秦巴山区乡村民居热环境测试研究[J]. 太阳能学报，37（4）：957-962.

朱颖心，2010. 建筑环境学[M]. 3 版. 北京：中国建筑工业出版社.

Chao CY，Wan MP，Law AK，2004. Ventilation performance measurement using constant concentration dosing strategy[J]. Building and Environment，39（11）：1277-1288.

Cheng PL，Li XF，2018. Air infiltration rates in the bedrooms of 202 residences and estimated parametric infiltration rate distribution in Guangzhou，China[J]. Energy and Buildings，164：219-225.

Guo M，Pei XQ，Mo FF，et al，2013. Formaldehyde concentration and its influencing factors in residential homes after decoration at Hangzhou，China[J]. Journal of Environmental Sciences，25（5）：908-915.

Hou J，Sun YX，Chen QY，et al，2019. Air change rates in urban Chinese bedrooms[J]. Indoor Air，29（5）：828-839.

Hou J，Zhang YF，Sun YX，et al，2018. Air change rates at night in northeast Chinese homes[J]. Building and Environment，132：273-281.

Huang C，Wang XY，Liu W，et al，2016. Household indoor air quality and its associations with childhood asthma in Shanghai，China：on-site inspected methods and preliminary results[J]. Environmental Research，151：154-167.

Liu LS，Yang H，Duan RZ，et al，2018. Effect of non-coal heating and traditional heating on indoor environment of rural houses in Tianjin[J]. International Journal of Environmental Research and Public Health，16（1）：77.

Shi SS，Chen C，Zhao B，2015. Air infiltration rate distributions of residences in Beijing[J]. Building and Environment，92：528-537.

You Y，Niu C，Zhou J，et al，2012. Measurement of air exchange rates in different indoor environments using continuous CO_2 sensors[J]. Journal of Environmental Sciences，24（4）：657-664.

Zhang YQ，He MQ，Wu SM，et al，2015. Short-term effects of fine particulate matter and temperature on lung function among healthy college students in Wuhan，China[J]. International Journal of Environmental Research and Public Health，12（7）：7777-7793.

Zhou CB，Wang ZQ，Chen Q Y，et al，2014. Design optimization and field demonstration of natural ventilation for high-rise residential buildings[J]. Energy and Buildings，82：457-465.

第三章　无机物指标

3.1　臭　　氧

3.1.1　基本信息

1. 基本情况

中文名称：臭氧；英文名称：ozone；别称：超氧；化学式：O_3；分子量：48；CAS 号：10028-15-6。

2. 理化性质

外观与性状：无色或淡蓝色气体，有刺激性腥臭气味；溶解性：微溶于水，易溶于四氯化碳或碳氟化合物而显蓝色；临界温度：−12.15°C；临界气压：5532.35kPa（−12.1°C）；蒸气相对密度：1.66（空气=1）；熔点：−192.7℃；沸点：−111.9℃；稳定性：常温下稳定性较差，可在空气中自行分解为氧气，温度越高，分解速率越快。O_3 是极性分子，具有强氧化性。

3.1.2　室内臭氧的主要来源和人群暴露途径

1. 主要来源

室内 O_3 主要来源于室外空气和室内 O_3 发生源。室外 O_3 是室内 O_3 的重要来源，近地面 O_3 污染主要由空气中的氮氧化物与挥发性有机物等污染物在光照条件下通过光化学反应生成。常见的室内 O_3 发生源有电离式空气净化器、负离子发生器等空气净化设备，复印机、激光打印设备等办公设备，以及 O_3 消毒柜和具有故障电弧末端装置的电器等。

2. 人群暴露途径

O_3 可通过呼吸道吸入、皮肤接触等途径暴露。呼吸道吸入是其最主要的暴露途径。

3.1.3 我国室内空气中臭氧污染水平及变化趋势

近年来，随着空气中氮氧化物和挥发性有机物排放量的增加，地面 O_3 年均浓度呈逐年增长趋势，室内 O_3 浓度受室外 O_3 浓度的影响，也表现出相似的变化趋势。此外，空气净化器和复印机等办公室设备的广泛普及，加剧了人群室内 O_3 暴露水平。

一般情况下，室内 O_3 浓度受室外 O_3 浓度、室内 O_3 发生设备的使用、通风量、室内温度、墙体表面的反应清除率和室内化学物质等因素的影响。在无室内 O_3 发生源时，室内 O_3 主要来源于室外。室外光化学反应产生的 O_3 有明显的季节变化和日变化特征，受气温和紫外线强度的影响，夏秋季明显高于冬春季，正午前后是一天中 O_3 浓度最高的时段。室外光化学反应产生的 O_3 是室内 O_3 的主要来源，室内 O_3 浓度亦表现出相似的季节变化趋势和日变化趋势。此外，室内外气体交换次数越多，室内 O_3 受室外 O_3 浓度的影响越大。有研究表明，渗透、机械通风和自然通风三种不同的通风机制，空气交换率分别为 0.40 次/小时、0.98 次/小时和 3.67 次/小时，室内/室外 O_3 浓度比分别为 0.09、0.19 和 0.47。在常温常压下，室内 O_3 的稳定性较差，可自行分解为氧气，该分解过程对温度较为敏感，室内温度越高，O_3 分解速率越快。同时，O_3 是一种高活性氧化性气体，可以与人体体表物质、墙体表面物质及室内其他化学物质发生反应而被大量消耗。

目前我国尚无大型队列或全国范围内的室内 O_3 污染水平监测结果。现有的研究多为单个城市的横断面研究。太原的一项研究连续 7 天监测了某 10 所学校选定教室冬季室内 O_3 暴露水平，室内 O_3 浓度变化范围为 3.0～61.2μg/m^3，均值为（10.1±10.4）μg/m^3。南京某大学学生宿舍连续一个月（7～8 月）的 O_3 暴露监测结果显示，10：00～18：00，开窗时室内 O_3 浓度变化范围为 11～61ppb，均值为（28±11）ppb；闭窗时室内 O_3 浓度变化范围为 10～24ppb，均值为（15±3）ppb。此外，长沙市某办公室联合使用静电除尘器和高效空气过滤器时，室内 O_3 浓度变化范围为 5.8～21.1ppb，均值为（10.9 ± 4.6）ppb；除去静电除尘器后，办公室 O_3 浓度下降，变化范围为 1.5～13.2ppb，均值为（5.0± 2.1）ppb。

3.1.4 健 康 影 响

1. 吸收、分布、代谢与排泄

呼吸道吸入是 O_3 的主要暴露途径。大多数环境 O_3 吸收发生在呼吸系统终末细支气管以上的传导气道。O_3 在水中的溶解度非常低（1.05g/L，0°C），进入呼

吸道的 O_3 主要被呼吸道上皮内衬液中的物质反应消耗掉，目前尚无 O_3 分子渗透气道上皮细胞进入人体体内的证据。O_3 与呼吸道上皮内衬液中的物质反应，可产生脂质过氧化物、醛等有害物质。

O_3 被呼吸道上皮内衬液反应吸收的速率取决于呼吸道上皮内衬液中化学成分与 O_3 化学反应的平衡常数。呼吸道上皮内衬液中含有多种氧化还原反应底物，如维生素 C、尿酸、谷胱甘肽、蛋白质和不饱和脂肪等，这些物质与 O_3 反应可以有效保护呼吸道上皮细胞免于 O_3 的氧化损害。

除上述影响因素外，O_3 反应吸收的速率还与气道内气体流速成反比，与个体潮气量成正比。因为鼻黏膜、鼻毛等屏障的存在，鼻腔呼吸去除 O_3 的能力高于口腔呼吸。因此，对于从事剧烈体力活动的人来说，O_3 渗透到肺部的程度要比正常运动强度的人高很多。患有肺部疾病（如慢性支气管炎、哮喘或肺气肿）的个体，因肺部组织结构的改变，呼吸时气流分配不均匀，其呼吸系统 O_3 反应吸收速率与正常个体间可能存在差异。年龄和性别也会影响 O_3 的吸收效率，有研究表明儿童的 O_3 反应吸收效率高于成人，女性的 O_3 反应吸收效率高于男性。因此，对于任何给定的 O_3 暴露水平，其健康效应会随受众的各种因素而变化。

目前尚无相关研究表征 O_3 分子的排泄途径。

2. 健康影响

（1）致癌风险：对于 O_3 与肺癌之间的相关性尚未有一致性结论。O_3 可能通过氧化应激、DNA 损伤、端粒缩短、基因表达调控和转录因子激活等一系列生化途径促进癌症的发生。一项时空分析结果显示，环境 O_3 暴露与我国肺癌发病率之间存在明显关联，O_3 浓度每升高 10ppb，肺癌患病的相对危险度增加 1.087（95% CI：1.079～1.095）。环境 O_3 暴露与肺癌的暴露-反应呈线性关系，环境 O_3 浓度越高，肺癌的患病风险越高。在加利福尼亚 AHSMOG 队列研究中，环境 O_3 暴露与男性肺癌发病率之间存在正相关关系，环境 O_3 浓度每升高 100ppb，男性肺癌患病相对危险度增加 3.56（95% CI：1.35～9.42）。然而，美国癌症协会癌症预防队列研究Ⅱ（ACS CPS Ⅱ）却发现 O_3 暴露与常见的癌症（包括肺癌）发病之间无明显相关性。

在动物实验中，有研究指出 O_3 暴露（0.5ppm，6h/d，5d/w）16 周后，雌性 B6C3F1 小鼠出现输卵管癌，32 周后，雄性 B6C3F1 小鼠出现肝细胞空泡化、肺局部充血和出血，以及局灶性细支气管肺泡增生，未见其他癌症。为了观察 O_3 长期暴露的致癌性，研究人员将 B6C3F1 小鼠置于 O_3 环境（0.5ppm 或 1.0ppm，6h/d，5d/w）中 24 个月，雌性 B6C3F1 小鼠肺泡/细支气管腺瘤和癌的发病率明显增加，雄性小鼠癌症发病率未见明显变化。O_3 暴露 30 个月后，雄性 B6C3F1 小鼠肺泡/细支气管瘤的发病率和雌性 B6C3F1 小鼠肺泡/细支气管腺瘤的发病率均较对照组明显升高。

（2）非致癌风险：O_3 是一种刺激性气体，高浓度的 O_3 暴露会引起人体呼吸系统不同程度的健康损害。儿童、妇女、老年人，以及肺部疾病（如慢性支气管炎、哮喘或肺气肿等）患者是 O_3 暴露健康危害的易感人群。高浓度 O_3 环境下，易感者会出现鼻及咽部黏膜刺激感。进入人体呼吸道的 O_3 与呼吸道上皮内衬液中的蛋白质、脂质、抗氧化物质等反应，生成一系列二级氧化产物，介导后续的炎症级联反应、呼吸道上皮屏障功能的改变、气道高反应性、气道重塑和肺功能改变等。目前，关于 O_3 暴露对人体心血管系统炎症反应和心率变异性的影响尚未有一致结论。有研究表明 O_3 暴露可诱导机体心血管系统炎症反应和心率变异性改变。皮肤是人体重要的屏障器官，皮肤角质层中含有维生素 E、维生素 C、谷胱甘肽等抗氧化物质，保护皮肤免受外界氧化应激的影响。O_3 作为一种高活性氧化性气体，可以消耗皮肤中的抗氧化物质，并将皮肤上的脂质或蛋白质过氧化，生成羰基或羧基化合物，诱导皮肤炎症反应。表 3-1 简要概述了国内外 O_3 暴露试验的代表性论文。

3.1.5　我国相关健康风险现状

1. 危害识别

研究显示，O_3 暴露主要引起呼吸系统健康效应，如气道炎症、气道高反应性、气道重塑和肺功能降低等。儿童与呼吸系统疾病（如慢性支气管炎、哮喘或慢性阻塞性肺疾病等）患者等易感人群更易受 O_3 影响。

2. 剂量–反应关系评估

呼吸道吸入是 O_3 最主要的暴露途径，多项流行病学研究显示室内 O_3 暴露与人体呼吸系统健康效应之间可能存在剂量–反应关系，但目前仍未有明确的暴露–反应关系曲线，也未获得明确的阈值。在制订室内 O_3 暴露浓度限值时，应考虑引起敏感人群健康损害的最低浓度。

室内 O_3 急性暴露健康效应研究的主要形式是 O_3 暴露舱试验，O_3 暴露浓度范围多集中在 0～400ppb。O_3 暴露的健康效应与暴露浓度和暴露时间均相关。短时间较高浓度的 O_3 暴露（如 100ppb，4h）即可引起受试对象呼吸系统健康损害。较长时间低浓度的 O_3 暴露，如处于 O_3 浓度为 60ppb 的 O_3 暴露舱中 6.6h，受试对象也可出现肺部炎症和肺功能降低。

表 3-1　O_3 暴露的健康效应研究

参考文献	研究对象	O_3 暴露水平	研究结果
Mudway et al，1999	健康成年人	0.2ppm，2h。间歇性运动	O_3 暴露 1h，鼻腔灌洗液中尿酸水平明显降低。O_3 暴露 2h，鼻腔灌洗液中尿酸升高达到伪稳态；血浆尿酸浓度变化趋势与之一致
Behndig et al，2009	健康成年人	0.2ppm，2h。15min 运动和 15min 休息交替进行	在 O_3 暴露期间，观察到鼻腔灌洗液中尿酸和维生素 C 水平明显降低；O_3 暴露 6h 后，尿酸和维生素 C 浓度恢复到 O_3 暴露前的水平
			O_3 暴露 6h 后，支气管肺泡灌洗液中中性粒细胞数量增加，总谷胱甘肽、维生素 C 和尿酸盐浓度升高
Kim et al，2011	健康成年人	60ppb，6.6h。50min 运动和 10min 休息交替进行	受试对象用力肺活量（FVC）和第 1 秒用力呼气量（FEV_1）明显降低，诱导痰中多形核中性粒细胞占总细胞计数的百分比明显升高
Devlin et al，2012	健康成年人	300ppb，2h	FEV_1（暴露后/暴露前）下降 10%
			O_3 暴露 20h 后，志愿者支气管肺泡灌洗液中中性粒细胞计数增加 7.5%
Nightingale et al，1999	健康/哮喘成年人（吸入 β_2 受体激动剂、乙酰甲胆碱支气管激发试验阴性）	300ppb，2h。20min 运动和 10min 休息交替进行	与清洁暴露相比，O_3 暴露后正常受试者和哮喘患者的肺功能降低；诱导痰中中性粒细胞计数增加，IL-8、TNF-α 和粒细胞-巨噬细胞集落刺激因子浓度无明显变化；乙酰甲胆碱反应性未发生明显改变。两组受试者之间未见明显差异
			哮喘患者的 NO 基线水平明显高于正常受试者，但正常受试者和哮喘患者 O_3 暴露后 NO 的水平较暴露前均无明显改变
Arjomandi et al，2015	健康/哮喘成年人	0ppb、100ppb 和 200ppb，4h。间歇性运动	O_3 暴露 4h，FEV_1、FVC 和 FEV_1/FVC 值下降程度与暴露水平呈线性相关。O_3 暴露 24h 后肺功能与暴露前相比无明显变化
			暴露 24h 后支气管肺泡灌洗液中中性粒细胞、嗜酸性粒细胞、IL-6 和 IL-8 浓度随 O_3 浓度增加显著升高。巨噬细胞、淋巴细胞、IL-1β、IL-5、IL-7、IL-12、IFN-γ 和 TNF-α 未发生明显改变

续表

参考文献	研究对象	O_3暴露水平	研究结果
Vagaggini et al, 2010	稳定治疗的哮喘患者	0.3ppm，2h。间歇性运动	O_3暴露2h后，对O_3有功能性气道反应的应答者（FEV_1较暴露前降低至少10%）和无应答者FVC明显降低。O_3暴露2h后，所有受试者呼出气冷凝液中丙二醛（MDA）均较清洁空气对照组明显升高；O_3暴露6h后，MDA恢复到正常水平。O_3暴露6h后，应答者诱导痰中中性粒细胞计数明显增加，无应答者嗜酸性粒细胞计数和IL-8水平明显升高，其他炎症指标未见明显改变
Devlin et al，2012	年轻健康个体	暴露于清洁空气或0.3ppm O_3中2h，暴露期间进行间歇性运动	O_3急性暴露可诱导机体心血管系统炎症反应和心率变异性改变。凝血相关蛋白也发生改变
Arjomandi et al，2015	健康成年人	随机暴露于0ppb、100ppb和200ppb O_3中4h	与暴露于清洁空气相比，O_3暴露后受试者血压和心率未发生明显改变；暴露4h后，血液嗜酸性粒细胞计数随暴露浓度剂量依赖性增加；暴露24h后，血液C反应蛋白水平亦随暴露浓度剂量依赖性增加；未见与O_3急性暴露相关的凝血指标改变；O_3暴露24h后，心率变异性的高频带指标随暴露浓度剂量依赖性降低
Huang et al，2016	儿童	（8.7±6.6）ppb	室内O_3浓度的2h滑动平均值每升高四分位间距，儿童窦性心搏正常R峰间期的标准差降低7.8%（95% CI：−9.9%～5.6%），心率升高2.6%（95% CI：1.6%～3.6%）
Barath et al，2013	健康成年男性	随机暴露于0ppb和300ppb O_3中75min	受试对象心率、血压、血液炎症介质和凝血指标均无明显改变；研究期间受试对象心率变异性亦没有发生明显变化
Hwang et al，2015	台湾儿童前瞻性队列研究	日最大8h浓度（38.93±7.22）ppb	O_3环境日最大8h平均浓度与儿童FVC和FEV_1呈明显负相关，调整其他污染物后该相关性保持稳健
Gauderman et al，2015	儿童健康队列	浓度28.6～56.2ppb	随访期间（1994～1998年、1997～2001年、2007～2011年），美国南加利福尼亚州环境O_3浓度下降与11～15岁儿童肺功能发展之间无明显相关性

续表

参考文献	研究对象	O_3暴露水平	研究结果
McDonnell et al，1999	美国前瞻性队列研究（the AHSMOG Study）	—	O_3长期暴露与男性哮喘患病之间明显相关，日最大8h平均环境O_3浓度的20年均值升高27ppb，男性哮喘患病相对风险增加2.09（95% CI：1.03～4.16）
Li et al，2016	美国3109个县的居民	日最大8h浓度44.8～44.6ppb	O_3浓度每升高5ppb，男性预期寿命减少0.25年（95% CI：−0.30～−0.19），女性预期寿命减少0.21年（95% CI：−0.25～−0.17）
Jerrett et al，2009	美国ACS CPS Ⅱ队列研究	O_3浓度为33.3～104.0ppb	调整$PM_{2.5}$暴露水平后，O_3浓度增加10ppb，呼吸系统疾病死亡风险增加1.040（95% CI：1.013～1.067）
Atkinson et al，2016	美国Six Cities、ACS CPS Ⅱ、ASHMOG、WU-EPRI、CTS队列研究，英国CPRD队列研究，法国Gazel队列研究和中国TCS队列研究	—	长期O_3暴露与心血管疾病死亡之间无明显相关性

目前室内 O_3 长期暴露的流行病学研究较为缺乏。动物实验表明，长期暴露于 O_3 会引起大鼠肺泡和呼吸道细支气管发生明显变化。Jerrett 等通过美国 ACS CPS Ⅱ队列研究数据拟合了环境 O_3 长期暴露与呼吸系统疾病所致死亡的剂量–反应曲线，为非阈值线性模型。除此之外，Jerrett 等还对环境 O_3 长期暴露与呼吸系统疾病所致死亡的关系进行阈值拟合，推算出阈值为 56ppb。然而，通常情况下室内 O_3 水平明显低于户外测量值，使用室外 O_3 监测数据可能会高估个体实际暴露水平，低估 O_3 与相应健康效应之间的暴露–反应关系。因此，我们需要更多的研究来探索室内 O_3 长期暴露阈值浓度。

3. 暴露评估

室内 O_3 主要来源于室外空气和室内 O_3 发生源（如电离式空气净化器、负离子发生器等空气净化设备，复印机、激光打印设备等办公设备等），其浓度主要受室外 O_3 浓度、室内 O_3 发生源的使用、通风量、室内温度、墙体表面的反应清除率和室内化学物质等因素的影响。现有横断面调查研究报道的室内 O_3 浓度多集中在 0～60ppb，能较好地代表大多数室内 O_3 浓度的范围。根据《中国人群暴露参数手册》中的时间–活动模式信息，我国成人每天的室内活动时间长达 20h，因此室内 O_3 暴露占 O_3 总暴露的主要部分。

4. 风险表征

研究显示，O_3 暴露对人体健康的影响存在明显的剂量–反应关系，然而依据现有研究结果还无法准确评估 O_3 暴露危害人体健康的阈值。一般情况下，室内 O_3 主要来源于室外 O_3 渗入，目前我国 O_3 污染形势严峻，我国居民受室内 O_3 污染所导致的不良健康风险应引起重视。

3.1.6　国内外空气质量标准或指南情况

1. 我国空气质量标准

GB/T 18883—2002 规定标准状态下室内 1h 平均 O_3 浓度限值为 0.16mg/m^3。

《环境空气质量标准》（GB 3095—2012）规定标准状态下环境空气中 1h 平均 O_3 浓度一级标准为 160μg/m^3，二级标准为 200μg/m^3；8h 平均 O_3 浓度一级标准为 100μg/m^3，二级标准为 160μg/m^3。

我国《食用农产品产地环境质量评价标准》（HJ 332—2006）规定标准状态下食用农产品产地 1h 平均 O_3 浓度限值为 0.16mg/m^3。

2. 世界卫生组织标准

目前 WHO 尚未有室内 O_3 推荐标准。WHO 相关空气质量指南（2005 年）建议日最大 8h 平均环境 O_3 浓度限值为 100μg/m^3。

3. 其他国家和地区标准

美国职业安全与健康管理局（National Institute of Occupational Safety and Health，OSHA）和美国国家职业安全健康研究所（the National Institute for Occupational Safety and Health，NIOSH）认为，职业暴露的日最大 8h 平均 O_3 浓度限值为 0.10ppm。美国环保局（Environmental Protection Agency，EPA）认为，日最大 8h 平均 O_3 浓度限值为 0.07ppm。美国加利福尼亚州的 1h 平均 O_3 浓度限值为 0.09ppm，日最大 8h 平均 O_3 浓度限值为 0.07ppm。加拿大的日最大 8h 平均 O_3 浓度限值为 40μg/m^3。英国的日最大 8h 平均 O_3 浓度限值为 100μg/m^3。欧盟的日最大 8h 平均 O_3 浓度限值为 120μg/m^3。澳大利亚的 1h 平均 O_3 浓度限值为 0.10ppm，4h 平均 O_3 浓度限值为 0.08ppm。

3.1.7 标准限值建议及依据

针对室内 O_3 暴露评价，GB/T 18883—2002 设定的室内日最大 1h 平均 O_3 浓度限值为 160μg/m^3。GB 3095—2012 规定标准状态下环境空气中 1h 平均 O_3 浓度一级标准为 160μg/m^3。本次修订考虑不变。

3.2 二 氧 化 氮

3.2.1 基 本 信 息

1. 基本情况

中文名称：二氧化氮；英文名称：nitrogen dioxide；别称：过氧化氮；化学式：NO_2；分子量：46.01；CAS 号：10102-44-0。

2. 理化性质

外观与性状：红棕色气体，有刺激性气味；饱和蒸气压：98.80kPa（20℃）；蒸气相对密度：1.59（空气=1）；熔点：−11.2℃；沸点：21.15℃；溶解性：较难溶于水，易溶于硫酸和硝酸；稳定性：常温下化学性质较为稳定。由于 NO_2 中的 N 为+4 价，因此 NO_2 具有强氧化性。

3.2.2　室内二氧化氮的主要来源和人群暴露途径

1. 主要来源

NO_2 的室外来源主要是道路交通，室外浓度会影响室内浓度。在没有室内来源的情况下，由于建筑物的阻挡，室内 NO_2 水平一般低于室外。在正常通风条件下，室内与室外浓度比为 0.88～1。

NO_2 室内来源主要包括吸烟，以及一些以煤气、木材、石油、煤油和煤炭等为燃料的家用设备，如炉灶、烤箱、空间加热器、热水器及壁炉等，尤其是一些无排气系统的设备。有研究表明室内 NO_2 水平很大程度上取决于燃气器具的使用。在存在室内来源的情况下，尤其是无排气系统的燃气器具的使用，会使室内 NO_2 水平超过室外，室内与室外浓度比可从 0.7 升至 1.2。这一比例反映的是几天测量的平均值情况（一般情况下一天内仅部分时间段使用燃气器具），实际上如果仅测量室内燃气器具使用的时间段，这一比例则会更高。

2. 人群暴露途径

NO_2 在室温下以气态形式存在，因此呼吸道吸入是其最主要的暴露途径，其他暴露途径还包括摄入、皮肤和眼睛接触。

3.2.3　我国室内空气中二氧化氮污染水平及变化趋势

关于我国室内空气中 NO_2 的污染水平，目前尚无大规模队列研究或全国范围内的监测结果，现有研究多为仅在单个城市开展的横断面研究，或是针对特定问题的小型病例对照研究。

住宅是主要的室内活动场所。2008 年 1 月至 2011 年 6 月在上海进行的一项病例对照研究显示，儿童卧室内 NO_2 浓度范围为 6.6～104μg/m^3。2008～2009 年，云南省的一项横断面研究调查了 163 户家庭，显示用于烹饪和取暖的固体燃料的燃烧是影响室内 NO_2 浓度的重要因素，使用无烟煤的家庭比使用有烟煤的家庭 NO_2 浓度更高（无烟煤的几何均数为 132μg/m^3，有烟煤的几何均数为 111μg/m^3）。2016 年长春市的一项病例对照研究纳入了 180 例研究对象，报告的室内 NO_2 浓度范围为 10.62～233.74μg/m^3。

室内 NO_2 水平是室内来源和室外来源共同决定的，因此交通密度、与公路的距离及室外其他燃烧源等均会影响室内 NO_2 水平。室内污染源的存在和使用是室内 NO_2 水平的主要决定因素。另外，冬季室内 NO_2 水平通常高于夏季，这可能与加热器使用量增加、通风率降低及户外浓度增加有关。

由于缺乏纵向研究，以及已有研究所关注城市的差异性，很难分析不同年度室内 NO_2 水平的变化趋势。

3.2.4 健康影响

1. 吸收、分布、代谢与排泄

NO_2 被吸入后，70%～90%可以在人体呼吸道中被吸收。一旦被吸入，NO_2 首先被吸收到上皮黏液层，这一过程称为反应性吸收，包括溶解，以及与上皮黏液层中的反应性底物的化学反应。NO_2 的水溶性有限，与上皮黏液层底物的快速反应为 NO_2 从肺内气相进入上皮黏液层提供了净驱动力。下呼吸道急性 NO_2 摄取的速率不仅受 NO_2 与上皮黏液层成分的化学反应控制，还受上皮黏液层中气体溶解的影响。吸收速率随着温度的升高而增加，是由于化学反应速率升高而不是溶解度的影响，其溶解度随着温度的升高而降低。

NO_2 经呼吸道进入人体后，可弥漫于各级呼吸系统，主要分布于终末呼吸道，还可随血流分布至全身，甚至透过血脑屏障和胎盘屏障。

NO_2 被吸入后，在上皮黏液层形成硝基代谢物和活性氮。NO_2 的吸收可能会产生一些 HNO_2，然后分解成 H^+ 和亚硝酸盐。亚硝酸盐进入上皮细胞，随后进入血液。在红细胞和（或）血红素蛋白的作用下，亚硝酸盐被氧化成硝酸盐。过氧亚硝酸盐和 NO_2 还可以与氨基酸反应，生成硝化氨基酸和蛋白质。蛋白质硝化可能会抑制蛋白质功能和（或）诱导抗原性。吸入的 NO_2 也可能通过硝化反应与其他共同暴露化合物（如多环芳烃）作用产生具有致突变和（或）致癌效应的硝基衍生物。

NO_2 在体内的代谢产物主要经尿液排出。

2. 健康影响

（1）致癌风险：目前尚无证据支持 NO_2 具有显著的致癌和致畸效应，国际癌症研究机构（the International Agency for Research on Cancer，IARC）也尚未对其致癌性进行评价。

（2）非致癌风险：NO_2 具有非致癌风险（表 3-2），研究显示 NO_2 可能与心血管及呼吸系统疾病存在关联（表 3-2），多个研究报道 NO_2 暴露会对动物产生一系列的生物学效应，如肺部代谢、结构、功能、炎症，以及宿主对感染性肺部疾病的防御能力等的变化。体外遗传毒性研究显示高浓度 NO_2 具有致突变性，并能够导致染色体畸变、姐妹染色单体交换或 DNA 单链断裂。急性（数小时）暴露在较低浓度 NO_2 时很少发现对动物的影响。然而，亚慢性和慢性暴露（数周至数月）在较低的暴露水平时也会引起多种效应，如肺代谢、结构和功能的改变、炎症及肺部感染的易感性增加等，而肺气肿样改变、慢性阻塞性肺疾病（COPD）样改变、特异性免疫应答和气道高反应性仅在高 NO_2 浓度下有报道。

表 3-2　NO_2 的健康效应研究

参考文献	研究对象	NO_2 暴露水平	研究结果
Frampton et al，2002	健康志愿者	2821μg/m³，持续 3h	轻度气道炎症及白细胞变化，并增加呼吸道上皮细胞对呼吸道病毒损伤的易感性
Solomon et al，2000	健康志愿者	每天 4h，3760μg/m³，持续 3 天	中性粒细胞升高（炎症）
Sandström et al，1992	健康志愿者	一项为 2821μg/m³，另一项为 7524μg/m³，均为 6 次 20min	支气管肺泡灌洗液中肺泡巨噬细胞和淋巴细胞亚群减少
Kelly et al，1996	健康志愿者	3600μg/m³，4h	支气管肺泡灌洗液的变化与氧化应激（低水平尿酸和抗坏血酸）一致，同时出现相对短暂（＜24h）的谷胱甘肽水平升高的保护性反应
Goings et al，1989	健康志愿者	1880μg/m³ 以上，连续 3 天每天 2h 重复暴露	可能增加流感病毒感染的易感性
Frampton et al，1989	健康志愿者	1128μg/m³，3h	可能足以抑制肺泡巨噬细胞对流感病毒的反应
Folinsbee 1992	哮喘患者及健康志愿者	哮喘患者＞200μg/m³，健康志愿者＞1900μg/m³	气道高反应性的发生风险明显增加
Goodman et al，2009	Meta 分析		增加气道反应性，但缺乏剂量-反应关系；可能会降低敏感者对吸入过敏原反应的阈值
Jorres et al，1995	哮喘患者及健康志愿者	1880μg/m³，3h	哮喘患者的气道炎症标志物改变（前列腺素减少，血栓素 B_2 和前列腺素 D_2 增加）。这在健康志愿者中未见，并且在暴露于过滤空气后未见
Barck et al，2002	过敏性哮喘患者	500μg/m³ 反复 30min 暴露+过敏原	支气管肺泡灌洗液中嗜酸性粒细胞阳离子蛋白水平升高
Barck et al，2005	过敏性哮喘患者	500μg/m³ 反复 30min 暴露+过敏原	痰液和血液中嗜酸性粒细胞阳离子蛋白水平 升高
Avol et al，1989	哮喘患者	560μg/m³，2.5h	可能会出现相对较小的肺功能变化
Linn et al，1986	哮喘患者	0.3ppm、1ppm、3ppm，每次持续 1h，其中包括 3 次 10min 的中等强度运动	均未发现肺功能的改变

续表

参考文献	研究对象	NO_2暴露水平	研究结果
Smith et al，2000	哮喘（儿童和成人）	个人室内日均值6.9～275.6μg/m³	在14岁以下的人群中调整比值比：喘息为1.04（95% CI：0.89～1.12）；咳嗽为1.07（95% CI：0.89～1.29）；白天哮喘发作为1.13（95% CI：1.02～1.26） 在其他年龄组中未发现任何关联
Kattan et al，2007	4～9岁哮喘患儿	卧室中位数56.0μg/m³（0.9～902.4μg/m³）	最高四分位数与最低3个四分位数相比，在过去2周出现症状超过4天：非过敏患者的相对危险度为1.75（95% CI：1.10～2.78），过敏患者的相对危险度为1.12（95% CI：0.86～1.45）
Yu et al，2017	出生后18月龄以内的婴儿	平均室内水平42.40μg/m³	室内NO_2浓度与新发喘息症状无关

3.2.5 我国相关健康风险现状

1. 危害识别

我国室内NO_2暴露水平研究表明，NO_2室内平均浓度为0.08mg/m³，远超WHO规定的年平均限值（40μg/m³）。可能增加室内暴露的重要因素包括使用无排气的燃气器具、靠近高速公路等。室内使用燃气灶时（特别是在无排气系统的情况下），可能遭遇峰值暴露。动物实验结果显示，峰值暴露于高浓度NO_2比长期低水平暴露具有更大的毒理学效应。NO_2引起的主要健康效应包括呼吸系统症状、支气管狭窄、支气管反应性增加、气道炎症和免疫力下降导致的呼吸道感染易感性增加等。流行病学研究发现，NO_2对儿童、哮喘患者等易感人群的危害更大。

2. 剂量-反应关系评估

临床试验和流行病学研究提示，NO_2的健康效应可能存在剂量-反应关系，但目前仍未有明确的暴露-反应关系曲线，也未获得明显的阈值效应。每日重复暴露于NO_2峰值浓度的剂量-反应关系也尚不清楚。

对于急性暴露，仅在非常高的暴露条件（1880μg/m³）下才会影响到健康成人。但有文献报道暴露于560μg/m³的NO_2中2.5h，哮喘患者的肺功能有轻微变化。反复短时间暴露于500μg/m³的NO_2，气道反应性增加。暴露于200μg/m³的NO_2后，哮喘患者的气道反应性会显著增加。对于慢性暴露，Hasselblad等基于室内暴露与婴儿呼吸道疾病的Meta分析结果显示，NO_2浓度额外增加28.2μg/m³，即出现明显的不良健康影响。

根据现有的各方面证据，若要确定 NO_2 对人体健康影响的剂量–反应关系尚有一定困难。但国内外动物实验到临床试验及人群流行病学研究的诸多阳性发现均强烈提示，NO_2 是一个具有潜在毒性的污染物，能明显威胁暴露人群的健康状态。我国室内 NO_2 水平较高，平均浓度为 0.08mg/m^3，部分地区超过了 WHO 规定的年均限值标准，浓度范围在 0～0.87mg/m^3，最高浓度甚至超过我国室内空气质量标准规定的 1h 平均浓度限值（0.24mg/m^3）。因此，我国居民受室内 NO_2 污染导致不良健康影响的风险较大，应引起重视。

3. 暴露评估

呼吸道吸入是 NO_2 最主要的暴露途径，NO_2 被吸入后，70%～90%可以在人体呼吸道中被吸收。临床试验评估了短期（最多几小时）暴露于 NO_2 的急性健康影响，其暴露水平相当于使用燃气器具时的峰值浓度，但远高于大多数室内环境中的平均水平。大多数流行病学研究都评估了人群的平均室内暴露水平，可将其视为长期暴露水平。

研究显示，我国 NO_2 室内平均浓度整体上较欧美等发达国家高。尤其是冬季，加热器使用量增加、通风率下降、户外浓度增加，暴露浓度高的地区最高浓度可达 870μg/m^3。根据《中国人群暴露参数手册》中的时间–活动模式信息，我国成人每天的室内活动时间长达 20h，因此室内 NO_2 污染对健康的影响不容忽视。

4. 风险表征

目前的研究显示，NO_2 对人体健康的影响可能存在剂量–反应关系，然而现有研究尚无法准确评估 NO_2 对健康造成影响的阈值。国内外流行病学研究及动物实验研究表明，NO_2 是一种对人群有健康危害的毒性污染物。与发达国家相比，我国污染水平仍然相对较高，部分地区超过了 WHO 所规定的指导值，我国居民受室内 NO_2 污染所导致的不良健康风险较大，应引起重视。

3.2.6　国内外空气质量标准或指南情况

1. 我国空气质量标准

室内空气质量标准：1h 平均浓度限值为 0.24mg/m^3。

环境空气质量标准：年平均浓度和 1h 平均浓度指导值分别为 10μg/m^3 和 200μg/m^3。

2. 世界卫生组织标准

室内空气质量指南：年平均浓度和 1h 平均浓度指导值分别为 40μg/m^3 和 200μg/m^3。

环境空气质量指南：年平均浓度和 1h 平均浓度指导值分别为 40μg/m^3 和 200μg/m^3。

3. 其他国家和地区标准

法国、荷兰的参考值与 WHO 的室内空气质量指导值相同，年平均浓度和 1h 平均浓度指导值分别为 40μg/m^3 和 200μg/m^3；德国的 7 天平均浓度和 30min 平均浓度指导值分别为 60μg/m^3 和 350μg/m^3；英国的年平均浓度和 1h 平均浓度指导值分别为 40μg/m^3 和 300μg/m^3；挪威的 24h 平均浓度和 1h 平均浓度指导值分别为 100μg/m^3 和 200μg/m^3。

目前为止，美国仍未制订全面适用的室内 NO_2 标准。美国 OSHA 规定的 NO_2 职业安全与健康标准为不得超过 5ppm（9mg/m^3）；美国 EPA 规定学校室内 24h 平均浓度限值为 0.1mg/m^3。

3.2.7 标准限值建议及依据

建议将室内空气中 NO_2 的 1h 浓度限值修订为 200μg/m^3，修订原因如下。

GB/T 18883—2002 规定 NO_2 的 1h 平均浓度限值为 0.24mg/m^3，与 WHO 规定的 200μg/m^3 相比，较为宽松。根据短期暴露的证据，在临床试验中，暴露于 560μg/m^3 NO_2 中 2.5h，哮喘患者的肺功能发生轻微变化。反复短时间暴露于 500μg/m^3 NO_2，气道反应性增加。暴露于 200μg/m^3 NO_2 后，哮喘患者的气道反应性会显著增加。基于以上数据，建议与国际接轨，收紧标准，修订 1h 浓度限值为 200μg/m^3。

根据现有的文献，我国室内 NO_2 浓度范围在 0～0.87mg/m^3，平均浓度为 0.08mg/m^3。除少数高浓度地区外，我国大部分地区室内 NO_2 浓度在这一限值标准内。因此，综合我国目前室内环境现状，该限值标准在我国具有较强的适用性。

3.3 二氧化硫

3.3.1 基本信息

1. 基本情况

中文名称：二氧化硫；英文名称：sulfur dioxide；化学式：SO_2；分子量：64.06；

CAS 号：7446-09-05。

2. 理化性质

SO_2 是一种无色透明气体，有刺激性臭味，易溶于水、乙醇和乙醚。饱和蒸气压：330kPa（20℃）；蒸气相对密度：2.25（空气=1）；熔点：−75.5℃；沸点：−10℃。SO_2 性质比较稳定，不活跃，在加热到 2000℃时，仍可保持稳定。水中溶解度：0℃时为 22g/100ml，10℃时为 15g/100ml，20℃时为 11g/100ml，25℃时为 9.4g/100ml，30℃时为 8g/100ml，40℃时为 6.5g/100ml，50℃时为 5g/100ml，60℃时为 4g/100ml，90℃时为 3.5g/100ml。

SO_2 中硫元素的化合价为+4 价，为中间价态，既可升高，也可降低。所以 SO_2 既有氧化性，又有还原性，但以还原性为主。SO_2 的化学性质非常复杂，在不同温度下具有不同形态。SO_2 在现代工业中被广泛使用，具有漂白性，很多工厂使用其漂白纸张。此外，SO_2 还具有抑制细菌生长的作用，被很多食品厂用作食物的防腐剂。

3.3.2　室内二氧化硫的主要来源和人群暴露途径

1. 主要来源

SO_2 室内污染与居民家庭通风情况、燃料种类、炊事方式、污染源强度、室内结构及室外 SO_2 浓度等因素有关。目前很多发展中国家仍以烧煤为主，如果炉灶结构不合理，煤不能完全燃烧，会排放出大量的污染物（以 SO_2 为主），吸烟时也会产生 SO_2。室内 SO_2 少部分来源于外界大气环境，大气环境中的 SO_2 主要来自固定污染源，包括火力发电厂等工厂的煤燃烧。

2. 人群暴露途径

SO_2 是室内空气污染的主要污染物之一，人群一般通过皮肤接触、眼睛接触及吸入等方式暴露，其中吸入暴露是其对机体造成健康效应的主要方式。SO_2 进入人体呼吸道后，由于易溶于水，大部分在上呼吸道中被黏膜湿润的表面吸收。进入血液后，会立即与血液中的蛋白质结合，随循环系统分布到全身，在气管、肺门淋巴结和食管中含量较高。

3.3.3　我国室内空气中二氧化硫污染水平及变化趋势

目前，我国很多地区的居民仍以燃烧原煤、煤饼及煤球等做饭和取暖，如果炉灶结构设计不合理，造成煤的不完全燃烧，会释放出大量污染物，SO_2 是主要污染物之一。另外，室内烟草的不完全燃烧也是造成室内 SO_2 污染的重要原因。有研究表明，燃煤户室内空气中 SO_2 的含量比燃气户高得多，在使用不通风燃油热水器的家庭，经常会出现室内 SO_2 浓度增高的情况。室内 SO_2 也有部分来源于室外污染。最新发表的 2022 年《中国生态环境状况公报》指出。我国 330 个城市 SO_2 年均浓度在 2～30μg/m^3 之间，平均为 9μg/m^3，与 2021 年持平。

以“二氧化硫”或“SO_2”和“室内”为主题词，检索出中文文献共 168 篇，经过筛选，符合要求的共有 20 篇。以“SO_2”或“sulphur dioxide”和“indoor”“China”为关键词，检索出英文文献共 34 篇，经过筛选，符合要求的共有 3 篇。符合要求的中英文文献共计 23 篇（表 3-3），数据覆盖 21 个省、自治区、直辖市。共涉及 4964 户住房，其中 3467 户（69.8%）家庭的测定结果小于 0.50mg/m^3，农村住户占 88.4%。全国 8722 份样本数据显示 SO_2 的平均浓度为 0.40mg/m^3，各地区平均浓度范围在 0～4mg/m^3

表 3-3　我国居室内 SO_2 浓度情况

地区	场所	样本户（户）	样本量（个）	均值（mg/m^3）	最小值（mg/m^3）	最大值（mg/m^3）	采样时间
广东省	自建房	160	480	0	0	0	2008 年 1 月
广东省	商品房	60	180	0	0	0	2008 年 1 月
广东省	办公场所	20	40	0	0	0	2008 年 1 月
北京市	厨房	30	60	0.256	0.02	0.652	冬季
北京市	厨房	30	60	0.493	0.169	0.765	冬季
北京市	厨房	30	60	1.037	0.501	1.85	冬季
北京市	厨房	30	60	0.073	0.015	0.118	冬季
北京市	厨房	30	60	0.045	0.01	0.125	夏季
北京市	厨房	30	60	0.02	0.014	0.031	夏季
北京市	厨房	30	60	0.013	0.01	0.015	夏季
北京市	厨房	30	60	＞1.0			夏季
北京市	厨房	30	60	0.01	0.005	0.015	夏季
北京市	卧室	99	186	0.073	0.004	0.845	冬季
北京市	厨房	98	186	0.171	0.004	2.181	冬季
北京市	卧室	99	202	0.053	0.001	1.434	冬季
北京市	厨房	100	202	0.094	0.001	2.417	冬季
北京市	卧室	94	168	0.108	0.006	1.099	冬季

续表

地区	场所	样本户（户）	样本量（个）	均值（mg/m^3）	最小值（mg/m^3）	最大值（mg/m^3）	采样时间
北京市	厨房	93	168	0.408	0.004	3.461	冬季
北京市		10	30		0.0002	0.931	冬季
北京市		10	30		0.0002	0.0511	冬季
北京市		10	30		0.0002	0.0095	夏季
北京市		10	30		0.0009	0.0227	夏季
北京市		148	148	0.014	0	0.085	夏季
福建省	厨房	5	15	0.53			夏季
福建省	客厅	5	15	0.28			夏季
福建省	卧室	5	15	0.19			夏季
乌鲁木齐市		27	81	0.06			夏季
乌鲁木齐市		18	54	0.19			冬季
贵州省		12	12	4			
贵州省		25	25	0.03			2004年9月
贵州省		12	12	0.2			2004年9月
贵州省	厨房	25	25	0.16	0.02	0.3	冬季
贵州省	厨房	32	32	0.2	0.15	0.24	冬季
贵州省	卧室	24	24	0.13	0.06	0.21	冬季
贵州省	卧室	32	32	0.18	0.12	0.25	冬季
贵州省	厨房、卧室	42	84	2.98			2006
贵州省	厨房、卧室	49	98	1.16			2006
甘肃省		109	218	0.25			夏季
甘肃省		109	218	0.67			冬季
甘肃省	厨房	9	9	0.083	0.082	0.084	冬季
甘肃省	卧室	4	4	0.082	0.08	0.084	冬季
江苏省		20	40	0.68			2005年
江苏省		20	40	0.72			2005年
江苏省		30	30	0.538	0.065	1.308	冬季
江苏省		20	20	0.121	0.029	0.41	冬季
江苏省		10	10	0.016	0.002	1.231	冬季
江苏省		10	10	0.019	0.002	0.052	冬季
安徽省	厨房	373	373	0.0124			
安徽省	卧室	504	504	0.0109			
安庆市		149	149	0.025	0	0.14	夏季

续表

地区	场所	样本户（户）	样本量（个）	均值（mg/m³）	最小值（mg/m³）	最大值（mg/m³）	采样时间
安庆市		168	168	0.02	0.005	0.103	夏季
西部地区		150	150		0.01	21.84	
西部地区		150	150		0.004	0.04	
西部地区		30	30	2.78			2004 年
山西省	卧室	180	180		0.02	0.42	夏季
山西省	厨房	120	120		0.05	4.9	夏季
山西省	卧室	144	144		0.03	22	冬季
山西省	厨房	96	96		0.02	9.34	冬季
河南省	厨房、卧室	30	180	1.6			
河南省	厨房、卧室	30	180	0.38			
河南省	厨房、卧室	30	180	0.26			
河南省		40	120	1.7			
河南省		40	120	0.48			
河南省		40	120	0.36			
河北省				0.131			
河北省				0.066			
河北省	厨房	15	60	0.482			冬季
河北省	卧室	15	60	0.274			冬季
河北省	厨房	15	60	0.163			冬季
河北省	卧室	15	60	0.14			冬季
河北省	厨房	15	60	0.071			夏季
河北省	卧室	15	60	0.06			夏季
河北省	厨房	15	60	0.047			夏季
河北省	卧室	15	60	0.039			夏季
黑龙江省		10	10	1.83		2.62	冬季
上海市	厨房	15	60	0.86			冬季
上海市	卧室	15	60	0.502			冬季
上海市	厨房	15	60	0.065			冬季
上海市	卧室	15	60	0.037			冬季
上海市	厨房	15	60	0.695			夏季
上海市	卧室	15	60	0.334			夏季
上海市	厨房	15	60	0.053			夏季
上海市	卧室	15	60	0.033			夏季

续表

地区	场所	样本户（户）	样本量（个）	均值（mg/m³）	最小值（mg/m³）	最大值（mg/m³）	采样时间
湖北省	厨房	15	60	0.173			冬季
湖北省	卧室	15	60	0.087			冬季
湖北省	厨房	15	60	0.07			冬季
湖北省	卧室	15	60	0.041			冬季
湖北省	厨房	15	60	0.174			夏季
湖北省	卧室	15	60	0.067			夏季
湖北省	厨房	15	60	0.076			夏季
湖北省	卧室	15	60	0.087			夏季
辽宁省	厨房	15	60	0.075			夏季
辽宁省	卧室	15	60	0.051			夏季
辽宁省	厨房	15	60	0.074			夏季
辽宁省	卧室	15	60	0.053			夏季
内蒙古自治区		7	7	0.25	0.08	0.41	冬季
内蒙古自治区		7	7	0.31	0.01	0.61	冬季
陕西省	厨房	99	99	0.44	0.33	0.56	冬季
陕西省	厨房	36	36	0.69	0.4	0.97	冬季
陕西省	客厅	25	25	0.97	0.62	1.33	冬季
陕西省	客厅	30	30	1.44	0.93	1.96	冬季
陕西省	卧室	97	97	0.48	0.33	0.62	冬季
陕西省	卧室	24	24	1.39	0.81	1.97	冬季

注：表中空白项代表文献未具体提及。篇幅所限，以上仅为部分数据。

研究显示，将24组涉及居室地点的数据进行比较，其中83.3%的数据显示厨房SO_2浓度高于客厅、卧室。有15组数据涉及采暖季与非采暖季，其中有93.3%的数据显示采暖季SO_2浓度高于非采暖季。分析其原因，污染源主要是劣质煤和煤气燃烧。

随着时间的推移，研究SO_2的文献数量在逐渐减少，原因主要可能是农村的新能源改造，用沼气、天然气、液化石油气能够很好地替代煤气。

3.3.4 健康影响

1. 吸收、分布、代谢与排泄

SO_2一般通过呼吸系统进入血液，对人类和动物的健康造成损伤，大多数人群流行病学研究及动物实验表明，机体吸入的 SO_2 40%～90%会被机体上呼吸道吸收，浓度高时可侵犯全呼吸道。

通过放射性标记的 SO_2 对实验动物进行研究，结果显示，SO_2 通过呼吸系统进入机体后，会随着血液循环系统分布于肝、脾、食管和肾中。

吸入体内的 SO_2 在血液中转化为它的衍生物亚硫酸盐和亚硫酸氢盐，并随血液循环分布到全身，然后对组织器官产生毒性作用。研究显示，SO_2 衍生物可引起离体培养的人外周血淋巴细胞、CHL 细胞株及小鼠骨髓嗜多色性红细胞等不同类型的细胞增加。SO_2 及其衍生物可剂量依赖性地引起多种细胞遗传毒理损伤，是一种基因毒性因子和染色体断裂剂。同时也有研究发现，SO_2 及其衍生物只有在高浓度下才能引起细胞突变和基因突变，且突变的频率较低，是一种弱突变剂。

SO_2 进入机体后，会被代谢成含硫化合物，如亚硫酸盐和亚硫酸氢盐。进入血液循环后，与氧化型谷胱甘肽反应，经尿道排出。

2. 健康影响

（1）致癌风险：大部分研究显示，SO_2 单纯暴露未见引起癌变或畸变作用，但与其他致癌物有联合作用，故提出 SO_2 不是原癌致癌物而是促癌物或辅致癌物的观点，其中 SO_2 作为苯并[a]芘的促癌物或辅致癌物的观点尤其受到重视。

（2）非致癌风险：SO_2 具有非致癌风险，包括心血管疾病，神经系统症状，癌症死亡率、新生儿死亡率升高和遗传毒性。高浓度 SO_2 被吸入后，几分钟内就会对机体产生影响，接触 SO_2 会导致人体出现咳嗽、咳痰、呼吸困难等症状，胸闷和慢性支气管炎的发生频率增高。许多研究报道接触 SO_2 会导致遗传毒性标志物的水平升高。

动物实验显示，SO_2 暴露具有一系列毒理效应，如对呼吸系统的刺激作用，对全身性组织细胞的氧化损伤作用、DNA 损伤作用，对动物组织细胞的诱变作用，对机体代谢和功能的影响，以及对细胞超微结构和离子通道的影响。

3.3.5 我国相关健康风险现状

1. 危害识别

目前我国室内 SO_2 暴露水平仍然相对较高，我国很多地区的居民仍以燃烧原煤、煤饼、煤球等方式做饭和取暖，导致释放大量污染物，这是室内 SO_2 污染的主要来源。流行病学及动物实验研究表明，SO_2 对健康具有多种影响，SO_2 暴露引起的主要健康效应包括气管炎、支气管炎、哮喘、肺气肿及心血管疾病等。对于哮喘等敏感人群，SO_2 造成的影响更加严重。

2. 剂量–反应关系评估

（1）短期暴露：尽管已有大量研究报道了 SO_2 的毒性作用，但目前并未获得一个明确的阈值。对于急性危害，研究表明，短至 10min 的 SO_2 暴露就会诱发一定程度的肺功能和呼吸道症状改变。基于这一证据，WHO 建议 10min SO_2 平均浓度不应超过 500μg/m^3。

（2）长期暴露：对于 SO_2 长期暴露与死亡率、发病率或肺功能改变的关系需要以流行病学研究为基础，在这样的流行病学研究中，人群通常暴露于混合污染物。根据 WHO 的报告，1987 年以前尚不能区分各种污染物对健康效应的贡献。最近的流行病学研究证实了 SO_2 和颗粒物的各自独立健康效应，由此 WHO 制订了单独的 SO_2 空气质量准则：24h 平均值为 125μg/m^3（过渡期目标）。在加拿大 12 个城市中，SO_2 24h 平均浓度与日死亡率密切相关。考虑到因果关系中的不确定性，采取谨慎的预防措施，WHO 将 SO_2 24h 准则值定为 20μg/m^3。至于 SO_2 是否确实导致所观察到的健康效应，还是作为超细颗粒物或其他相关污染物的替代物，目前仍存在相当大的不确定性。

3. 暴露评估

呼吸道吸入是 SO_2 最主要的暴露途径，SO_2 被呼吸道吸入后，大部分会在人体上呼吸道被吸收。暴露舱等试验探索了短期 SO_2 暴露对机体健康的影响，大部分研究的暴露时间集中在几分钟至 1h 之间，并且浓度相对较高，研究人员观察到明显的健康效应改变。目前我国关于 SO_2 室内长期暴露对人体健康影响的研究相对较少，研究显示我国 SO_2 污染水平与欧美等发达国家相比，仍然相对较高，尤其在冬季时，因加热器使用量增加、通风率降低，导致室内 SO_2 浓度较高。有研究指出冬季厨房 SO_2 浓度可达 0.86mg/m^3，卧室达 0.50mg/m^3，根据《中国人群暴露参数手册》中的相关信息，我国成人每天的室内活动时间长达 20h，室内 SO_2 污染对人体健康的影响不容忽视。

4. 风险表征

目前的研究显示，SO_2 对人体健康的影响存在明显的剂量–反应关系，然而现有研究还无法准确评估 SO_2 对健康造成影响的阈值。国内外流行病学研究及动物实验研究表明，SO_2 是一种对机体健康有危害的毒性污染物。整体来说，我国 SO_2 污染情况虽有所改善，但与发达国家相比，污染水平仍然相对较高，部分地区超过了 WHO 所规定的指导值，我国居民受室内 SO_2 污染所致不良健康风险仍然较高，应引起重视。

3.3.6 国内外空气质量标准或指南情况

1. 我国空气质量标准

（1）环境空气质量标准：GB 3095—1996 规定一级标准浓度限值年平均浓度、24h 平均浓度和 1h 平均浓度分别为 20μg/m^3、50μg/m^3 和 150μg/m^3，二级标准浓度限值年平均浓度、24h 平均浓度和 1h 平均浓度分别为 60μg/m^3、150μg/m^3 和 500μg/m^3。

（2）室内空气质量标准：GB/T 18883—2002 中 SO_2 1h 平均浓度限值等效采用 GB 3095—1996 中规定的 500μg/m^3。

2. 世界卫生组织标准

WHO 根据不同情况制订了不同标准，不是一个统一的具体值，根据 WHO 最新修订的相关指南，SO_2 过渡期目标 1 的 24h 平均浓度为 125μg/m^3，过渡期目标 2 的 24h 平均浓度为 50μg/m^3。同时，WHO 所发布的《空气质量准则》（AQG）规定，SO_2 的 24h 平均浓度为 20μg/m^3，10min 平均浓度为 500μg/m^3。

3. 其他国家和地区标准

目前其他国家尚未明确规定 SO_2 室内标准值。全球各主要国家与地区主要针对室外环境空气质量提出限值规定，美国、德国、日本等发达国家保护人体健康的 SO_2 室外年平均浓度限值主要在 50～80μg/m^3，24h 平均浓度限值主要在 110～550μg/m^3，1h 平均浓度限值在 200～520μg/m^3。欧盟、英国、芬兰等保护生态植被的 SO_2 年平均浓度限值为 20μg/m^3，美国的 3h 平均浓度限值为 1300μg/m^3，加拿大 SO_2 室外年平均浓度和 24h 平均浓度限值分别为 30μg/m^3 和 150μg/m^3。

3.3.7 标准限值建议及依据

建议室内空气质量标准中 SO_2 维持原标准不变，即维持室内空气 SO_2 1h 浓度限值为 500μg/m^3。原因如下。

GB/T 18883—2002 等效采用 GB 3095—1996 中 SO_2 1h 平均浓度，即 500μg/m^3。此数值也与 WHO 10min 平均浓度指导值一致。大量流行病学研究表明，短至 10min 的 SO_2 暴露就会诱发一定程度肺功能和呼吸道症状的改变，SO_2 的短时间暴露与当地的污染源和气象条件密切相关，然而，由于 SO_2 在因果关系中的不确定性，以及目前获得不产生健康危害的 SO_2 水平时所遇到的实际困难，同时考虑到对国家实际生产生活的影响，我国 SO_2 1h 浓度限值为 500μg/m^3 已经相对较为严格，在国际上也属于较为谨慎的限制值。

对于 SO_2 是否确实导致了所观察到的健康效应，还是作为其他相关污染物的替代物，目前仍存在相当大的不确定性，因此建议维持不变。

3.4 一氧化碳

3.4.1 基本信息

1. 基本情况

中文名称：一氧化碳；英文名称：carbon monoxide；化学式：CO；分子量：28.01；CAS 号：630-08-0。

2. 理化性质

CO 为无色无味、无刺激性的有毒气体，它产生于碳质燃料（木头、汽油、煤炭、天然气和柴油等）的不完全燃烧。熔点为−201.5℃；在标准大气压下沸点为−191.5℃（−312.7℉）。CO 的密度为 1.250kg/m^3（1℃，1atm）和 1.145kg/m^3（25℃，1atm），相对密度为 0.967（空气=1）。在一个标准大气压下的溶解度为 3.45ml/100ml（0℃）、2.14ml/100ml（25℃）和 1.83ml/100ml（37℃）。

CO 的分子量与空气相近，可以与空气以任何比例自由混合，并随着空气的移动而扩散、运输。同时，作为一种可燃性气体，CO 可与氧气、乙炔、氯气、氟和 NO_2 发生剧烈反应。CO 不能被人类视觉、嗅觉和味觉探测到。在人体中，它与血红蛋白反应形成碳氧血红蛋白（COHb）。

3.4.2 室内一氧化碳的主要来源和人群暴露途径

1. 主要来源

（1）室外来源：室外附近道路上以燃烧汽油和柴油为驱动的机动车辆排出的 CO，通过渗透进入室内是室内 CO 的来源之一。

（2）室内来源：室内生物质燃料燃烧是最主要的室内 CO 来源。由于没有相应的烟囱、壁炉、燃气燃烧器和辅助加热器等，可能导致碳的不完全氧化，产生的 CO 排入室内空气中。此外，烟草烟雾也是室内 CO 的主要来源之一。

2. 人群暴露途径

吸入是 CO 外源性暴露的唯一途径。CO 作为一种典型的化学窒息剂，吸入后与血液中的红细胞结合，可降低人体的氧气摄取量，从而产生毒害作用。通过这种取代，人体就会缺氧并导致窒息。由于 CO 与红细胞的亲和力是氧气的 200～300 倍，所以少量 CO 就会导致毒性反应。根据暴露的浓度和时间不同，CO 中毒症状会逐渐发展或突然出现。过度暴露的症状包括头痛、气短、喘息、心跳加快、昏昏欲睡、协调性下降、恶心和呕吐。嘴唇和指甲呈明亮的红色也是过度暴露后 CO 中毒的明显特征。暴露于高浓度 CO 下人会失去知觉或死亡，即便幸存和恢复，人体也会长期出现神经系统疾病。另外，在高海拔地区，人群对 CO 的过度暴露更敏感，进行体力劳动时症状的发展会更迅速。对于心脏有问题的人员，症状发作会更快。在恢复阶段，患者会出现头痛、视觉问题和记忆力丧失等症状。

3.4.3 我国室内空气中一氧化碳污染水平及变化趋势

从整体看，我国室内 CO 浓度范围为 0～202.7mg/m^3。我国农村地区室内空气中 CO 的超标率较高，最高达 78%，超标倍数最高达 19.27 倍。我国居室内 CO 浓度水平主要调查结果见表 3-4。

表 3-4 公开文献报道的我国居室内 CO 浓度情况（1998 年以来）

地区	区域	场所	样本户（户）	样本量（个）	采样时间	算数均值（mg/m^3）	最小值（mg/m^3）	最大值（mg/m^3）
荆门	城市	居室	31	93		2.03	0.13	5.36
龙井	农村	厨房	64	64	1h	25.625	6.25	33.5
龙井	农村	厨房	64	64	24h	5.25	1.8125	6
天津	农村		7	84		1.97	0	14
甘肃		厨房	129	129	24h	7.86	0.9	10.2
甘肃		居室	129	129	24h	8.075	2.2	17.7
贵州		居室和厨房	127	127	24h	2	0.8	2.2
内蒙古		居室和厨房	65	65	24h	9.1875	5.8	11.4
陕西		厨房	136	136	24h	6.25	1.3	10.8
陕西		居室	55	55	24h	11.959	2.5	17.4
陕西		卧室	122	122	24h	6.4	1.1	15.1
陕西	农村	厨房	16	16	24h	1.875		
陕西		厨房		16		31.5		
陕西	农村	客厅		16	24h	5.625		
陕西		客厅		16		16.875		
北京房山	农村				1h		3	50
东北	农村		4	942			1.8	116.8
东北	农村		4	942			0	34.9

续表

地区	区域	场所	样本户（户）	样本量（个）	采样时间	算数均值（mg/m³）	最小值（mg/m³）	最大值（mg/m³）
贵阳	城市		16				0	3.9
贵阳	城市		16				0.1	2.9
大庆	农村		5	234			1.098	56
新疆			200	200		8.705		
吉林			20			2.739		
四川、湖北、湖南	农村		137	137	1h	30.47		
四川、湖北、湖南	农村			137	1h	6.72		
吉林			15	60		2.972		
长春	农村		3			20.25	3.75	38.75
哈尔滨	城市		10		15min		2.3	11.25
哈尔滨	城市		6		15min	1.44		
哈尔滨	农村		10		16min	12.725	0	30.25
重庆	城市		20				0.95	2.68
呼和浩特	城市			60		0.25	0.02	4.1
阳泉、晋中	农村	卧室夏季	36	180			0.2	14.8
阳泉、晋中	农村	卧室冬季	36	144			0.1	105.1
阳泉、晋中	农村	厨房夏季	36	179			0.3	202.7
阳泉、晋中	农村	厨房冬季	36	96			2.5	132.4

注：表中空白项代表文献未具体提及。

从城乡空间分布来看，我国城镇室内 CO 浓度小于农村。由于目前农村还有很大一部分仍然在使用室内炉具取暖，燃料不完全燃烧产生的 CO 可导致室内 CO 浓度偏高。

从地理空间分布上来分析，北方居室内 CO 浓度高于南方。因北方冬季燃煤，居室内 CO 持续和高浓度污染的情况比较普遍，最高浓度点均出现在使用开放性炉灶的农户中，做饭时间厨房 CO 浓度可达 200mg/m³ 以上，远超国家标准（10mg/m³）。我国在 20 世纪 80 年代对部分农村进行改炉改灶后，居室内 CO 污染水平普遍大幅度降低。

从全年不同季节的角度来分析，居室内 CO 浓度冬季高、春秋季低，这与冬季燃煤量大、居室密闭导致通风排烟条件差、CO 易产生而难排放等因素有关；日变化特征主要与用火时间、次数、用火量等有关。做饭时间的 CO 浓度高于非做饭时间。

3.4.4 健康影响

1. 吸收、分布、代谢与排泄

CO 通过吸入的方式进入人体，并通过肺泡扩散。CO 进入人体后首先溶于血液中，迅速与血红蛋白发生反应，形成 COHb。虽然 CO 与血红蛋白的亲和力是 O_2 的 245 倍，但是两者与血红蛋白的结合速度和难易程度却是相似的。不同的是，O_2 可以迅速从血红蛋白中解离出来，而 CO 却需要更长的时间。正因如此，若长时间暴露于 CO，COHb 浓度会持续增加，从而导致携带 O_2 的血红蛋白量减少，其结果就是出现动脉缺血状况。另外，COHb 可以影响 O_2 与血红蛋白的结合强度，使 O_2 很难被释放到组织中。

COHb 在体内主要通过衰老红细胞裂解而释放。COHb 在体内分解成胆红素，最终在肝脏葡萄糖醛酸转移酶的作用下生成葡萄糖醛酸胆红素，即结合胆红素。结合胆红素随着胆汁进入小肠排出体外。

2. 健康影响

暴露于 CO 会引起诸多不良健康效应，最为人所熟知的健康效应就是 CO 与血红蛋白结合形成 COHb，从而使血红蛋白的携氧能力降低，导致组织缺氧。因此，COHb 作为 CO 暴露的生物标志物被广泛使用。目前制订准则值或标准的健康终点一般为急性暴露于 CO 后导致的相关运动耐力降低和缺血性心脏病症状增加等。基于此效应终点，WHO 根据人群血液中 COHb 的浓度不超过 2%来制订室内空气质量标准 CO 准则值。此外，CO 还能与肌红蛋白、细胞色素氧化酶和 P450 结合。

（1）急性健康影响：健康人群暴露于 CO 的急性影响实验结果显示，逐步缩短最大运动量的持续时间和 COHb（剂量）存在联系。在 COHb 较低浓度范围内，同样的现象也出现在稳定型心绞痛患者中。出现上述情况的原因可能是在冠状动脉狭窄等情况下，心脏供氧受到限制，无法增加血液流量。

早期急性暴露实验（健康人群）提出，当 COHb 达 2.5%～10%，大脑功能（通过行为表现下降来衡量）受损。根据生理学分析和推断，在 COHb 接近 18%之前，大脑功能的降低不应超过 10%。但在实验测定中，CO 暴露数小时后，即使 COHb 接近 20%，也没有类似上述症状。出现如此高的效应阈值可能是因为随着 COHb 增加，脑血流量也会代偿性增加。

当 COHb 超过 25%时，人会开始失去意识，当 COHb 达到 60%或以上便能够引起死亡。确切的 COHb 效应阈值取决于个人的敏感性、潜在的健康状况，并且在某种程度上与个人的活动水平有关。

（2）慢性健康影响：长期接触较低浓度 CO 对人体健康的影响远超过急性 CO 接触所带来的影响。这种接触会在许多方面改变健康状况，包括身体症状、感觉运动变化、认知记忆缺失、情感心理变化、心脏事件和出生体重过低。

大量人群的流行病学研究表明，长期暴露于低浓度 CO 环境中，很可能导致出生体重过低、先天性缺陷、充血性心力衰竭、卒中、哮喘、结核病、肺炎等。

（3）敏感人群：CO 暴露风险最高的人群包括孕妇和未出生的胎儿，患有冠状动脉疾病、充血性心力衰竭或潜在卒中的成年人、老年人或非老年人，以及有猝死风险的人等。在制订室内空气 CO 浓度限值时，必须考虑较高风险人群。

3.4.5 国内外空气质量标准或指南情况

1. 我国空气质量标准

目前我国室内空气质量相关标准中，由卫生部门发布的用于住宅和办公建筑物内部室内环境质量评价的 GB/T 18883—2002 规定，室内空气中 CO 的 1h 平均浓度限值为 10mg/m^3。

我国香港制订了室内空气质量指标（HKIAQO），其规定 CO 的 1h 平均浓度限值为 30mg/m^3，远高于我国现行标准限值。

2. 世界卫生组织标准

WHO 相关空气质量准则根据人群血液中 COHb 的浓度不超过 2%，制订的 CO 的 15min 平均浓度限值为 100mg/m^3，1h 平均浓度限值为 35mg/m^3，8h 平均浓度限值为 10mg/m^3，24h 平均浓度限值为 7mg/m^3。GB/T 18883—2002 只规定 1h 平均浓度限值为 10mg/m^3。

3. 国家和地区标准

目前美国、英国、德国、加拿大、澳大利亚、日本、韩国、比利时和科威特等国家制订了室内空气中 CO 的标准限值，其中只有美国、加拿大、韩国、日本和科威特制订了室内空气中 CO 的 1h 平均浓度限值，分别为 40mg/m^3、29mg/m^3、29mg/m^3、23mg/m^3 和 30mg/m^3，均高于 GB/T 18883—2002 规定的室内空气中 CO 的 1h 平均浓度限值（10mg/m^3）。

3.4.6 标准限值建议及依据

虽然 WHO 建立了室内空气中 CO 浓度和血液 COHb 的关系模型，并推荐人群血液中 COHb 浓度由不超过 2.5%降为不超过 2%，但由于 GB/T 18883—2002 规定的 CO 标准限值远低于 WHO 规定的相应准则值，也低于美国、欧盟和亚洲等国家和地区的浓度限值。根据原标准的执行情况和我国室内空气中 CO 的污染现状和趋势(我国农村地区室内空气中 CO 的超标率较高,城市超标率较低),建议保留原标准中室内空气中 CO 的 1h 平均浓度限值不变，即 10mg/m^3。综合分析现行检测方法的优缺点和可操作性等，建议保留非分散红外法，删除气相色谱法及汞置换法。

3.5 二 氧 化 碳

3.5.1 基 本 信 息

1. 基本情况

中文名称：二氧化碳；英文名称：carbon dioxide；化学式：CO_2；分子量：44.0095；CAS 号：124-38-9。

2. 理化性质

CO_2 属于无机碳氧化物，常温下是一种无色无味无臭，不助燃、不可燃的气体。空气中有微量的 CO_2，约占空气总体积的 0.03%。熔点−78.45℃（194.7K），沸点−56.55℃（216.6K），水溶性 1.45g/L（25℃，100kPa）。CO_2 能溶于水中形成碳酸，碳酸是一种弱酸。

3.5.2 室内二氧化碳的主要来源和人群暴露途径

1. 主要来源

室内 CO_2 主要来源于室内和室外，室外来源包括煤与木材的燃烧等；室内来源主要有两方面，一是人体呼吸排放，二是燃料的燃烧（室内取暖煤炉、煤气炉等）。

2. 人群暴露途径

CO_2 是大气中的常规可变组分，清洁空气中一般含 CO_2 0.03%～0.04%，城市空气中的 CO_2 可达到 0.04%～0.05%。通常情况下 CO_2 对人体无毒无害，但却是室内空气质量评价中一项不容忽视的重要指标，CO_2 浓度升高表示居室的容积小、通风不良和人口拥挤。在人群密集的公共场所和相对封闭的居室中，CO_2 浓度通常比较高。CO_2 浓度超过一定范围就会对人体产生毒害作用。

人体对 CO_2 的暴露主要通过呼吸道，人呼出的气体中 CO_2 约占 4%。在比较差的通风换气情况下，由于人体代谢不断呼出的 CO_2 气体累积，室内 CO_2 含量可以提高几倍到十几倍(一个成年人每小时可产生 CO_2 22.6L,如果不考虑自然通风,可以在 1h 内把 30m^3 房间的 CO_2 浓度提高 753ppm）。在人群密集和通风不畅的室内条件下，如人口多的狭小住宅、办公室、会议室等，由于 CO_2 浓度升高等因素的影响，人们会出现困倦、厌烦等各种生理和心理不适。

3.5.3 我国室内空气中二氧化碳污染水平及变化趋势

以“室内”“二氧化碳”“CO_2”“indoor”“carbon dioxide”“China”“residential”及其组合为关键词进行检索，共获得 805 篇文献，其中中文文献 776 篇，英文文献 29 篇。经筛选，符合来自原始检测数据要求的文献有 24 篇。关注室内 CO_2 浓度的文献多集中在公共场所，例如酒店、商场、学校教室等，涉及家庭居室和办公室的相对较少。

本次文献检索共获得全国 17 个省份、1703 户室内 CO_2 浓度数据。调查数据以城市家庭居室、办公室为主，包含部分农村居室。主要采用不分光红外线 CO_2 分析仪检测，仪器型号多种。

我国室内空气质量标准规定的 CO_2 浓度 24h 标准限值为 0.1%。在 24 篇文献中，有 11 篇给出（或可以计算出）算术均值，2 篇给出中位数，17 篇给出最大值和最小值。室内 CO_2 浓度范围为 0.01%～2.12%，加权平均浓度为 0.072%。在所有可以得到超标率的文献中，80%有超标检出，超标率最高达 100%，超标倍数最高达 21.2 倍。我国居室、办公室内 CO_2 浓度水平主要调查结果见表 3-5。

表 3-5 公开文献报道的我国居室内 CO_2 浓度情况（1998 年以来）

地区	城乡	场所	样本户（户）	样本量（个）	算术均值（%）	最小值（%）	最大值（%）	超标率（%）	数据来源
荆门	城镇	居室/办公室	117	230				0.00	焦玲芳，2008
			3	3		0.130	0.160	100.00	王桂芳等，2000
北京房山	农村		3	5		0.060	0.150	60.00	朱赞，2010.
北京密云	农村		40	80	0.077	0.039	0.500	2.00	郑德生等，2011
大连		居室	3			0.032	0.304		刘鸣等，2017
西安		高校宿舍	1			0.030	0.200	33.00	刘阿敏等，2016
		居室	1	5		0.092	0.149	80.00	彭清涛等，2002
上海		办公室	123			0.041	0.110		陈纪刚等，2004
		办公室	1	54		0.045	0.147	12.96	陈建芳等，2008
安徽	城市	办公室	90	270	0.057	0.040	0.088	0.00	刘建国等，2005
安徽	城市	居室	88	176	0.056	0.042	0.084	0.00	吴洪涛，2014
安徽	城镇	居室	90	180	0.052	0.028	0.090	0.00	
安徽	城市	居室		244	0.065	0.021	0.183	5.74	吴洪涛，2014

续表

地区	城乡	场所	样本户（户）	样本量（个）	算术均值（%）	最小值（%）	最大值（%）	超标率（%）	数据来源
安徽	城市	居室		360	0.066	0.012	0.117	0.83	
安徽	城市	居室		887	0.069	0.024	0.140	0.34	
安徽	城市	居室		515	0.069	0.010	0.140	2.33	
安徽	城市	居室		515	0.062	0.010	0.120	1.17	
				477		0.030	0.040	0.00	
珠海	城市	居室		50	0.08			14.00	晁斌等，2007
珠海	城市	办公室		11	0.05			0.00	Zhou et al，2014
	农村		332			0.022	0.140		
西安		居室			0.062	0.047	0.102		Niu et al，2015
西安		办公室			0.045	0.042	0.060		Liu et al，2017
保定		居室	85		0.088	0.049	0.179		
天津	农村		7			0.072	0.128		Liu et al，2018
上海	城市	卧室	445		0.081			23.40	Huang et al，2016
上海	城市	居室	449		0.064			9.60	刘丛林，2007.
东北	农村		4	942		0.010	2.120		
贵阳	城市		16			0.019	0.178	0.20	程艳丽等，2007
贵阳	城市		16			0.033	0.131	0.33	张玥等，2018
大庆	农村		5	234			0.147	11.10	阎华，2008
新疆			200	200	0.094			23.00	刘鸣等，2017
大连	城市	卧室	3	3	0.077～0.186				沈保红等，2004
		居室	3	3	0.068～0.099				
吉林			20		0.11			0.00	李景舜，2003
吉林			15	60	0.128				唐瑞，2014
哈尔滨	城市		10			0.092	0.143		陈爽等，2016

注：表中空白项代表文献未具体提及。

通常情况下，室内空气中 CO_2 的主要来源是人体呼吸和燃料燃烧，因此居室内 CO_2 浓度一般高于室外空气中的浓度。由于各类不同房屋的通风条件、单位面积人口的差异，室内空气中 CO_2 浓度差异很大。

已发表的文献显示，我国城镇居室内 CO_2 浓度低于农村，其中农村居室 CO_2 平均浓度为 0.107%，城市居室 CO_2 平均浓度为 0.069%，这与 CO_2 的来源有关。居室内 CO_2 主要污染来源包括室外和室内两类，室外来源包括煤、木材等燃烧，室内来源主要有三部分，分别是人体呼吸、取暖烹饪（燃料燃烧）和吸烟。居室

内 CO_2 浓度呈现明显的季节变化，冬季明显高于其他季节。文献中 CO_2 浓度最高达 2.12%，远超 0.1%的标准，这一情况出现在冬季的东北农村居室内。

对文献资料和监测结果的分析表明，近年来我国室内空气中 CO_2 浓度均较低，室内 CO_2 浓度超标情况逐渐减少。在安徽省开展的办公场所和城乡居民住宅内 CO_2 监测结果表明，不同场所室内 CO_2 浓度差别不大，其中办公场所测定 270 次，均值为 0.057%；城市居民住宅室内测定 176 次，均值为 0.056%；城镇居民住宅室内测定 180 次，均值为 0.052%，各监测值均未超标。

此外，居室人口密度、通风情况也是影响 CO_2 浓度的主要原因。上海一项居民家庭室内 CO_2 监测结果表明，夏秋季节由于室内制冷空调的使用，关闭门窗情况较多。在这种情况下，不同房间室内的 CO_2 浓度每日大部分时间都低于标准限值，但仍有 0.03～4.02h 超出标准值。对体积相对比较小，而居民停留时间又很长的卧室，由于人员居住（如 2 名大人 1 名儿童），其 CO_2 浓度持续上升，甚至可以高达 0.45%，是国家标准限值的 4.5 倍。

从国内文献及现场调查的数据来看，通风或排风良好的房屋，无论是住房还是公共场所（如办公室），室内空气中 CO_2 浓度都比较容易达到 0.054%～0.107%。

3.5.4 健康影响

1. 毒代动力学

CO_2 是由身体的新陈代谢产生的，并且总是以约 6%的浓度存在于体内。在静止条件下，普通成年人每天将产生超过 500g 的 CO_2，并且在活动时会产生更多。

人体肺泡内 CO_2 浓度经常在 4%左右。细胞内 CO_2 通过自由扩散进入体液，在体液内被毛细血管上皮细胞转运到血液内。在细胞液、体液、血液中 CO_2 都是以碳酸或碳酸根的形式存在，部分被红细胞携带，部分直接溶解在血液中，由血液循环带到肺泡中，红细胞释放携带的 CO_2 再次结合 O_2，溶解在血液中的 CO_2 由于气压的变化也会释放一部分。通过呼吸，CO_2 被排出体外。

2. 健康效应

CO_2 本身没有毒性，但当空气中的 CO_2 超过正常含量时，会对人体产生有害影响。除个别高浓度 CO_2 可引发窒息死亡的事故类病例外，罕有直接关于室内 CO_2 的人群流行病学研究。CO_2 成为可造成人体健康影响的污染物，主要是现代建筑通风不足而使 CO_2 浓度升高所致。

CO_2 是一种弱的中枢神经系统（CNS）抑制剂，在低浓度下，CO_2 几乎没有毒理学作用，只是对呼吸中枢有兴奋作用，而在高浓度时则会抑制呼吸中枢，严重时对呼吸中枢有麻痹作用，导致呼吸频率增加、心动过速、心律失常和意识障碍。浓度为 3%时，可导致听力下降、血压升高和脉搏增加、呼吸加深。浓度为 4%时，可导致头晕、头痛、耳鸣、视物模糊、血压升高。浓度在 7%～10%时，可导致呼吸困难、脉搏加快、全身无力、肌肉由抽搐至痉挛，人体会在几分钟内发生昏迷。浓度＞10%可能引起惊厥、昏迷和死亡。直接接触固体 CO_2（干冰），可能导致灼伤。如果迅速升温，干冰会产生大量 CO_2 气体，特别是在密闭区域内可导致危险。空气中高浓度 CO_2 会引起眼睛、鼻子和喉咙的刺痛感。CO_2 窒息会引起暂时性突眼和瞳孔散大并引起黄视，伴有短暂的失明。

在室内空气质量评价中，CO_2 不属于室内空气有毒污染物，其评价作用与甲醛、苯等有毒污染物不同。作为以人体自身排放为室内主要污染源的 CO_2，由于现代建筑通风不足，容易造成室内 CO_2 浓度升高，从而对人体健康产生一定的影响。当室内外空气交换良好时，室内空气中 CO_2 的浓度一般不会达到使人主观感觉不适的程度。室内空气 CO_2 浓度在 0.07%时，人体感觉良好；CO_2 浓度达到 0.10%时，个别敏感者会有不舒适感，人们长期居住在这样的室内就会感到难受、精神不振，甚至影响健康；CO_2 浓度在 0.15%时人体不舒适感明显；CO_2 浓度在 0.2%时室内卫生状况明显恶化；CO_2 浓度处于 0.2%～0.5%时人体会感觉头痛、嗜睡、呆滞、注意力无法集中、心跳加速、轻度恶心；CO_2 浓度高于 0.5%时可能导致人体严重缺氧，造成永久性脑损伤、昏迷，甚至死亡。

大部分情况下，人体暴露于 CO_2 的健康影响表现为轻度机体不良反应，而不会出现明显的疾病状态或临床症状。评估健康影响时，难以采用疾病或临床症状等指标，需要结合人群不良反应发生率定性评价 CO_2 对人群健康的影响。按照一般人群对 CO_2 的心理、生理反应范围，以人群不满意率为室内空气质量评价尺度，一般 CO_2 理想接触浓度为 0.046%～0.09%。人体对室内空气中 CO_2 的个体敏感性差异很大，健康人对 CO_2 的敏感范围会比较宽，而哮喘患者和一些对空气质量要求高的工作人员（飞行控制人员、核电厂工作人员等）对 CO_2 的敏感性高。考虑哮喘患者等敏感人群，室内空气中 CO_2 理想浓度为 0.05%～0.055%，容许范围为 0.055%～0.1%。人群长期居住或停留在 CO_2 浓度 0.1%以下的室内空间时，空气质量良好，健康不受危害。

3.5.5 国内外空气质量标准或指南情况

1. 我国空气质量标准

我国《室内空气中二氧化碳卫生标准》（GB/T 17094—1997）规定的室内 24h CO_2 均值为≤1000ppm（0.10%）。《公共场所卫生指标及限值要求》（GB 37488—2019）规定对于有睡眠、休憩需求的公共场所，室内 CO_2 浓度不应大于 0.1%，体育馆、展览馆等其他场所室内 CO_2 浓度不应大于 0.15%，没有给出时限要求。

我国香港《办公室及公众场所室内空气质素管理指引》要求室内 CO_2 8h 浓度均值不超过 800ppm（卓越级）和 1000ppm（良好级）。

2. 世界卫生组织和其他国际组织及国家标准

目前大部分国际标准给出的 CO_2 浓度限值为阈值指标，没有给出时限要求。WHO、日本、韩国、马来西亚等组织和国家规定了 CO_2 浓度限值为 1000ppm（0.10%）。欧盟发布的 *Energy performance of buildings- Ventilation for buildings. Part 1：Indoor environmental input parameters for design and assessment of energy performance of buildings addressing indoor air quality，thermal environment，lighting and acoustics - Module M1-6*（BS EN 16798-1：2019）对建筑室内 CO_2 浓度给出了不超过室外浓度 550ppm（0.055%）、800ppm（0.08%）、1350ppm（0.135%）的三级标准，并指出列出的 CO_2 浓度限值可用于通风需求控制。

美国采暖、制冷与空调工程师协会（ASHRAE）和欧盟采用室内外 CO_2 浓度差作为要求。实际环境中室外 CO_2 浓度变化不大，一般在 400～450ppm，对于欧盟标准室内外 CO_2 浓度差 550ppm，室内浓度应约为 1000ppm（0.1%）。

新加坡《办公场所良好室内空气质量指南》（*Guidelines for Good Indoor Air Quality in Office Premises/building*）规定室内 CO_2 8h 浓度限值为 0.1%。

3.5.6 室内空气中二氧化碳标准限值建议及依据

室内 CO_2 水平受人均占有面积、容积、吸烟和燃料燃烧等因素影响。随着人们生活水平的提高，住房面积普遍大幅度提高，燃料结构也有很大的改变，但在一些农村地区仍存在居室 CO_2 浓度超标情况。根据我国居室 CO_2 浓度的实际情况，对现行标准室内空气中 CO_2 浓度限值 0.10%保持不变。此外，人并非全天均在室内，采用日均值难以反映人不在室内时的影响。同时，对于办公室、教室等人员聚集的室内环境，日均值难以应用于实际室内 CO_2 浓度控制及采取必要的通风等措施，因此建议对 CO_2 浓度由“日均值”调整为“小时均值”。

3.6 氨

3.6.1 基本信息

1. 基本情况

中文名称：氨；英文名称：ammonia；化学式：NH_3；分子量：17.03；CAS

号：7664-41-7。

2. 理化性质

外观与性状：无色透明液体，有类似氯仿的气味；密度：0.7g/L（−33℃）；溶解性：极易溶于水（1:700），溶于乙醇、乙醚；饱和蒸气压：857.06kPa（20℃）；蒸气密度：0.5967（空气=1）；熔点：−77.7℃；沸点：−33.35℃（101.325kPa）；辛醇/水分配系数的对数值：−2.66；空气浓度转换：1ppm = 0.70mg/m^3；饱和蒸气压：13.33kPa（32℃）；临界温度：132.4℃；临界压力：11.2MPa；爆炸上限%（*V*/*V*）：27.4；爆炸下限%（*V*/*V*）：15.7；自燃点：651.1℃。稳定性：在推荐的储存条件下稳定，与空气混合能形成爆炸性混合物。遇明火、高热能引起燃烧、爆炸。可与水反应生成氨水，可发生氧化反应，与氟、氯等接触会发生剧烈的化学反应，还可与酸反应生成氨盐。可燃，但不易燃。可与金属离子 Ag^+、Cu^{2+}等发生络合反应，生成络合物。热稳定性：不稳定。与水反应生成的氨水呈弱碱性。与 CuO、氯气反应呈现还原性。为腐蚀性气体。

3.6.2 室内氨的主要来源和人群暴露途径

1. 主要来源

在自然界中，氨主要来自空气、土壤和水。作为正常生物过程的一部分，人类和其他动物也会产生氨。氨还被用于农业肥料和许多清洁产品。

一般建筑室内氨气污染的主要来源有以下几种：①装修材料中的添加剂、增白剂、黏合剂和混凝土外加剂是氨污染的主要来源。②室内装饰材料、清洁剂、制冷剂、烫发剂中也可含有氨。③人自身在室内活动也可产生氨。④香烟烟雾和家庭空调、冰箱内的制冷剂等也是室内空气中氨的来源。

2. 人群暴露途径

人群暴露于氨主要通过呼吸含有氨的空气发生，也可通过饮食、饮用水或皮肤接触发生。

3.6.3 我国室内空气中氨污染水平及变化趋势

关于室内空气中氨污染水平的报道较多。开展较早的美容美发店室内空气氨的研究发现，染发、烫发过程中使用的各种化学物质可导致室内氨浓度过高。我国住宅、办公室及其他公共场所等民用建筑室内空气氨污染问题呈现如下规律：北方城市较南方城市污染相对严重，二季度和三季度污染较一季度和四季度严重，卧室内氨浓度较客厅内高。李树生等对西安 2010～2015 年的室内氨浓度测定发现，1289 个样本的氨浓度超标率由 8%下降至 0，室内氨浓度最高值由 3.05mg/m^3 降至 0.15mg/m^3，且在装修 4 个月后室内氨浓度均值可降至国家标准以下。

近 20 年来，我国室内氨污染水平整体呈逐年下降趋势，超标率亦呈下降趋势。主要原因为人们环保意识增强，选择的装修材料更环保，室内通风时间延长。综合已有的我国室内空气中氨浓度的监测数据，样本总量不少于 4000 个，氨浓度为 4～5480μg/m^3。根据已有数据资料综合分析，我国室内氨平均浓度为 260.12μg/m^3。近年来我国室内空气中氨污染水平见表 3-6。

表 3-6 我国室内空气中氨污染水平

地区	场所	指标	浓度（μg/m^3）	数据来源
北京	客厅、卧室、厨房、书房、办公场所	最大值	89	吕天峰等，2016
		均值	40	
荆门	卧室，客厅	最大值	245	王占成等，2008
		均值	12	
广西	美容院	最大值	510	于洋等，2018
		均值	120	
杭州	教室（装修 0～0.5 年）	最大值	180	干雅平等，2013
		均值	115	
	教室（装修 0.5～1 年）	最大值	190	
		均值	150	
	教室（装修 1～3 年）	最大值	180	
		均值	110	
	教室（装修 3～5 年）	最大值	160	
		均值	125	
	教室（装修 5 年以上）	最大值	140	
		均值	100	

3.6.4 健康影响

1. 吸收、分布、代谢与排泄

氨经吸入途径进入体内，主要停留在上呼吸道，不累及下呼吸道，血液吸收率低。氨易被消化道吸收转化为 NH_4^+，很少以氨或氨化合物的形式到达体循环，但在低水平时，它是血浆的正常组成成分。人体消化道可产生内源性氨离子，大部分来自细菌对食物中含氮化合物的降解。

经吸入暴露的氨只有少量被体循环吸收，80%以上保留在上呼吸道中。经口暴露数据表明，氨易进入门脉循环并输送至肝。内源性氨由谷氨酸脱氢酶或谷氨酰胺酶对氨基酸的分解代谢而产生，主要存在于肝、肾皮质和肠道，也存在于大脑和心脏中。

经口暴露后，氨主要通过肝门静脉直接进入肝，在谷氨酰胺循环中通过谷氨酰胺合成酶代谢为谷氨酰胺或掺入尿素作为尿素循环的一部分而被代谢。氨大部分转化为尿素和谷氨酰胺。

氨及其代谢产物的主要排泄途径为尿液。氨主要以尿素和尿铵化合物的形式经肾排泄，少量随粪便、汗液及呼气排出。

2. 健康影响

（1）致癌风险：目前，尚未评估氨经吸入途径对人体的致癌潜力，亦无关于氨或铵化合物在口服后对人体致癌作用的信息。

（2）非致癌风险：氨具有非致癌风险，包括呼吸系统毒性、肝肾毒性、消化系统毒性、神经毒性、皮肤毒性、遗传毒性等。吸入高浓度氨可造成呼吸道、肺功能损伤。短期吸入高浓度氨会导致口腔、肺部和眼睛刺激甚至严重灼伤。长期接触空气中的氨会增加呼吸系统疾病风险，如咳嗽、喘息、胸闷及肺功能损伤等。

3.6.5 我国相关健康风险现状

1. 危害识别

通过美国 EPA 综合风险信息查询系统（IRIS）查询氨的毒理学信息，确认氨为慢性非致癌效应危险因素。流行病学资料直接反映出人群暴露后的有害影响特征。氨的危害识别表明接触低浓度氨可致眼结膜、鼻咽部、呼吸道黏膜充血、水肿等；浓度升高时可造成组织溶解性坏死、严重的眼及呼吸道灼伤、化学性肺炎及中毒性肺水肿、呼吸功能障碍、低氧血症，乃至成人急性呼吸窘迫综合征（acute respiratory distress syndrome，ARDS）、心脑缺氧。吸入高浓度氨后，可导致血氨水平升高，三羧酸循环出现障碍。脑氨水平升高，可增加中枢神经系统兴奋性，出现兴奋、惊厥等，继而转入抑制，以至昏迷、死亡；亦可通过神经反射作用引起心搏和呼吸骤停。

2. 剂量–反应关系评估

通过查询国际毒性风险估计系统（International Toxicity Estimates for Risk，ITER），

可知美国 ATSDR 确定氨的 NOAEL 为 9.2ppm，为整个暴露组的时间加权平均暴露值。ATSDR 通过调整每天工作时间与每周工作天数，修正因子取 3，用来解释缺乏生殖和发育研究，不确定性系数取 10，用来解释在缺乏评估反应变异性数据情况下的潜在易感个体。推断调整 NOAEL 为 0.1ppm。氨的转化率为 1ppm=0.70mg/m^3，最终得出慢性吸入性 MRL 为 RfC= 0.07mg/m^3，适用于一般人群。美国 EPA 根据职业流行病学资料确定了校正后的 NOAEL 为 4.9mg/m^3，不确定系数为 10，因此 RfC 为 0.5mg/m^3，适用于职业人群。

室内污染物氨主要暴露途径为吸入。氨吸入途径毒理学参数（表 3-7）来源于美国 ATSDR 和美国 EPA 的 IRIS，获得了剂量–反应关系评估值后，可进行暴露评估的计算。

表 3-7　氨吸入途径毒理学参数

健康效应	毒理学系数	数值及单位	来源
非致癌效应	RfC	0.07mg/m^3	美国 ATSDR
非致癌效应	RfC	0.5mg/m^3	美国 EPA 的 IRIS

3. 暴露评估

参照美国 EPA 经典“四步法”进行健康风险评估。氨主要通过呼吸道进入人体，因此其非致癌效应的暴露量计算公式如下：

$$ADD_{inh} = (C \times IR \times ET \times EF \times ED)/BW \times AT$$

式中：ADD_{inh} 为吸入途径非致癌日均暴露量（mg/m^3）；C 为空气中氨浓度（mg/m^3），本处为暴露期间污染物的均值浓度；IR 为呼吸量（m^3/d），成人长期呼吸量为 15.7m^3/d；ET 为暴露时间（h/d），本处采用 20h/d（《中国人群暴露参数手册》中国人群室内活动时间推荐值）；EF 为暴露频率（d/a），本研究为 365d/a；ED 为暴露周期，本处选取成人的暴露时间为 30 年；AT 为平均暴露时间（h），非致癌效应评估时采用暴露周期平均时间（30a×365d/a×24h/d）；BW 为体重（kg），我国成人的平均体重为 60.6kg。

4. 风险特征

风险特征的计算公式如下：

$$HQ = ADD_{inh}/RfC$$

式中：HQ 为危害商。若 HQ＞1，表明暴露剂量超过阈值可能产生毒性，HQ 数值越大，风险越大；若 HQ≤1，预期将不会造成明显损害。RfC 为慢性非致癌效应吸入途径参考浓度（mg/m^3）。

氨吸入途径毒理学参数见表 3-8。

表 3-8 我国室内空气中氨的非致癌风险（吸入途径）

健康效应	最高暴露浓度（mg/m^3）	RfC（mg/m^3）	适用人群	HQ	风险判定
非致癌效应	0.260	0.5	职业人群	0.11	风险发生的可能性较低
		0.07	一般人群	0.80	风险发生的可能性较低

分别以我国室内空气中氨平均浓度为 0.260mg/m^3 及从美国 EPA（职业人群）和 ATSDR（一般人群）获得的 RfC 值计算慢性非致癌健康风险（见表 3-7）。

综上所述，无论是职业暴露还是一般人群暴露，室内空气中的氨对人群产生慢性非致癌健康风险的可能性均较低。

3.6.6 国内外空气质量标准或指南情况

1. 我国空气质量标准

我国现行与建筑物室内空气污染相关的标准有 3 个，分别是《室内空气质量标准》（GB/T 18883）、《民用建筑工程室内环境污染控制规范》（GB 50325）和《公共场所卫生指标及限值要求》（GB 37488）。

GB/T 18883 规定了室内空气质量参数，适用于住宅和办公建筑物内部的室内环境质量评价。GB 50235 适用于民用建筑工程的质量验收，该标准涉及的室内环境污染是指由建筑材料和装修材料产生的室内环境污染。

GB/T 18883 规定标准限值为 0.20mg/m^3。GB 50235—2010 规定Ⅰ类、Ⅱ类限值均为≤0.2mg/m^3，Ⅰ类指住宅、医院、老年建筑、幼儿园、学校教室等民用建筑工程，Ⅱ类指办公楼、商店、旅馆、文化娱乐场所、书店、图书馆、展览馆、体育馆、公共交通等候室、餐厅、理发店等民用建筑工程。GB 37488 给出了理发店、美容店室内空气氨浓度不应高于 0.5mg/m^3，其他场所室内空气氨浓度不应高于 0.2mg/m^3。

我国香港于 2019 年发布《办公室及公众场所室内空气质素管理指引》，该文件的主要目的是为使用者提供背景资料及实用指引，从而保证使用者具备预防室内空气质量问题的能力，并在问题出现时能够及时解决，但未提及室内氨限值。

2. 世界卫生组织标准

WHO 发布的室内空气质量相关准则中无室内氨标准。

3. 其他国家和地区标准

WHO 有关欧洲的室内空气质量修订指南和日本等国家的空气质量标准均未提及室内氨限值。文献资料显示许多国家在 20 世纪 80 年代均已颁布大气中氨的职业暴露限值，近些年部分国家的暴露限值有所更新，各国暴露限值参考标准不同。部分国家除颁布国家标准外，还颁布了部分地区的单个标准（表 3-9）。

表 3-9　其他国家氨职业暴露限值汇总

标准或指南	发布国家	发布时间（年）	暴露限值描述	限值（mg/m^3）
空气污染物限值	美国	2019	PEL-TWA	35
阈值和生物暴露指标文件	美国	1993～1994	TLV- TWA	17
			TLV-STEL	24
安大略工作场所的当前职业接触限值	加拿大	2020	TWA	17
			STEL	24
职业接触限值（OEL）	日本	1979	OEL	17
EH40/2005 工作场所接触限值	英国	2020	WEL-TWA	18
			WEL-STEL	25
空气污染物的工作场所暴露标准	澳大利亚	2019	TWA	17
			STEL	24
工作场所安全与健康条例	新加坡	2007	TWA	17
			STEL	24
有毒有害物质技术规则	德国	2006	OEL	14

注：TWA. 时间加权平均值，通常为 8h/d 或 40h/w 暴露的最大平均浓度；STEL. 短时间接触容许浓度，通常为 15min 短时暴露的最大平均浓度；TLV. 阈限值，通常为 8h/d 或 40h/w 暴露的时间加权平均浓度；PEL. 容许接触限值；WEL. 工作场所暴露限值；OEL. 职业暴露限值。

3.6.7　标准限值建议及依据

建议保留室内空气中氨 1h 浓度均值 $0.2mg/m^3$ 作为室内空气质量标准中氨的限值。原因如下所述。

根据已有数据资料综合分析，我国室内氨的平均浓度为 $260.12\mu g/m^3$，与我国室内氨标准相比，平均超标率为 39%，但近年来室内氨浓度有逐年下降趋势，超标率亦然；目前检测方法能够满足 $0.2mg/m^3$ 的限值检测灵敏度要求；我国室内氨暴露主要来源于装修材料和混凝土，严格要求氨的限值对于控制室内氨的暴露总量具有积极作用。

推算依据如下：

由于缺乏氨相关人群及动物资料致癌性数据支持，因此按照非致癌风险评估方法计算 HQ 值，且 HQ＜1 时，可以认为该物质不存在健康危害风险。推导公式如下：

$$HQ = ADD_{inh} / RfC \frac{C \times IR \times ET \times EF \times ED}{BW \times AT \times RfC} = \frac{C \times 15.7m^3/d \times 20h/d \times 365d/a \times 30a}{60.6kg \times 262800h \times RfC}$$

依据公式得出：$C = \frac{60.6kg \times 262800h \times RfC \times HQ}{15.7m^3/d \times 20h/d \times 365d/a \times 30a}$

假设 HQ=1，参考 EPA 的 RfC 值 0.5mg/m^3，推导出 C=2.32mg/m^3；假设 HQ=1，参考 ATSDR 的 RfC 值 0.07mg/m^3，推导出 C=0.32mg/m^3。

由计算公式推导出的污染物浓度最低值为 0.32mg/m^3，因此只要污染物浓度低于该值，则可以认为污染物不存在健康危害风险。与我国现行氨限值（0.2mg/m^3）比较，此值高于标准值，说明目前我国室内空气质量标准对氨的限值更为严格，能够保证人群健康。

参考文献

北镇，2004. 中国室内环境污染危害严重[J]. 世界环境，（5）：30-45.

晁斌，柯建厚，陈瑞莉，等，2007. 珠海市新装修建筑物室内空气质量的研究[J]. 实用预防医学，14（1）：124-126.

陈秉衡，张蕴晖，阚海东，2007. WHO 最新大气质量基准：严峻的挑战[J]. 环境与健康杂志，24（4）：187，188.

陈纪刚，项翠琴，张云英，等，2004. 上海市冬季室内化学污染对办公室人员健康影响的流行病学研究[C]. //华东地区第七届流行病学学术交流会论文集. 北京：中华预防医学会，126-130.

陈建芳，叶必朝，谢超，2008. 室内空气品质与新风量关系的实验研究[J]. 制冷与空调（四川），22（6）：24-28.

陈爽，陈伟忠，Declan PK，2016. 上海家庭的房间通风率与室内二氧化碳浓度：实际测试与分析[C]. //2016 年中国环境科学学会学术年会论文集. 北京：中国环境科学学会.

程艳丽，颜敏，白郁华，等，2007. 贵阳市民居室内外空气污染物分布及来源研究[J]. 中国环境监测，23（5）：55-58.

胡婧，郭新彪，2007. 生物质燃料燃烧所致的室内空气污染及其健康影响研究进展[J]. 环境与健康杂志，24（10）：827-829.

焦玲芳，2008. 2005—2006 年荆门市室内空气质量检测结果分析[J]. 华南预防医学，34（1）：79，80.

金松岩，刁锐，2009. 装修后室内污染物分布特征[J]. 内蒙古环境科学，（6）：101-104.

李景舜，刘贵友，吕焱，等，2003. 室内装修致空气污染的研究[J]. 中国卫生工程学，2（2）：69，70.

李智文，任爱国，关联欣，等，2006. 山西省农村地区室内燃煤空气污染状况调查[J]. 中国公共卫生，22（6）：728，729.

梁宝生，刘建国，2003. 我国二氧化碳室内空气质量标准建议值的探讨[J]. 重庆环境科学，（12）：198-200.

刘阿敏，董俊刚，万杰，2016. 高层建筑室内空气质量研究[J]. 建筑工程技术与设计，（1）：417.
刘丛林，2007. 东北地区农村住宅室内空气质量研究[D]. 哈尔滨：哈尔滨工程大学.
刘建国，刘洋，2005. 室内空气中 CO_2 的评价作用与评价标准[J]. 环境与健康杂志，22（4）：303-305.
刘鸣，任静薇，连超丽，等，2017. 城市居住建筑室内 CO_2 分布特性研究[J]. 大连理工大学学报，57（6）：571-576.
刘彦昌，郭亚菲，刘凡，2011. 改炉改灶措施降低农村室内空气污染效果的现场测定[C]. //2011年全国环境卫生学术年会论文集. 北京：中国疾病预防控制中心环境与健康相关产品安全所，287-290.
孟紫强，李君灵，2011. 二氧化硫生物学研究进展：从毒理学到生理学[J]. 生理学报，63（6）：593-600.
钮春瑾，吴金贵，史慧静，2013. 室内空气污染对儿童呼吸系统健康危害的研究进展[J]. 中国儿童保健杂志，21（10）：1052-1054.
潘小川，2006. 室内环境的健康风险评价[J]. 建筑热能通风空调，25（5）：7-10.
彭清涛，张光友，胡文祥，等，2002. 某部居室室内环境检测及评价[C]. //中国化学会第五届仪器分析及样品预处理学术报告会论文集. 北京：中国化学会，91-93.
沈保红，李景舜，赵淑华，等，2004. 居室装修后空气 COD 与 CO、CO_2 关系的探讨[J]. 北方环境，（5）：39，40.
唐瑞，2014. 严寒地区农宅和城市建筑室内空气品质研究[D]. 哈尔滨：哈尔滨工业大学.
王桂芳，陈烈贤，宋瑞金，等，2000. 办公室内空气污染的调查[J]. 环境与健康杂志，17（3）：156，157.
王俊，2013. 严寒地区农村民居室内 CO 扩散规律与控制方法研究[D]. 哈尔滨：哈尔滨工业大学.
魏泉源，2006. 中西部地区农村室内空气污染物浓度影响因素与预测研究[D]. 北京：中国农业大学.
吴洪涛，2014. 油区新装修家居和办公场所室内空气质量调查[J]. 环境与职业医学，31（8）：618-620，623.
肖俊华，董仁杰，陈晓夫，2007. 可再生能源利用对改善农村室内空气质量影响分析[C]. //2007年新农村与可再生能源国际研讨会论文集. 北京：中国农村能源行业协会，63-68.
谢静芳，董伟，王宁，等，2013. 燃煤民居冬季室内 CO 污染监测分析[C]. //第 30 届中国气象学会年会. 北京：中国气象学会.
阎华，2008. 居室空气污染物与儿童哮喘关系的研究[D]. 乌鲁木齐：新疆医科大学.
尹先仁，秦钰慧，2000. 环境卫生国家标准应用手册[M]. 北京：中国标准出版社.
俞苏蒙，冯莉，魏爱民，等，2006. 194 间装修后室内环境状况的调查研究[J]. 中国预防医学杂志，7（6）：544-546.
张玥，张宇，王志成，等，2018. 黑龙江省农村住宅室内空气质量调查研究[J]. 化学与黏合，40（2）：141-144.
郑德生，张杰，李立琴，等，2011. 北京市密云县新农村室内空气污染现状[J]. 职业与健康，27（19）：2231-2233.
郑洁，张卫华，杨朝杰，2006. 重庆市某居民区室内外空气品质调查[J]. 顺德职业技术学院学报，4（1）：20-26.
朱赞，2010. 北京地区农村住宅室内环境状况相关研究[D]. 北京：北京工业大学.

Abdul-Wahab SA, Chin Fah En S, Elkamel A, et al, 2015. A review of standards and guidelines set by international bodies for the parameters of indoor air quality[J]. Atmospheric Pollution Research, 6(5): 751-767.

Adgate JL, Reid HF, Morris R, et al, 1992. Nitrogen dioxide exposure and urinary excretion of hydroxyproline and desmosine[J]. Archives of Environmental Health, 47(5): 376-384.

Aekplakorn W, Loomis D, Vichit-Vadakan N, et al, 2003. Acute effects of SO_2 and particles from a power plant on respiratory symptoms of children, Thailand[J]. The Southeast Asian Journal of Tropical Medicine and Public Health, 34(4): 906-914.

Alm S, 2001. Personal carbon monoxide exposures of preschool children in Helsinki, Finland—comparison to ambient air concentrations[J]. Atmospheric Environment, 35(36): 6259-6266.

Alm S, Jantunen MJ, Vartiainen M, 1999. Urban commuter exposure to particle matter and carbon monoxide inside an automobile[J]. Journal of Exposure Science & Environmental Epidemiology, 9(3): 237-244.

Anenberg SC, Henze DK, Tinney V, et al, 2018. Estimates of the global burden of ambient $PM_{2.5}$, ozone, and NO_2 on asthma incidence and emergency room visits[J]. Environmental Health Perspectives, 126(10): 107004.

Arjomandi M, Wong H, Donde A, et al, 2015. Exposure to medium and high ambient levels of ozone causes adverse systemic inflammatory and cardiac autonomic effects[J]. American Journal of Physiology Heart and Circulatory Physiology, 308(12): H1499-H1509.

Atkinson RW, Butland BK, Dimitroulopoulou C, et al, 2016. Long-term exposure to ambient ozone and mortality: a quantitative systematic review and meta-analysis of evidence from cohort studies[J]. BMJ Open, 6(2): e009493.

Avol EL, Linn WS, Peng RC, et al, 1989. Experimental exposures of young asthmatic volunteers to 0.3 ppm nitrogen dioxide and to ambient air pollution[J]. Toxicology and Industrial Health, 5(6): 1025-1034.

Bai JL, Meng ZQ, 2005. Expression of apoptosis-related genes in livers from rats exposed to sulfur dioxide[J]. Toxicology, 216(2/3): 253-260.

Barath S, Langrish JP, Lundbäck M, et al, 2013. Short-term exposure to ozone does not impair vascular function or affect heart rate variability in healthy young men[J]. Toxicological Sciences, 135(2): 292-299.

Barck C, Lundahl J, Halldén G, et al, 2005. Brief exposures to NO_2 augment the allergic inflammation in asthmatics[J]. Environmental Research, 97(1): 58-66.

Barck C, Sandström T, Lundahl J, et al, 2002. Ambient level of NO_2 augments the inflammatory response to inhaled allergen in asthmatics[J]. Respiratory Medicine, 96(11): 907-917.

Bauer MA, Utell MJ, Morrow PE, et al, 1986. Inhalation of 0. 30 ppm nitrogen dioxide potentiates exercise-induced bronchospasm in asthmatics[J]. The American Review of Respiratory Disease, 134(6): 1203-1208.

Baxter LK, Clougherty JE, Paciorek CJ, et al, 2007. Predicting residential indoor concentrations of nitrogen dioxide, fine particulate matter, and elemental carbon using questionnaire and geographic information system based data[J]. Atmospheric Environment, 41(31): 6561-6571.

Beck HG，1927. The clinical manifestation s of chronic carbon monoxide poisoning[J]. Annals of Clinical Medicine，5：1088-1096.

Beeson WL，Abbey DE，Knutsen SF，1998. Long-term concentrations of ambient air pollutants and incident lung cancer in California adults：results from the AHSMOG study. Adventist Health Study on Smog[J]. Environmental Health Perspectives，106（12）：813-822.

Behndig AF，Blomberg A，Helleday R，et al，2009. Antioxidant responses to acute ozone challenge in the healthy human airway[J]. Inhalation Toxicology，21（11）：933-942.

Blondeau P，Iordache V，Poupard O，et al，2005. Relationship between outdoor and indoor air quality in eight French schools[J]. Indoor Air，15（1）：2-12.

Bush ML，Asplund PT，Miles KA，et al，1996. Longitudinal distribution of O_3 absorption in the lung：gender differences and intersubject variability[J]. Journal of Applied Physiology，81（4）：1651-1657.

Chen Q，Wang LH，2000. Carbon monoxide air pollution and its health impact on the major cities of China[M]//Penney DG. Carbon Monoxide Toxicity. Boca Raton：CRC Press，345-360.

Comuzzo P，Toniolo R，Battistutta F，et al，2017. Oxidative behavior of(+)-catechin in the presence of inactive dry yeasts：a comparison with sulfur dioxide，ascorbic acid and glutathione[J]. Journal of the Science of Food and Agriculture，97（15）：5158-5167.

Cross CE，van der Vliet A，Louie S，et al，1998. Oxidative stress and antioxidants at biosurfaces：plants，skin，and respiratory tract surfaces[J]. Environmental Health Perspectives，106(suppl 5)：1241-1251.

Darling E，Morrison GC，Corsi RL，2016. Passive removal materials for indoor ozone control[J]. Building and Environment，106：33-44.

Davies DM，Smith DJ，1980. Electrocardiographic changes in healthy men during continuous low-level carbon monoxide exposure[J]. Environmental Research，21（1）：197-206.

Devlin RB，Duncan KE，Jardim M，et al，2012. Controlled exposure of healthy young volunteers to ozone causes cardiovascular effects[J]. Circulation，126（1）：104-111.

Edwards RD，Liu Y，He G，et al，2007. Household CO and PM measured as part of a review of China's National Improved Stove Program[J]. Indoor Air，17（3）：189-203.

Fischer SL，Koshland CP，2007. Daily and peak 1 h indoor air pollution and driving factors in a rural Chinese Village[J]. Environmental Science & Technology，41（9）：3121-3126.

Folinsbee LJ，1992. Does nitrogen dioxide exposure increase airways responsiveness?[J]. Toxicology and Industrial Health，8（5）：273-283.

Frampton MW，Boscia J，Roberts NJ，et al，2002. Nitrogen dioxide exposure：effects on airway and blood cells[J]. American Journal of Physiology-Lung Cellular and Molecular Physiology，282(1)：L155-L165.

Frampton MW，Smeglin AM，Roberts NJ，et al，1989. Nitrogen dioxide exposure *in vivo* and human alveolar macrophage inactivation of influenza virus *in vitro*[J]. Environmental Research，48(2)：179-192.

Gao Y，Zhang Y，Kamijima M，et al，2014. Quantitative assessments of indoor air pollution and the risk of childhood acute leukemia in Shanghai[J]. Environmental Pollution，187：81-89.

Gauderman WJ, Urman R, Avol E, et al, 2015. Association of improved air quality with lung development in children[J]. New England Journal of Medicine, 372 (10): 905-913.

Goings SA, Kulle TJ, Bascom R, et al, 1989. Effect of nitrogen dioxide exposure on susceptibility to influenza A virus infection in healthy adults[J]. The American Review of Respiratory Disease, 139 (5): 1075-1081.

Goodman JE, Chandalia JK, Thakali S, et al, 2009. Meta-analysis of nitrogen dioxide exposure and airway hyper-responsiveness in asthmatics[J]. Critical Reviews in Toxicology, 39 (9): 719-742.

Greenberg N, Carel RS, Derazne E, et al, 2016. Different effects of long-term exposures to SO_2 and NO_2 air pollutants on asthma severity in young adults[J]. Journal of Toxicology and Environmental Health Part A, 79 (8): 342-351.

Greenberg N, Carel RS, Derazne E, et al, 2017. Modeling long-term effects attributed to nitrogen dioxide (NO_2) and sulfur dioxide (SO_2) exposure on asthma morbidity in a nationwide cohort in Israel[J]. Journal of Toxicology and Environmental Health Part A, 80 (6): 326-337.

Guo YM, Zeng HM, Zheng RS, et al, 2016. The association between lung cancer incidence and ambient air pollution in China: a spatiotemporal analysis[J]. Environmental Research, 144: 60-65.

Gupta YK, Katyal J, Kumar G, et al, 2009. Evaluation of antitussive activity of formulations with herbal extracts in sulphur dioxide (SO_2) induced cough model in mice[J]. Indian Journal of Physiology and Pharmacology, 53 (1): 61-66.

Haldane J, 1895. The action of carbonic oxide on man[J]. The Journal of Physiology, 18 (5/6): 430-462.

Herbert RA, Hailey JR, Grumbein S, et al, 1996. Two-year and lifetime toxicity and carcinogenicity studies of ozone in B6C3F1 mice[J]. Toxicologic Pathology, 24 (5): 539-548.

Hieu NVT, Gao Z, Shao Z, et al, 2016. A case study on ozone concentration levels inside and outside a student hostel room in Nanjing city, China[C]. //CLIMA 2016-Proceedings of the 12th REHVA World Congress: volume 7. Denmark: Aalborg Unlversltet.

Huang C, Wang XY, Liu W, et al, 2016. Household indoor air quality and its associations with childhood asthma in Shanghai, China: on-site inspected methods and preliminary results[J]. Environmental Research, 151: 154-167.

Hwang BF, Chen YH, Lin YT, et al, 2015. Relationship between exposure to fine particulates and ozone and reduced lung function in children[J]. Environmental Research, 137: 382-390.

Jerrett M, Burnett RT, Pope CA, et al, 2009. Long-term ozone exposure and mortality[J]. The New England Journal of Medicine, 360 (11): 1085-1095.

Jin YL, Zhou Z, He GL, et al, 2005. Geographical, spatial, and temporal distributions of multiple indoor air pollutants in four Chinese Provinces[J]. Environmental Science & Technology, 39(24): 9431-9439.

Jokl MV, 2000. Evaluation of indoor air quality using the decibel concept based on carbon dioxide and TVOC[J]. Building and Environment, 35 (8): 677-697.

Jones MD, Traystman RJ, 1984. Cerebral oxygenation of the fetus, newborn, and adult[J]. Seminars in Perinatology, 8 (3): 205-216.

Jorres R, Nowak D, Grimminger F, et al, 1995. The effect of 1ppm nitrogen dioxide on bronchoalveolar lavage cells and inflammatory mediators in normal and asthmatic subjects[J]. European Respiratory Journal，8（3）：416-424.

Joumard R，Chiron M，Vidon R，et al，1981. Mathematical models of the uptake of carbon monoxide on hemoglobin at low carbon monoxide levels[J]. Environmental Health Perspectives，41：277-289.

Kattan M，Gergen PJ，Eggleston P，et al，2007. Health effects of indoor nitrogen dioxide and passive smoking on urban asthmatic children[J]. Journal of Allergy and Clinical Immunology，120（3）：618-624.

Kelly FJ，Blomberg A，Frew A，et al，1996. Antioxidant kinetics in lung lavage fluid following exposure of humans to nitrogen dioxide[J]. American Journal of Respiratory and Critical Care Medicine，154（6 Pt 1）：1700-1705.

Kim CS，Alexis NE，Rappold AG，et al，2011. Lung function and inflammatory responses in healthy young adults exposed to 0. 06ppm ozone for 6. 6hours[J]. American Journal of Respiratory and Critical Care Medicine，183（9）：1215-1221.

Kleinman MT，2009. Carbon monoxide[M].//Lippmann M. Environmental toxicants：Human exposures and their health effects. 4th ed. New Jersey：John Wiley and Sons，499-528.

Kleinman MT，Davidson DM，Vandagriff RB，et al，1989. Effects of short-term exposure to carbon monoxide in subjects with coronary artery disease[J]. Archives of Environmental Health，44（6）：361-369.

Koehler RC，Jones MD，Traystman RJ，1982. Cerebral circulatory response to carbon monoxide and hypoxic hypoxia in the lamb[J]. The American Journal of Physiology，243（1）：H27-H32.

Lagorio S，Forastiere F，Pistelli R，et al，2006. Air pollution and lung function among susceptible adult subjects：a panel study[J]. Environmental Health：a Global Access Science Source，5：11.

Lai DY，Karava P，Chen QY，2015. Study of outdoor ozone penetration into buildings through ventilation and infiltration[J]. Building and Environment，93：112-118.

Li CY，Balluz LS，Vaidyanathan A，et al，2016. Long-term exposure to ozone and life expectancy in the United States，2002 to 2008[J]. Medicine，95（7）：e2474.

Lindgren SA，1961. A study of the effect of protracted occupational exposure to carbon monoxide with special reference to the occurrence of so-called chronic carbon monoxide poisoning[J]. Acta Medica Scandinavica Supplementum，356：1-135.

Linn WS，Shamoo DA，Avol EL，et al，1986. Dose-response study of asthmatic volunteers exposed to nitrogen dioxide during intermittent exercise[J]. Archives of Environmental Health，41（5）：292-296.

Liu H，Liu S，Xue BR，et al，2018. Ground-level ozone pollution and its health impacts in China[J]. Atmospheric Environment，173：223-230.

Liu LS，Yang H，Duan RZ，et al，2018. Effect of non-coal heating and traditional heating on indoor environment of rural houses in Tianjin[J]. International Journal of Environmental Research and Public Health，16（1）：77.

Liu Q，Wang W，Jing W，2019. Indoor air pollution aggravates asthma in Chinese children and induces the changes in serum level of miR-155[J]. International Journal of Environmental Health Research, 29（1）: 22-30.

Liu ZJ, Cheng KW, Li H, et al, 2018. Exploring the potential relationship between indoor air quality and the concentration of airborne culturable fungi: a combined experimental and neural network modeling study[J]. Environmental Science and Pollution Research: 3510-3517.

Longo LD, 1970. Carbon monoxide in the pregnant mother and fetus and its exchange across the placenta[J]. Annals of the New York Academy of Sciences, 174（1）: 312-341.

Marco GSD, Kephalopoulos S, Ruuskanen J, et al, 2005. Personal carbon monoxide exposure in Helsinki, Finland[J]. Atmospheric Environment, 39（15）: 2697-2707.

Matalon S, Shrestha K, Kirk M, et al, 2009. Modification of surfactant protein D by reactive oxygen-nitrogen intermediates is accompanied by loss of aggregating activity, *in vitro* and *in vivo*[J]. FASEB Journal: Official Publication of the Federation of American Societies for Experimental Biology, 23（5）: 1415-1430.

McDonnell WF, Abbey DE, Nishino N, et al, 1999. Long-term ambient ozone concentration and the incidence of asthma in nonsmoking adults: the AHSMOG study[J]. Environmental Research, 80（2 Pt 1）: 110-121.

Meng Z, Zhang B, 1999. Polymerase chain reaction-based deletion screening of bisulfite（sulfur dioxide）-enhanced gpt-mutants in CHO-AS52 cells[J]. Mutation Research, 425（1）: 81-85.

Meng ZQ, Zhang B, 2002. Induction effects of sulfur dioxide inhalation on chromosomal aberrations in mouse bone marrow cells[J]. Mutagenesis, 17（3）: 215-217.

Mudway IS, Blomberg A, Frew AJ, et al, 1999. Antioxidant consumption and repletion kinetics in nasal lavage fluid following exposure of healthy human volunteers to ozone[J]. European Respiratory Journal, 13（6）: 1429-1438.

Mullen NA, Li J, Russell ML, et al, 2016. Results of the California healthy homes indoor air quality study of 2011-2013: Impact of natural gas appliances on air pollutant concentrations[J]. Indoor Air, 26（2）: 231-245.

Nightingale JA, Rogers DF, Barnes PJ, 1999. Effect of inhaled ozone on exhaled nitric oxide, pulmonary function, and induced sputum in normal and asthmatic subjects[J]. Thorax, 54（12）: 1061-1069.

Niu XY, Guinot B, Cao JJ, et al, 2015. Particle size distribution and air pollution patterns in three urban environments in Xi'an, China[J]. Environmental Geochemistry and Health: 801-812.

Nuvolone D, Petri D, Voller F, 2018. The effects of ozone on human health[J]. Environmental Science and Pollution Research: 8074-8088.

O'Lenick CR, Chang HH, Kramer MR, et al, 2017. Ozone and childhood respiratory disease in three US cities: evaluation of effect measure modification by neighborhood socioeconomic status using a Bayesian hierarchical approach[J]. Environmental Health: a global access science source, 16（1）: 36.

Penney D, Dunham E, Benjamin M, 1974. Chronic carbon monoxide exposure: time course of hemoglobin, heart weight and lactate dehydrogenase isozyme changes[J]. Toxicology and Applied Pharmacology, 28（3）: 493-497.

Penney DG, 2000. Chronic carbon monoxide poisoning[M]. //Penney DG. Carbon Monoxide Toxicity. Boca Raton：CRC Press，393-418.

Qin GH，Meng ZQ，2006. Effect of sulfur dioxide inhalation on CYP2B1/2 and CYP2E1 in rat liver and lung[J]. Inhalation Toxicology，18（8）：581-588.

Reilly JP，2016. Ozone and acute respiratory distress syndrome. it's in the air we breathe[J]. American Journal of Respiratory and Critical Care Medicine，193（10）：1079，1080.

Roughton FJ, 1970. The equilibrium of carbon monoxide with human hemoglobin in whole blood[J]. Annals of the New York Academy of Sciences，174（1）：177-188.

Roughton FJW, Darling RC, 1944. The effect of carbon monoxide on the oxyhemoglobin dissociation curve[J]. American Journal of Physiology-Legacy Content，141（1）：17-31.

Ryan CM，1990. Memory disturbances following chronic，low-level carbon monoxide exposure[J]. Archives of Clinical Neuropsychology，5（1）：59-67.

Sandström T，Ledin MC，Thomasson L，et al，1992. Reductions in lymphocyte subpopulations after repeated exposure to 1. 5ppm nitrogen dioxide[J]. British Journal of Industrial Medicine, 49(12)：850-854.

Sarangapani R, Gentry PR, Covington TR, et al, 2003. Evaluation of the potential impact of age- and gender-specific lung morphology and ventilation rate on the dosimetry of vapors[J]. Inhalation Toxicology，15（10）：987-1016.

Seow WJ，Downward GS，Wei H，et al，2016. Indoor concentrations of nitrogen dioxide and sulfur dioxide from burning solid fuels for cooking and heating in Yunnan Province，China[J]. Indoor Air，26（5）：776-783.

Shima M，2017. Health effects of air pollution：a historical review and present status[J]. Nippon Eiseigaku Zasshi（Japanese Journal of Hygiene），72（3）：159-165.

Smith BJ，Nitschke M，Pilotto LS，et al，2000. Health effects of daily indoor nitrogen dioxide exposure in people with asthma[J]. The European Respiratory Journal，16（5）：879-885.

Solomon C，Christian DL，Chen LL，et al，2000. Effect of serial-day exposure to nitrogen dioxide on airway and blood leukocytes and lymphocyte subsets[J]. The European Respiratory Journal, 15（5）：922-928.

Turner MC，Krewski D，Diver WR，et al，2017. Ambient air pollution and cancer mortality in the cancer prevention study Ⅱ[J]. Environmental Health Perspectives，125（8）：087013.

Vagaggini B, Bartoli MLE, Cianchetti S, et al, 2010. Increase in markers of airway inflammation after ozone exposure can be observed also in stable treated asthmatics with minimal functional response to ozone[J]. Respiratory Research，11（5）：1-9.

Valacchi G，Fortino V，Bocci V，2005. The dual action of ozone on the skin[J]. British Journal of Dermatology，153（6）：1096-1100.

Valacchi G，Pecorelli A，Belmonte G，et al，2017. Protective effects of topical vitamin C compound mixtures against ozone-induced damage in human skin[J]. The Journal of Investigative Dermatology，137（6）：1373-1375.

Wang XB，Du JB，Cui H，2014. Sulfur dioxide，a double-faced molecule in mammals[J]. Life Sciences，98（2）：63-67.

Wisthaler A, Weschler CJ, 2010. Reactions of ozone with human skin lipids: sources of carbonyls, dicarbonyls, and hydroxycarbonyls in indoor air[J]. Proceedings of the National Academy of Sciences of the United States of America, 107 (15): 6568-6575.

Xu WJ, Li JX, Zhang WH, et al, 2018. Emission of sulfur dioxide from polyurethane foam and respiratory health effects[J]. Environmental Pollution, 242: 90-97.

Yu IT, Li AM, Goggins W, et al, 2017. Association of wheeze during the first 18 months of life with indoor nitrogen dioxide, formaldehyde, and family history of asthma: a prospective cohort study[J]. Hong Kong Medical Journal, 2017, 23 Suppl 2 (3): 19-23.

Zhang Q, Jenkins PL, 2017. Evaluation of ozone emissions and exposures from consumer products and home appliances[J]. Indoor Air, 27 (2): 386-397.

Zhao ZH, Zhang Z, Wang ZH, et al, 2008. Asthmatic symptoms among pupils in relation to winter indoor and outdoor air pollution in schools in Taiyuan, China[J]. Environmental Health Perspectives, 116 (1): 90-97.

Zhou YM, Zou YM, Li XC, et al, 2014. Lung function and incidence of chronic obstructive pulmonary disease after improved cooking fuels and kitchen ventilation: a 9-year prospective cohort study[J]. PLoS Medicine, 11 (3): e1001621.

Zhu FR, Ding R, Lei RQ, et al, 2019. The short-term effects of air pollution on respiratory diseases and lung cancer mortality in Hefei: a time-series analysis[J]. Respiratory Medicine, 146: 57-65.

第四章　颗粒物指标

4.1　可吸入颗粒物

4.1.1　基 本 信 息

1. 基本情况

中文名称：可吸入颗粒物；英文名称：inhalable particulate matter；直径：≤10μm；缩写：PM_{10}。

2. 理化性质

PM_{10}的化学组成较为复杂，除了一般的无机元素之外，还包括有机碳、挥发性有机化合物和一些危害严重的多环芳烃，以及细菌、病毒、霉菌等病原微生物。一项来自成都的研究显示，PM_{10}的主要成分有烷烃、三萜、甾烷、多环芳烃、二羧酸。其中，多环芳烃以苯并[a]芘、荧蒽等苯的同系物和衍生物为主。

4.1.2　室内可吸入颗粒物的主要来源和人群暴露途径

1. 主要来源

（1）室外来源。室外空气污染物中PM_{10}的来源主要有两大类：一类是自然散发，另一类是人的生产、生活活动。室外颗粒物主要通过门窗等围护结构缝隙的渗透、机械通风的新风及人员进出带入室内，从而影响室内颗粒物的分布规律。

（2）室内发生源：燃料燃烧是PM_{10}的重要来源之一。我国大部分地区主要以煤和煤气为燃料进行烹饪和取暖，甚至90%的农村家庭仍以生物体为燃料，这些燃料在燃烧过程中会释放大量PM_{10}。此外，人们在室内吸烟也会导致室内颗粒物浓度增加，有研究指出吸烟者室内PM_{10}浓度比不吸烟者室内高33～54μg/m^3，平均每支香烟可使室内颗粒物浓度上升1.0μg/m^3。

室内还有一些其他来源的PM_{10}。建筑材料中常用作保温材料的石棉，由于长期老化磨损等，可释放一定量的PM_{10}。家养宠物的皮毛等微粒扩散到室内，也会影响人体的健康。

2. 人群暴露途径

PM_{10}通过呼吸作用被人体吸入，会沉积在呼吸道、肺泡等部位引发各种疾病。不同粒径的颗粒物在呼吸道的沉积部位不同，大于 5μm 的颗粒物多沉积在上呼吸道，通过纤毛运动这些颗粒物被推移至咽部，或被吞咽至胃，或随咳嗽和打喷嚏而排出；小于 5μm 的颗粒物多沉积在细支气管和肺泡。此外，也有一小部分通过皮肤或消化道进入体内。

4.1.3 我国室内空气中可吸入颗粒物污染水平及变化趋势

近年来，我国北京、广州等许多城市的环保部门、科研院校都相继开展了室内空气 PM_{10} 的相关研究，积累了一些室内空气 PM_{10} 污染状况的基础数据（表 4-1）。

表 4-1 公开文献报道的我国居室内 PM_{10} 浓度情况（1988 年以来）

地区	城乡	场所	样本户（户）	样本量（个）	浓度（μg/m³）			超标率（%）	参考文献
					算数均值	最小值	最大值		
织金县	农村	有炉灶的室内		58	332.50	44.40	2778.20	71.00	李金娟等，2012
织金县	农村	有炉灶的室内		50	681.60	31.80	7739.90	78.00	
六枝特区	农村	有炉灶的室内		29	587.30	54.00	3515.10	79.00	
六枝特区	农村	有炉灶的室内		38	599.30	86.30	2891.80	92.00	
丹东市	城镇	客厅	14	42	184.00	131.00	293.00	57.00	罗云莲，2007
丹东市	城镇	卧室	14	42	179.00	133.00	298.00	57.00	
丹东市	城镇	厨房	14	42	200.00	134.00	379.00	85.71	
天津市	城镇	居室		71	117.00	19.00	505.00		张振江等，2013
天津市	城镇	居室		108	114.00	16.00	379.00		
哈尔滨市	城镇	居室	33		112.00	53.00	150.00		Wang et al，2018
宣威市	农村	块煤用户室内		37	442.49	48.11	1441.73	89.19	樊景森等，2012
宣威市	农村	型煤用户室内		2	399.14	393.68	404.60	100.00	
宣威市	农村	燃柴用户室内		2	145.50	139.99	151.01	50.00	
宣威市	农村	用电用户室内		6	119.91	43.75	288.41	16.67	
北京市	城镇	卧室	70	278	489.00	38.00	3602.00		潘小川等，2002
北京市	城镇	厨房	70	278	468.00	39.00	4169.00		
北京市	城镇	居室	10	10	174.10	42.90	309.60	60.00	张永等，2005
北京市	城镇	居室	10	10	117.50	34.00	283.90	20.00	

注：表中空白项代表文献未具体提及。

目前，国内关于室内 PM_{10} 水平的研究较少，不同地区调查所得的结果差异较大。我国室内空气质量标准规定 PM_{10} 的日平均浓度不应高于 150μg/m³。以上结果可以看出，室内 PM_{10} 浓度范围为 16～7739.9μg/m³，在所有阐明超标率的文献中，超标率最高可达 100%。由于文献中未给出各采样点的 PM_{10} 浓度，因此按文献中提供的室内平均浓度超过 70μg/m³ 的文献数量/总的文献数量计算超标率，则室内平均浓度的超标率为 100%；以文献中提供的室内平均浓度超过 150μg/m³ 的文献数量/总的文献数量计算超标率，则室内平均浓度的超标率为 66.67%。2003 年以后开展的所有阐明超标率的文献中，超标率的范围在 16.67%～100%。

对我国 2017～2019 年 1467 个国控监测点的 PM_{10} 日均浓度进行分析，平均浓度为（75.29±69.73）μg/m³，具体描述性结果见表 4-2。2017～2019 年，全国国控监测点共有 7.93%的 PM_{10} 日均浓度超过 150μg/m³。

表 4-2 全国 2017～2019 年 1467 个国控监测点的 PM_{10} 日均浓度（N=1 573 665）

	$\bar{x}$	S	P5	P10	P25	P50	P75	P90	P95	P97	P99
PM_{10}（μg/m³）	75.29	69.73	20.00	25.58	38.43	60.00	93.54	138.46	176.58	208.00	292.62

美国 EPA 以每个监测点 PM_{10} 24h 浓度 P98 3 年平均值来获得美国环境空气质量标准中 PM_{10} 的标准限值，我们据此计算 2017～2019 年我国所有国控监测点 PM_{10} 24h 浓度百分位数 3 年平均值，结果见表 4-3。

表 4-3 2017～2019 年国控监测点 PM_{10} 24h 浓度百分位数平均值（N=1462）

	P5	P10	P25	P50	P75	P90	P95	P97	P98	P99
PM_{10}（μg/m³）	25.81	31.62	43.96	63.56	92.95	130.53	161.31	185.73	206.28	248.55

中国疾病预防控制中心环境与健康相关产品安全所（以下简称环境所）于 2018 年对我国 12 个城市（石家庄、洛阳、西安、哈尔滨、盘锦、青岛、兰州、无锡、绵阳、宁波、南宁、深圳）的室内环境质量情况开展了一项调查，结果发现 2128 份样本中，PM_{10} 的平均浓度为（103.85±99.75）μg/m³，超标率为 18.56%。

从城乡空间分布的角度分析，已发表文献显示，我国城镇室内 PM_{10} 浓度低于农村。这与 PM_{10} 的来源有关，室内 PM_{10} 污染源主要是居室内使用炉具、燃料不完全燃烧、吸烟等。我国农村还有很大一部分居室仍然在使用室内炉具取暖。PM_{10} 最高浓度点均出现于使用开放性炉灶的农户中，做饭时厨房 PM_{10} 浓度为 7.74mg/m³ 以上，远超国家标准 0.15mg/m³。20 世纪 80 年代对部分农村进行改炉改灶后，我国居室内 PM_{10} 污染浓度普遍有大幅度降低。

研究多侧重于冬夏季节（供暖期与非供暖期）的比较，PM_{10} 浓度在 11 月、

12月及1月相对其他月份浓度高很多，这可能与冬季供暖取暖活动及空气流通不好有很大关系。

从全年不同季节的角度分析，居室PM_{10}浓度供暖季高于非供暖季，与冬季燃煤量大、居室密闭导致通风排烟条件差、PM_{10}易产生而难排放等有关；日变化特征主要与用火时间、次数、用火量等有关。做饭时间的PM_{10}浓度高于非做饭时间，居室内有吸烟者时高于无吸烟者时。

4.1.4 健康影响

1. 吸收、分布、代谢与排泄

PM_{10}主要经呼吸系统进入体内，也有一小部分可通过消化道或皮肤进入人体。颗粒物的可吸入性是指在吸入过程中可进入上呼吸道的颗粒比例，这取决于颗粒的空气动力学直径，随着直径从1μm增大至10μm，可吸入性从97%降至77%。PM_{10}因其比表面积相对大，可附着在其他有害成分上，如金属离子、有机碳、挥发性有机化合物，以及细菌、病毒、霉菌等病原微生物等。

颗粒物的直径越小，进入呼吸道的部位越深。直径＜10μm的颗粒物可以进入下呼吸道；直径为2.5～10μm的颗粒物主要沉积在气管内；直径＜2.5μm的颗粒物容易沉积于细支气管和肺泡；直径＜0.1μm的超细颗粒物则更容易穿过肺泡进入血液循环，分布到体内其他组织。尽管PM_{10}大部分成分是难溶性的，但它可能包含一些可溶性成分，如内毒素、金属等，从而可能会易位到体循环中。少量PM_{10}也可能会沉积在嗅上皮表面，可溶性成分通过嗅神经运输到大脑中。

PM_{10}沉积在呼吸道中的元素碳（EC）可与呼吸道上皮细胞、炎性细胞和感觉神经细胞相互作用，通过氧化还原反应产生活性氧（ROS）；而有机碳（OC）成分，以及铁、钒、镍、铬、铜、锌等金属元素成分在其代谢过程中也会产生高浓度的活性氧（ROS），破坏促氧化剂/抗氧化剂平衡，造成进一步的氧化应激和损伤。部分PM_{10}含有的多环芳烃成分通过氧化、水解代谢产生1-羟基芘、1-羟基萘、2-羟基萘、2-羟基芴、1-羟基菲等，在代谢反应中产生的反式-7, 8-二羟-9, 10-环氧苯并芘属于强致癌物。此外，颗粒物成分可作用于细胞膜，将表面活性剂磷脂（PC、PG、PE）水解为溶血磷脂（LysoPC、LysoPG和LysoPE），并导致表面活性剂功能障碍，诱导细胞毒性。

颗粒物进入呼吸道内表面后，与肺组织相互作用，其转归有以下3种：①通过呼吸道纤毛–黏液运动排至咽喉部，以痰液的形式排出体外或进入消化系统。②被肺泡巨噬细胞吞噬后穿过肺泡壁，一部分进入淋巴系统，然后由淋巴液带到淋巴结，最后被清除掉，另一部分长期潴留于肺组织中，在肺间质形成病灶。③某些颗粒或组分通过肺的内呼吸换气进入血液，从而到达其他器官，主要通过尿液等途径排出体外。

2. 健康影响

目前已开展了许多关于 PM_{10} 对人群健康影响的研究，但大多是关于室外 PM_{10}，而有关室内 PM_{10} 对人群健康影响的研究则较少，仅有一些研究探索了室内 PM_{10} 对呼吸系统的影响。

（1）致癌风险：基于人群和动物实验的研究结果，颗粒物已于 2016 年被 IARC 列为 1 类致癌物，即对人体有明确致癌性的物质或混合物。PM_{10} 暴露可能会提高肺癌、胰腺癌、喉癌的死亡率。除了长期暴露的影响，短期暴露于 PM_{10} 可能也会导致肺癌死亡率升高。

（2）非致癌风险：PM_{10} 具有非致癌风险，包括皮肤反应、呼吸系统影响、心血管系统影响、生殖发育毒性等。大气 PM_{10} 浓度增加与皮肤科就诊人次增加有一定关系。大气 PM_{10} 可能会导致呼吸系统疾病，如哮喘、COPD 等入院率的升高，儿童与老年人更易受到室外空气污染的影响。室内 PM_{10} 暴露也可对呼吸系统产生影响，如增加儿童哮喘的发病风险。PM_{10} 暴露可能会增加心血管疾病的入院率，增加心律失常、充血性心力衰竭等疾病的发生风险，还可能增加缺血性脑卒中入院风险。PM_{10} 暴露还可能导致男性精液浓度和精子总活力降低，造成男性不育。PM_{10} 也是妊娠结局的重要危险因素，可能会降低新生儿出生体重。PM_{10} 暴露与死亡率的升高有关，可增加非意外事件、心血管疾病、冠心病、脑卒中、呼吸系统疾病及 COPD 的死亡率。

4.1.5　我国相关健康风险现状

1. 可吸入颗粒物为无阈值混合物

目前，临床试验和流行病学研究提示 PM_{10} 的健康效应可能存在剂量–反应关系，但仍无一个明确的效应阈值。由于颗粒物来源和化学组分复杂，因此颗粒物暴露对人体健康的影响可能呈现非线性增加的趋势。因此，不能对 PM_{10} 依照传统的有阈值化合物的健康风险评估方法进行评估。

2. EPA 定量风险评估

EPA 定量风险评估需要四部分数据：PM_{10} 暴露浓度、暴露–反应关系系数、基线（参考）健康结局发生率和人口数据。同时，EPA 健康风险评估同样需要四部分数据：危害识别、暴露评估、剂量–反应关系评价和风险表征；剂量–反应关系评价是健康风险评估的基础。PM_{10} 短期暴露和长期暴露的健康风险评估方法的区别在于暴露–反应关系的获取和评估方法不同。

EPA 定量风险评估是基于大气污染暴露所做的风险评估，基于以上方法，在对室内 PM_{10} 进行风险评估时应依照以下步骤：

（1）危害识别：我国室内空气 PM_{10} 浓度处于一个较高的水平，通过对采样开始年份及发表年份分段的室内 PM_{10} 浓度的比较，可以看出室内 PM_{10} 浓度均呈现一定的上升趋势。2016 年，PM_{10} 已被 IARC 列为 1 类致癌物，即对人体有明确致癌性的物质或混合物，目前已认为有足够的证据证明其与肺癌存在关联。此外，根据现阶段研究成果，PM_{10} 暴露与多种健康效应终点的发生风险增加有关，包括心血管系统损伤、呼吸系统损伤、生殖和发育方面的损伤、中枢神经系统损伤及死亡等。

（2）暴露评估：室内空气中的 PM_{10} 人群暴露途径以吸入为主，其室内吸入途径暴露量计算公式如下：

$$EC = (CA \times ET \times EF \times ED) \div AT$$

式中，EC 代表暴露浓度（$\mu g/m^3$）；CA 代表污染物在空气中的浓度（$\mu g/m^3$）；ET 代表暴露时间（h/d）；EF 代表暴露频率（d/a）；ED 代表暴露持续时间（a）；AT 代表预期寿命（预期寿命年数×365d/a×h/d）。

（3）剂量–反应关系评价：目前认为，颗粒物对人体健康的影响是没有阈值的，但由于颗粒物来源和化学组分复杂且与健康效应相关，因此颗粒物暴露导致人体健康影响的暴露–反应关系更为复杂，可能呈现出非线性增加的趋势。本部分对室内 PM_{10} 限值的估计主要是依据目前已开展的关于室外 PM_{10} 暴露与人群死亡的研究结果。

1）短期暴露：在短期暴露的急性健康风险评估中，应使用时间序列研究或病例交叉研究所获得的相对危险度值，即通过大气污染物水平每升高 1 个单位对健康结局所产生的相对危险（risk ratio，RR）估算由大气污染造成的超额死亡数（可避免死亡数）或超额患/发病数（可避免患/发病数）。大气污染物浓度变化为 ΔC，人群 RR=exp（$\beta \times \Delta C$）。Qiu 等评估了 2015～2016 年我国四川盆地 17 个城市空气污染与因呼吸系统疾病入院之间的关系，结果发现随着 PM_{10} 浓度的升高，呼吸系统疾病入院风险也随之增加，累积滞后 1 天（lag01）时，PM_{10} 每增加 $10\mu g/m^3$，呼吸系统疾病入院风险增加 0.43%(95% CI：0.33%～0.53%)，儿童与老年人更易受到室外空气污染的影响。Lu 等收集了 2013～2015 年我国 17 个城市 143 057 名哮喘门诊患者的数据及每日空气污染物浓度数据，经分析发现累积滞后 5 天（lag05）时，PM_{10} 每增加 $10\mu g/m^3$，哮喘门诊患者就诊的 OR 为 1.005（95% CI：1.002～1.008）。Chen 等对 2013～2015 年我国 272 个主要城市的 $PM_{2.5}$～PM_{10} 日均浓度和死亡率的关系进行了分析，结果发现，$PM_{2.5}$～PM_{10} 浓度每增加 $10\mu g/m^3$，非意外事件、心血管疾病、冠心病、脑卒中、呼吸系统疾病及 COPD 的死亡率分别增加 0.23%、0.25%、0.21%、0.21%、0.26%及 0.34%。

2）长期暴露：在长期暴露的健康风险评估中，应使用队列研究或横断面研究获得的暴露–反应关系系数。在队列研究中，可以获得暴露人群与非暴露人群的RR。Kim 等对截至 2018 年 4 月有关空气污染与癌症的研究进行了 Meta 分析，发现 PM_{10} 每升高 10μg/m^3，癌症死亡率的 RR 增加 1.09（95% CI：1.04～1.14），PM_{10} 可能会升高肺癌（RR=1.07，95%CI：1.03～1.11）、胰腺癌（RR=1.05，95%CI：1.04～1.28）、喉癌（RR=1.27，95%CI：1.06～1.54）的死亡率。

（4）风险表征：收集人群健康指标基线数据，将各种浓度范围的大气污染数据与流行病学参数，如目标人群大气污染暴露所致健康结局的相对危险度、健康结局的基线发生率、人群归因危险度比例（attributable proportion，AP）相关联，计算归因于大气污染暴露的疾病发生率、住院率和死亡率等，再结合暴露人口规模，可估计归因于大气污染暴露的病例数或死亡人数。例如，以超额死亡风险估计，$\Delta cases = POP \times I_{ref} \times \beta \times (C - C_0)$。

其中，Δcases 为超额死亡人数；POP 为某市（地区）常住人口数；I_{ref} 为某市（地区）人口基线健康结局发生率（如死亡率）；β 为暴露–反应关系系数；C 为污染物浓度；C_0 为参考浓度（如 WHO 制订的 PM_{10} 24h 均值标准 25μg/m^3）。

3. 目前存在的问题

参考美国 EPA 的方法对我国室内 PM_{10} 暴露健康风险进行评估时，存在以下问题。

（1）室内 PM_{10} 暴露浓度估算困难，需要通过时间–活动模式来估算室内外暴露转换系数。

（2）各地区健康结局事件或基线健康结局发生率，即在大气污染暴露较低情况下人群患病或死亡的发生率，一般不易获取。当无法获得时，一般使用横断面研究的现患率代替基线发生率。

（3）将 PM_{10} 当作致癌物对其进行健康风险评估，进而规定可接受健康风险水平为 1×10^{-6}，以此为基准倒推对应的 PM_{10} 浓度，但此方法是否可行，目前尚不清楚。

4.1.6　国内外空气质量标准或指南情况

1. 我国空气质量标准

GB/T 18883—2002 规定 PM_{10} 的日平均浓度为 0.15mg/m^3。GB 3095—2012 规定 PM_{10} 的日平均浓度一级标准为 0.050mg/m^3，二级标准为 0.150mg/m^3。

2. 世界卫生组织标准

WHO 相关空气质量准则主要依据的是以 $PM_{2.5}$ 作为指示性颗粒物的研究。根据 $PM_{2.5}$ 的准则值及 $PM_{2.5}/PM_{10}$ 为 0.5 进行修订。对于发展中国家的城市而言，

$PM_{2.5}/PM_{10}$为 0.5 是有代表性的，同时这也是发达国家城市中比值变化范围（0.5～0.8）的最小值。

WHO 根据 2002 年美国癌症协会（ACS）开展的研究和哈佛六城市研究的数据，确定了 $PM_{2.5}$ 对生存率产生明显影响的浓度范围的下限，将年平均暴露浓度 0.010mg/m^3 作为 $PM_{2.5}$ 长期暴露的准则值。进而根据 $PM_{2.5}$ 的年均准则值和 $PM_{2.5}/PM_{10}$ 的比值确定 PM_{10} 的年平均浓度指导值为 0.020mg/m^3。此外，确定了 3 个过渡时期目标值，分别为 0.075mg/m^3、0.100mg/m^3 和 0.150mg/m^3，有助于各国评价在逐步减少人群颗粒物暴露的艰难过程中所取得的进展。

日平均暴露浓度限值以已发表的多中心研究和 Meta 分析（欧洲 29 个城市和美国 20 个城市所进行的多城市研究报道）对 PM_{10} 暴露计算出的相对危险度为基础，确定 PM_{10} 日平均浓度每升高 10μg/m^3，死亡率增加约 0.5%，将 PM_{10} 的日均值定为 0.050mg/m^3，3 个过渡期目标值分别为 0.075mg/m^3、0.100mg/m^3 和 0.150mg/m^3。

WHO 也提出，关于颗粒物的室外空气质量准则也可以用于室内环境，特别是在发展中国家，因为有大量人群暴露于室内炉灶和明火产生的高浓度颗粒物。WHO 的空气质量准则化学指标中未规定 PM_{10} 标准值。

3. 其他国家和地区标准

美国 EPA 发布的《国家环境空气质量标准》规定室外 PM_{10} 日平均浓度为 0.150mg/m^3，这一标准仍然沿用了 2006 年 PM_{10} 的标准限值，废除了年平均浓度。在修订时，EPA 主要考虑了 3 方面的证据：短期和长期暴露于 PM_{10} 相关的健康影响证据、从定量风险评估中获得的见解，以及关于需要修订当前标准和 PM_{10} 标准要素（即指标、平均时间、形式和水平）的具体结论。EPA 着重纳入了美国和加拿大有关 PM_{10} 的研究，特别是与暴露于 PM_{10} 或其成分相关的健康影响的潜在机制研究、呼吸道和心血管疾病恶化及儿童早亡等结局的研究、敏感人群（患有肺部疾病，如哮喘的个体及儿童和老年人）的研究等。除了对可获得的健康影响证据进行全面评估之外，EPA 还针对选定的健康影响进行了定量健康风险评估，以提供更多信息，这有助于为美国 NAAOS 决策提供依据，主要包括三个城市与短期 $PM_{2.5}$～PM_{10} 暴露相关的两类健康终点的风险估计、因心血管和呼吸系统原因入院，以及呼吸道症状等风险研究。

ASHRAE 发布的室内空气质量通风标准规定室内 PM_{10} 日平均浓度为 0.150mg/m^3，与美国 EPA 发布的国家空气质量标准规定的室外 PM_{10} 日平均浓度限值一致。

欧盟 2015 年发布的空气质量标准规定的室外 PM_{10} 年平均限值为 0.040mg/m^3，日平均限值为 0.050mg/m^3。

马来西亚职业安全与健康部发布的室内空气质量规程规定 PM_{10} 8h 均值浓度

标准为 0.150mg/m^3。

新加坡发布的《办公场所良好室内空气质量指南》规定办公场所内可接受最大 PM_{10} 浓度为 0.150mg/m^3，这是依据美国 EPA 发布的空气质量标准中 PM_{10} 的日平均参考值而制订的。新加坡《2020 空气质量目标》（2010）规定 PM_{10} 2020 年目标为室外年平均浓度 0.020mg/m^3，日平均浓度 0.050mg/m^3，这是依据 WHO《空气质量准则》制订的。

参照欧盟标准，芬兰《室内空气质量标准》规定室内 PM_{10} 日平均浓度 S1（个人室内气候）、S2（良好室内气候）、S3（基本满意室内气候）限值分别为 0.020mg/m^3、0.040mg/m^3、0.050mg/m^3。

印度发布的《空气质量标准》规定住宅区域室外 PM_{10} 年平均限值为 0.060mg/m^3，日平均限值为 0.100mg/m^3。

澳大利亚发布的《空气污染物国家标准》规定室外 PM_{10} 日平均限值为 0.050mg/m^3，这是根据对全世界空气质量和人体健康的科学研究及其他组织（如 WHO）的标准制订的。

各国或地区标准/指南限值具体见表 4-4。

表 4-4　各国或地区标准/指南限值标准及依据

标准/指南	PM_{10}
中国《室内空气质量标准》（GB/T 18883—2002）	日平均值为 0.15mg/m^3
中国《环境空气质量标准》（GB 3095—2012）	日平均浓度一级标准为 0.050mg/m^3，二级标准为 0.150mg/m^3
中国香港《办公室及公众场所室内空气质素管理指引》（2019）	h8h 指标卓越级为 0.020mg/m^3，良好级为 0.100mg/m^3
WHO《空气质量准则》（2005）	室外日平均浓度指导值为 0.050mg/m^3，3 个过渡期目标值分别为 0.075mg/m^3、0.100mg/m^3 和 0.150mg/m^3
美国 EPA《国家环境空气质量标准》（2012）	室外日平均浓度为 0.150mg/m^3
ASHRAE《室内空气质量通风标准》（2019）	室内日平均浓度为 0.150mg/m^3
欧盟《空气质量标准》（2015）	室外年平均限值为 0.040mg/m^3，日平均限值为 0.050mg/m^3
马来西亚《室内空气质量规程》（2010）	h8h 标准为 0.150mg/m^3
新加坡《办公场所良好室内空气质量指南》（1996）	办公场所内可接受最大浓度为 0.150mg/m^3
新加坡《2020 空气质量目标》（2010）	2020 年目标：室外年平均浓度为 0.020mg/m^3，日平均浓度为 0.050mg/m^3
芬兰《室内空气质量标准》（1999）	室内日平均浓度 S1（个人室内气候）、S2（良好室内气候）、S3（基本满意室内气候）限值分别为 0.020mg/m^3、0.040mg/m^3、0.050mg/m^3
印度《空气质量标准》（2009）	住宅区域室外年平均限值为 0.060mg/m^3，日平均限值为 0.100mg/m^3
澳大利亚《空气污染物国家标准》（2005）	日平均限值为 0.050mg/m^3

注：h8h 指 8h 均值浓度。

4.1.7 标准限值建议及依据

按我国公开发表的文献中提供的室内 PM_{10} 平均浓度超过 70μg/m^3 的文献数量/总的文献数量计算超标率，则室内 PM_{10} 平均浓度超标率为 100%；以文献中提供的 PM_{10} 室内平均浓度超过 150μg/m^3 的文献数量/总的文献数量计算超标率，则室内 PM_{10} 平均浓度的超标率为 66.67%。2003 年以后开展的可获得超标率的文献中，超标率的范围在 16.67%～100%。环境所于 2018 年对我国 12 个城市（石家庄、洛阳、西安、哈尔滨、盘锦、青岛、兰州、无锡、绵阳、宁波、南宁、深圳）的室内环境质量情况开展了一项调查，结果发现 2128 份样本中，PM_{10} 的平均浓度为（103.85±99.75）μg/m^3，超标率为 18.56%。

颗粒物是一种复杂的混合物，具有多变且动态的化学成分和物理特性。2016 年基于人群和动物实验的研究结果，颗粒物已被 IARC 列为 1 类致癌物，即对人体有明确致癌性的物质或混合物，目前有足够的证据证明颗粒物与肺癌存在关联。美国 EPA 2019 年发布的 *Integrated Science Assessment for Particulate Matter*，通过文献回顾等方法评估了 PM_{10} 对死亡、呼吸系统、心脑血管系统、神经系统和癌症健康效应的因果关系。

目前，临床试验和流行病学研究提示 PM_{10} 的健康效应可能存在剂量-反应关系，但仍无一个明确的效应阈值。颗粒物暴露导致人体健康影响可能呈现非线性增加的趋势。由于颗粒物来源和化学组分复杂，并具有区域和时间特点，因此不能对 PM_{10} 依照传统有阈值化合物的健康风险评估方法进行评估，主要依据以下几点确定 PM_{10} 室内标准限值。

1. 参考美国 EPA 空气质量标准制订方法

美国 EPA 2010 年发布的 *Quantitative Health Risk Assessment for Particulate Matter* 以每个监测点 PM_{10} 24h 浓度 P98 3 年平均值来获得美国空气质量标准中 PM_{10} 的标准限值。

2. 参考国外相关限值标准

美国、日本、德国、印度等国家和地区室内外空气颗粒物 PM_{10} 24h 平均浓度限值主要集中在 50～150μg/m^3，而我国 GB/T 18883—2002 规定的 PM_{10} 日平均值为 0.15mg/m^3。

3. 参考现有国内流行病学资料

目前我国有关 PM_{10} 的流行病学资料提供的剂量-反应关系有限，尚不能依据现有流行病学资料中的风险评估数据制订限值标准，仅能作为参考之一。根据“京津冀及周边地区大气污染对人群的健康影响研究”的报告结果，与清洁天气相比（PM_{10} 日均浓度＜50μg/m^3），发生 PM_{10} 重污染天气（PM_{10} 日均浓度＞250μg/m^3）可使心肌梗死和心力衰竭发病风险增加，提示为降低人群心血管疾病死亡率，PM_{10} 的日均浓度标准限值应低于 250μg/m^3。Liu 等收集了 24 个国家或地区 652 个城市的每日死亡率和空气污染数据，浓度-反应关系曲线表明，每日死亡率始终随着 PM_{10} 浓度的增加而增加，且 PM_{10} 浓度较低（低于 40μg/m^3）时曲线的斜率较大，而在浓度较高时，曲线的斜率变小。此外，即使 PM_{10} 浓度低于许多全球性和地区性空气质量指南或标准的水平，仍可以观察到这种关系。

4. 依据我国目前空气质量现状和现行空气质量标准

我国 2017～2019 年所有国控监测点（1467 个）PM_{10} 日均浓度 P75、P90、P97、P98 及 P99 三年平均值分别为 92.95μg/m^3、130.53μg/m^3、185.73μg/m^3、206.28μg/m^3 及 248.55μg/m^3。此结果表明，我国空气质量已有逐渐好转态势。GB/T 18883—2002 规定的 PM_{10} 日平均浓度为 0.15mg/m^3，这一限值水平已经不符合当前我国形势，因此建议本次将 PM_{10} 的 24h 平均浓度修订为 0.10mg/m^3。

5. 长期和短期暴露效应

流行病学研究表明，环境空气 PM_{10} 的短期或长期暴露均会危害人体健康。短期暴露的健康效应可通过 24h 平均浓度标准保护，长期暴露的健康效应可通过年平均浓度标准保护。考虑到本标准的可实施性，建议 PM_{10} 的平均时间采用 24h。根据 WHO《空气质量准则》（2005 年全球升级版），如果 24h 平均浓度能够满足标准值的要求，24h 平均浓度的年平均浓度也将能够满足年平均浓度指导值的要求，即可以保护长期暴露的健康效应。

6. 经济水平

室内空气质量标准制订的科学依据是保护人体健康的空气质量基准值，同时还要考虑国家经济水平、社会发展要求、环境管理要求等。考虑到我国的实际情况和不同地区经济发展水平的差异，能够安装新风系统的家庭仍属少数。如果修订后造成大量的室内环境空气质量超标，可能会导致社会过度关切，甚至恐慌等严重后果。

GB/T 18883—2002 规定的 PM_{10} 日平均浓度为 0.15mg/m^3，这一限值水平已经不符合当前我国经济、社会发展形势，也不能满足当前国家健康行动计划的总体目标和老百姓实际健康需要。综合考虑我国现有室外大气 PM_{10} 污染水平逐年下降的趋势，在没有室内来源的情况下，室内 PM_{10} 浓度应低于室外浓度；目前已有相关技术手段可降低室内 PM_{10} 浓度水平，从最大限度保护易感人群，降低健康风险这一出发点，本次修订将 PM_{10} 的 24h 平均浓度修订为 0.10mg/m^3，与 WHO《空气质量准则》中的 PM_{10} 第二过渡期目标值接轨。

4.2 细 颗 粒 物

4.2.1 基 本 信 息

1. 基本情况

中文名称：细颗粒物；英文名称：fine particulate matter；直径：≤2.5μm；缩写：$PM_{2.5}$。

2. 理化性质

$PM_{2.5}$ 是指空气中空气动力学当量直径≤2.5μm 的颗粒物。作为复合污染物，其理化性质取决于所吸附的化学组分。$PM_{2.5}$ 主要的化学组分包括空气中含碳组分、金属元素、水溶性无机离子、有机污染物及微生物等。其中，含碳组分包括元素碳和有机碳；常见的金属元素包括钠、钾、钙、镁等地壳元素，以及铅、砷、铜、镉等有毒重金属；水溶性无机离子包括硫酸根、硝酸根、氨根和氯离子等；有机污染物包括多环芳烃类和卤代阻燃剂等。

4.2.2 室内细颗粒物的主要来源和人群暴露途径

1. 主要来源

室内 $PM_{2.5}$ 主要来源于室外空气和室内 $PM_{2.5}$ 发生源。室外 $PM_{2.5}$ 主要在燃煤、生物质燃烧、机动车排放、工业工艺制造、扬尘等过程中产生，并通过机械通风、自然通风（即开启外门、窗）、渗风作用（即通过建筑、门窗等的缝隙穿透）等途径进入室内造成污染。常见的室内 $PM_{2.5}$ 发生源包括以秸秆、薪柴和煤炭等为主的家用燃料燃烧、烹饪过程中产生的油烟，室内吸烟或公共场所的环境烟草烟雾，室内燃香，以及室内人员和宠物活动等。

2. 人群暴露途径

$PM_{2.5}$ 可通过呼吸道吸入、皮肤接触和消化道摄入等途径暴露。其中，呼吸道吸入是其最主要的暴露途径，$PM_{2.5}$ 通过呼吸作用被人体吸入，空气动力学当量直径在 0.4～2.5μm 范围内的 $PM_{2.5}$ 沉积在呼吸道、肺泡等部位可引发疾病，小于 0.4μm 的 $PM_{2.5}$ 可以出入肺泡并随呼吸排出体外。

4.2.3 我国室内空气中细颗粒物污染水平及变化趋势

2003年以来随着《大气污染防治行动计划》在全国的推动和实施，我国室外$PM_{2.5}$污染水平得到大幅度改善，因此由其所贡献的室内$PM_{2.5}$污染较以往有所改善。然而家用燃料燃烧、烹饪油烟、室内吸烟等仍为室内$PM_{2.5}$的重要发生源，对室内空气造成污染。通过文献综述，收集自2003年以来我国主要城市室内$PM_{2.5}$浓度水平，发现我国大多城市室内空气中$PM_{2.5}$浓度仍处在较高水平（表4-5）。

检索到的37篇文献共提供了68份不同的$PM_{2.5}$平均浓度数据，其平均浓度区间为24.00～517.00μg/m^3。由于文献中未给出各采样点的$PM_{2.5}$浓度，因此以文献中提供的室内平均浓度超过35μg/m^{3}的文献数量/总的文献数量计算超标率，则室内平均浓度的超标率为94.59%；以文献中提供的室内平均浓度超过75μg/m^{3}的文献数量/总的文献数量计算超标率，则室内平均浓度的超标率为70.27%。在2003年以后开展的研究中，仅有5项研究提供了超标率（以75μg/m^{3}为标准值），超标率分别为93%（2012年黑龙江冬季）、42.7%（2013年北京全年）、40%（2004年广州夏季）、86.1%（2004年广州冬季）、80%（2007年株洲冬季）、65%（2016年唐山冬季燃煤期）和35%（2016年唐山冬季非燃煤期）。此外，环境所于2018年对我国12个城市（石家庄、洛阳、西安、哈尔滨、盘锦、青岛、兰州、无锡、绵阳、宁波、南宁、深圳）的室内环境质量情况开展调查，结果发现2128个样本中，$PM_{2.5}$平均浓度为（83.94±99.84）μg/m^3，超标率（以75μg/m^{3}为标准值）为32.66%。我国室外$PM_{2.5}$污染作为室内$PM_{2.5}$的一个重要来源，虽已在全国采取空气污染防控措施下大幅度降低，但总体污染状态较其他国家仍处于较高水平。我国2017～2019年所有国控监测点（1642个）$PM_{2.5}$日均浓度P75、P90、P97、P98及P99三年平均值分别为52.49μg/m^3、79.27μg/m^3、116.78μg/m^3、129.08μg/m^{3}及151.84μg/m^3。

我国室内$PM_{2.5}$浓度变化特征呈秋冬季高、春夏季低的趋势，提示需关注不同季节的气候条件、社会活动对室内污染的影响，以及室内外$PM_{2.5}$浓度的关联性。城镇室内$PM_{2.5}$浓度高于农村，可能与城镇室外$PM_{2.5}$浓度较高有关。

室内$PM_{2.5}$浓度水平受多种因素的影响，且不同因素的影响程度各异。目前，大量研究发现室内燃料燃烧、吸烟、使用蚊香及清扫、通风形式和室内外温湿度、室外大气$PM_{2.5}$浓度都会对室内$PM_{2.5}$浓度产生影响。门窗气密性、不同的开窗行为规律对室内$PM_{2.5}$浓度的影响也不同。有研究指出室内绿色植物在一定程度上也能降低室内$PM_{2.5}$浓度。

表 4-5　公开文献报道的我国居室内 $PM_{2.5}$ 浓度情况（2003 年以来）

地区	样本户（户）	样本量（个）	采样时间	平均浓度（μg/m³）	标准差（μg/m³）	最小值（μg/m³）	最大值（μg/m³）	参考文献
北京	41	33	1d	44	28	9	119	Huang et al，2015a
北京	33			44	29			Huang et al，2015b
北京	1			55	30			Han et al，2015
北京	1			59	33		253	
北京	8	8	1d	58.5		5.5	666.7	程鸿等，2009
北京	24	34	1d	80	20			方建龙等，2013
北京	63	63	1d	220	20			
北京	30	28 800	6s	148.61	23.72			吴少伟等，2008
北京	30	1200	6s	169.19	2.92			
北京	7	571	1d	85.5		3.82	338	张锐等，2014
北京	10	10		146.8	70.9	27	272.9	张永等，2005
北京	10	10		99.8	85.2	20.7	251.4	
兰州	54	54	1d	80	67	9	388	Li et al，2016
兰州	54	54	1d	80	50	14	212	
兰州	53	53	1d	119	64	38	368	
兰州	53	53	1d	125	51	48	279	
武威	1	28	1d	27.75			60.8	李金平等，2018
广州	1			57.64				朱凤芝等，2016
广州	1			142.72				苏慧等，2015
广东	9	9	24h	47.4	17.7	31.8	95.2	赖森潮等，2006

续表

地区	样本户（户）	样本量（个）	采样时间	平均浓度（μg/m³）	标准差（μg/m³）	最小值（μg/m³）	最大值（μg/m³）	参考文献
广东	9	9		67.7	23.6	20.6	123.1	黄虹等，2006
广东	9	9		109.9	48.5	35.8	257.5	
贵阳	21			74.95	19.2			马利英等，2013
贵阳	21			108.45	21.73			马利英等，2013
凯里	70			79.41	28.97			
凯里	70			130.48	26.53			
六盘水	70			180.65	31.98			
六盘水	70			222.54	41.12			
遵义	70			484				李克彬等，2017
遵义	70			517				
万山	9	54	24h	24		5	62	贾亚琪等，2019
万山	9	54	24h	32		15	63	
石家庄	20	66 005	90s	154	124			王彦文等，2017
唐山	6		10h	130.1	81.9	47.9	370	刘建峰等，2018
唐山	6		10h	72.4	53.5	13.6	217	
哈尔滨	66			301	89	181	442	Wang et al，2017
哈尔滨	33			92	31	47	127	Wang et al，2018
哈尔滨	20	45 804	90s	72	128			Wang et al，2017
哈尔滨	10			369	323		1963	王昭俊等，2014
武汉	10					100	400	Yan et al，2016

续表

地区	样本户（户）	样本量（个）	采样时间	平均浓度（μg/m³）	标准差（μg/m³）	最小值（μg/m³）	最大值（μg/m³）	参考文献
常州	20	18 517	90s	70	58			Wang et al，2017
南京	35	35	48h	37.08	14.76	15.77	78.27	Shao et al，2017
南京	39	39	48h	45.09	19.63	18.06	95.3	
南京	36	36	48h	55.56	24.43	15.8	118.45	
南京	85	142	2h	79	38	12	312	王园园等，2013
南京	85	142	2h	80	32	36	267	
南京	85	142	2h	81	32	37	296	
南京	1	20	1d	80.56		48.61	125	许悦等，2018
济南	20	65 069	90s	76	57			Wang et al，2017
莱阳	17		24h	103.7	39.5			Zhang et al，2019
莱阳	17		24h	79	63.2			
大同	8	8	1d	114	81			Huang et al，2017b
大同	7	7	1d	376	573	72	1652	
太原	541	923	0.5d	70.72	70.15			史建平等，2008
宝鸡	10	30	1d	186.5	79.5			Xu et al，2018
西安	1			151				Niu et al，2015
西安	4～5		24h	93.29	57.27			Niu et al，2019
西安	4～5		24h	68.4	25.64			
西安	4～5		24h	96.13	50.43			
成都	204	217	48h	69	40			Wang et al，2017
绵阳	204	186	48h	150		8	2414	Ni et al，2016

续表

地区	样本户（户）	样本量（个）	采样时间	平均浓度（μg/m³）	标准差（μg/m³）	最小值（μg/m³）	最大值（μg/m³）	参考文献
绵阳	3	3	1d	508		16	6331	Ni et al，2016
南充	18	18	1d	94	60			Qi et al，2019
南充	18	18	1d	99	46			
南充	3	3	1d	101	56			
南充	20	62 831	90s	111	63			
丽江	44			107				Baumgartner et al，2011
株洲	4		12h	90.31	27.41	48	222.99	陈泉等，2019
上海	1			47.81	35.38			石晶金等，2018

注：表中空白项为文献未具体提及。

4.2.4 健康影响

1. 吸收、分布、代谢与排泄

$PM_{2.5}$主要经呼吸系统进入体内，其次是皮肤和眼睛。$PM_{2.5}$可吸收至鼻咽部、气管支气管和肺泡区域，并透过气血屏障进入血液循环。$PM_{2.5}$可穿透重组人表皮组织，长期高浓度暴露时$PM_{2.5}$有可能经表皮进入血液循环或淋巴组织。$PM_{2.5}$亦可经直接接触或手–眼途径进入眼睛，或经手–口途径进入消化系统。

$PM_{2.5}$吸入后有约70.42%沉积于肺组织。颗粒物的沉积剂量和在肺内的沉积部位与其直径、形状、呼吸的潮气量、呼吸形式等有关，颗粒物越大，呼吸频率越高，颗粒物在呼吸道近端沉积越多；而颗粒物越小，呼吸频率越低，则在远端沉积越多。$PM_{2.5}$的可溶性成分及$PM_{2.5}$中小于200nm的难溶性颗粒也可透过气血屏障进入体循环，在体内进行二次分布。$PM_{2.5}$中的金属成分可分布于肺、肝、心、脑，并具有年龄依赖性。

$PM_{2.5}$中的元素碳（EC）和有机碳（OC）也可对机体造成危害。

呼吸道中$PM_{2.5}$主要通过黏膜纤毛相互作用和巨噬细胞吞噬作用被清除。在肺泡区域中，难溶性颗粒主要被肺巨噬细胞吞噬，吞噬后充满颗粒的巨噬细胞可通过淋巴流从间质部位迁移到气管支气管部位，包括与支气管相关的淋巴组织，然后再将它们排泄到气管腔中，此过程较为缓慢，可能持续数月至数年。此外，沉积在其他部位的$PM_{2.5}$成分及其代谢成分主要通过尿液等途径排出体外。

2. 健康影响

目前已开展了许多关于$PM_{2.5}$对人群健康影响的研究，但主要是探索室外$PM_{2.5}$对人群健康的影响，而有关室内$PM_{2.5}$的研究则较少。

（1）致癌风险：2016年，基于人群和动物实验的研究结果，颗粒物已被IARC列为1类致癌物，即对人体有明确致癌性的物质或混合物。大量流行病学研究表明，长期$PM_{2.5}$暴露会增加肺癌发病和死亡的风险。环境$PM_{2.5}$暴露也会增加其他器官或组织（消化器官、乳房、生殖器官等）癌症的死亡风险。

（2）非致癌风险：$PM_{2.5}$具有非致癌风险，包括引起各种呼吸道症状，降低肺功能，增加心血管疾病发病风险，导致心率异常，以及增加呼吸系统疾病和心血管疾病所致住院、引起皮炎皮疹等。环境$PM_{2.5}$暴露不仅会对人群的生育能力产生不良影响，而且还是妊娠结局的重要危险因素。流行病学研究显示，暴露于大气$PM_{2.5}$可能会导致糖尿病患病率升高，$PM_{2.5}$也可能是中枢神经系统疾病的致病因素之一。$PM_{2.5}$可增加人群死亡风险，包括增加全因死亡率及心血管和呼吸系统疾病死亡率。在调整了气态污染物后，这种关系仍然存在。浓度–反应关系曲线表明，每日死亡率始终随着$PM_{2.5}$浓度的升高而增加。当$PM_{2.5}$浓度低于$20\mu g/m^3$时，曲线的斜率较大，而在浓度较高时，曲线的斜率变小。此外，即使 $PM_{2.5}$ 浓度低于许多全球性和地区性空气质量指南或标准的水平，仍可以观察到这种关系。

4.2.5 我国相关健康风险现状

目前，临床试验和流行病学研究提示 $PM_{2.5}$ 的健康效应可能存在剂量–反应关系，但仍无明确的效应阈值。由于颗粒物来源和化学组分复杂，颗粒物暴露对人体健康的影响可能呈非线性增加趋势，因此不能依照传统的有阈值化合物的健康风险评估方法对 $PM_{2.5}$ 进行评估。我国 2019 年发布的《大气污染人群健康风险评估技术规范》（WS/T 666—2019）在借鉴美国 EPA 发布的《致癌物风险评估指南》和 WHO 2016 年发布的空气污染健康风险评估文件的基础上，规范了大气污染人群健康风险评估技术。该技术规范适用于室内 $PM_{2.5}$ 健康风险评估，具体操作包括危害识别、暴露–反应关系评估、暴露评估和风险表征四步。

1. 危害识别

根据已有研究证据和文献报道，梳理出 $PM_{2.5}$ 相关的潜在或明确健康危害，确定待评估的 $PM_{2.5}$ 健康效应。根据现阶段研究成果，$PM_{2.5}$ 短期暴露与多种健康效应终点的发生风险增加有关，如心血管系统损伤、呼吸系统损伤、生殖和发育方面的损伤、中枢神经系统损伤及死亡等。2016 年，$PM_{2.5}$ 已被 IARC 列为 1 类致癌物，即对人体有明确致癌性的物质或混合物，目前已认为有足够的证据证明其与肺癌存在关联。

2. 暴露–反应关系评估

目前认为，颗粒物对人体健康的影响是没有阈值的，但由于颗粒物来源和化学组分复杂且与健康效应相关，因此颗粒物暴露导致人体健康影响的暴露–反应关系更为复杂，可能呈非线性增加趋势。$PM_{2.5}$ 短期暴露和长期暴露的剂量–反应关系评价区别在于暴露–反应关系的获取和评估方法不同。

在短期暴露的急性健康风险评估中，应使用时间序列研究或病例交叉研究所获得的相对危险度，即通过室内空气污染物每升高 1 个单位对健康结局产生的相对危险度估算由室内空气污染造成的超额死亡数（可避免死亡数）或超额患/发病数（可避免患/发病数）。在大气污染物浓度变化为 ΔC 的情况下，人群 $RR=\exp(\beta\times\Delta C)$。在长期暴露的慢性健康风险评估中，应使用队列研究或横断面研究获得的暴露–反应关系系数。

目前我国室内 $PM_{2.5}$ 短期暴露和长期暴露的流行病学研究比较缺乏。参考室外大气 $PM_{2.5}$ 短期暴露和长期暴露的流行病学证据，可观察到短期暴露和长期暴露的暴露-反应关系不同。例如，Chen 等对 2013～2015 年我国 272 个具有代表性的城市进行分析，发现滞后 0～1 日的 $PM_{2.5}$ 浓度每增加 10μg/m^3，普通人群非意外总死亡风险增加 0.22%（95%CI：0.15～0.28），心脑血管系统疾病死亡风险增加 0.27%（95%CI：0.18～0.36），呼吸系统疾病死亡风险增加 0.29%（95%CI：0.17～0.42）。而一项 Meta 分析结果表明，长期 $PM_{2.5}$ 暴露会增加肺癌发病和死亡的风险，$PM_{2.5}$ 每升高 10μg/m^3，RR 分别为 1.08（95%CI：1.03～1.12）和 1.11（95%CI：1.05～1.18）。

3. 暴露评估

我国室内空气 $PM_{2.5}$ 浓度处在一个较高水平，通过对采样开始年份及发表年份分段室内 $PM_{2.5}$ 浓度的比较，可以看出室内 $PM_{2.5}$ 浓度均呈一定的上升趋势。室内空气中的 $PM_{2.5}$ 主要来源于室外大气污染，人群暴露评估可以通过校正人群时间-活动模式、综合考虑室内外渗透系数对室外 $PM_{2.5}$ 污染水平进行近似估计，采取高空间精度的室外 $PM_{2.5}$ 污染浓度可以降低暴露评估的不确定性。当室内 $PM_{2.5}$ 来源较为复杂，又或以家用燃料燃烧、烹饪或室内吸烟为主要来源时，较为精准的暴露评估方式是开展入户监测，获取实际室内污染浓度和污染来源情况，并结合时间-活动模式构建暴露评估模型。

4. 风险表征

在完成暴露-反应关系评估和暴露评估操作后，通过收集人群健康指标基线数据，包括健康结局的基线发生率、目标人群人口数、暴露人群在目标人群中所占比例等重要参数，估计归因于室内 $PM_{2.5}$ 污染暴露的健康结局超额发生人数。评估过程要注意室内 $PM_{2.5}$ 短期暴露和长期暴露的人群健康风险所需计算参数和计算方式不同，具体可参考 WS/T 666—2019。

4.2.6 国内外空气质量标准或指南情况

1. 我国空气质量标准

GB/T 18883—2002 尚未规定 $PM_{2.5}$ 的浓度限值。

GB 3095—2012 规定 $PM_{2.5}$ 的日均浓度一级标准为 35μg/m^3，二级标准为 75μg/m^3。

2. 世界卫生组织标准

目前 WHO 发布的室内空气质量准则中的化学指标尚未规定 $PM_{2.5}$ 标准值，而在室内空气质量准则中，针对家用燃料燃烧 $PM_{2.5}$ 排放率限值进行了设定：通风条件下家用燃料燃烧每分钟排放 $PM_{2.5}$ 限值为 0.80mg，不通风条件下家用燃料燃烧每分钟排放 $PM_{2.5}$ 限值为 0.23mg。

WHO发布的《空气质量准则》（2005）建议室外环境 $PM_{2.5}$ 年均暴露浓度限值 10μg/m^3 作为长期暴露的准则值，同时设定年均暴露浓度的3个过渡时期目标，分别为35μg/m^3、25μg/m^3 和15μg/m^3。建议 $PM_{2.5}$ 日均暴露浓度限值25μg/m^3 作为短期暴露的准则值，同时设定日均暴露浓度的3个过渡期目标，分别为75μg/m^3、50μg/m^3 和37.5μg/m^3。

鉴于发展中国家有大量人群暴露于室内炉灶和明火所产生的高浓度颗粒物环境中，WHO《空气质量准则》中相关的颗粒物标准值可应用于发展中国家的室内环境。

3. 其他国家和地区标准

美国 EPA 发布的《国家环境空气质量标准》规定室外 $PM_{2.5}$ 日均浓度为35μg/m^3，年均浓度为12μg/m^3。ASHRAE发布的《室内空气质量通风标准》规定室内 $PM_{2.5}$ 日均浓度和年均浓度的限值与美国EPA发布的《国家环境空气质量标准》（2012）中的室外 $PM_{2.5}$ 日均浓度限值一致。

欧盟 2015 年发布的《空气质量标准》将室外 $PM_{2.5}$ 年均浓度限值更新为25μg/m^3。

新加坡发布的《2020空气质量目标》中，$PM_{2.5}$ 2020年目标为室外年均浓度12μg/m^3，日均浓度为37.5μg/m^3。

澳大利亚发布的《空气污染物国家标准》规定室外 $PM_{2.5}$ 年均浓度限值为8μg/m^3，日均浓度限值为25μg/m^3。

印度发布的《空气质量标准》规定住宅区域室外 $PM_{2.5}$ 年均浓度限值为40μg/m^3，日均浓度限值为60μg/m^3。

各国空气质量标准/指南中 $PM_{2.5}$ 相关的浓度限值具体见表4-6。

表4-6 各国空气质量标准/指南中 $PM_{2.5}$ 浓度限值

标准/指南	类型	$PM_{2.5}$ 年均暴露浓度	$PM_{2.5}$ 日均暴露浓度
中国《环境空气质量标准》（GB 3095—2012）	室外环境	一级标准为15μg/m^3 二级标准为35μg/m^3	一级标准为35μg/m^3 二级标准为75μg/m^3
WHO《空气质量准则》（2005）	室外环境	准则值为10μg/m^3 过渡期目标-1为35μg/m^3 过渡期目标-2为25μg/m^3 过渡期目标-3为15μg/m^3	准则值为25μg/m^3 过渡期目标-1为75μg/m^3 过渡期目标-2为50μg/m^3 过渡期目标-3为37.5μg/m^3
美国EPA《国家环境空气质量标准》（2012）	室外环境	12μg/m^3	35μg/m^3
ASHRAE《室内空气质量通风标准》（2019）	室内环境	12μg/m^3	35μg/m^3
欧盟《空气质量标准》（2015）	室外环境	25μg/m^3	—
新加坡《2020空气质量目标》（2010）	室外环境	目标为12μg/m^3	目标为37.5μg/m^3
澳大利亚《空气污染物国家标准》（2005）	室外环境	8μg/m^3	25μg/m^3
印度《空气质量标准》（2009）	（住宅区域）室外环境	40μg/m^3	60μg/m^3

4.2.7 标准限值建议及依据

$PM_{2.5}$是一种复杂的混合物，其表面可吸附含碳组分、金属元素、水溶性无机离子、有机污染物及微生物等，形成动态多变的化学成分和物理特性。由于室内$PM_{2.5}$来源复杂，区域和时间分布存在差异，且现有流行病学和毒理学研究提示$PM_{2.5}$的健康效应无阈值，并可能存在非线性增加的剂量–反应关系，因此不能对$PM_{2.5}$依照传统有阈值化合物的健康风险评估方法进行标准限值的评估。主要依据以下几点确定室内$PM_{2.5}$标准限值。

1. 参考国外相关限值标准

国际上制订室内$PM_{2.5}$限值的国家很少（表4-8），美国、日本、德国、印度等国家室内、室外空气$PM_{2.5}$ 24h平均浓度限值主要集中在35～60μg/m^3。其中美国现行的室内$PM_{2.5}$标准限值与室外$PM_{2.5}$保持一致。WHO建议发展中国家室内$PM_{2.5}$污染限值可参考其发布的《空气质量准则》。

2. 参考美国EPA修订空气质量标准的机制

美国EPA每5年定期审查《国家环境空气质量标准》（NAAQS）中所包含污染物的“主要”（基于健康）和“次要”（基于福利）标准限值，从现有空气质量标准下的超额健康风险是否可以接受的角度出发，对标准酌情进行修订并颁布新标准。美国EPA在对$PM_{2.5}$的健康风险评估过程中，分别对现行标准限值与备选（更为严格的）限值进行人群发病或死亡的超额风险估算，分析备选限值下人群暴露是否仍具有健康风险，该风险较现行标准是否大幅度降低，以及评定何种参考限值条件下的健康风险是可接受的。这一健康风险评估结果为美国国家环境空气质量政策的制订提供了数据支持和参考。我国室内$PM_{2.5}$标准限值修订可参照这一经验，定期对当前标准限值开展健康风险评估工作，评定可接受的健康风险下的$PM_{2.5}$浓度限值，并以此作为标准修订参考值。

3. 长期和短期暴露效应

流行病学研究表明，环境空气颗粒物$PM_{2.5}$的短期或长期暴露都会对人体产生不利的健康效应。短期暴露的健康效应可通过24h平均浓度标准保护，长期暴露的健康效应可通过年平均浓度标准保护。考虑到本标准的可实施性，建议本标准$PM_{2.5}$的平均时间采用24h。根据WHO《空气质量准则》（2005），如果$PM_{2.5}$ 24h平均浓度能够满足标准值的要求，24h平均浓度的年平均浓度也能够满足年平均浓度指导值的要求，即可以保护长期暴露的健康效应。

4. 参考现有国内流行病学资料

WHO《空气质量准则》（2005）根据2002年美国癌症协会（ACS）开展的队列研究和哈佛六城市研究，通过确定$PM_{2.5}$对生存率产生明显影响的浓度范围的下限10μg/m^{3}来设定$PM_{2.5}$长期暴露的准则值；而日均暴露浓度限值则是根据已发表的多中心研究和Meta分析结果来确定。因此，我国室内$PM_{2.5}$的长期暴露和短期暴露准则值应在综合考量国内流行病学资料和健康证据的基础上进行制订。

Guo等于2016年利用时空模型来量化肺癌死亡率与$PM_{2.5}$之间的关系，该模型使用了1990～2009年我国癌症登记处75个社区肺癌死亡率的观测数据，以及0.5×0.5空间分辨率下$PM_{2.5}$的年均浓度，结果发现$PM_{2.5}$与肺癌死亡率呈非线性关系，总体阈值为40μg/m^3，男性为45μg/m^3，女性为42μg/m^3，30～64岁人群为45μg/m^3，65～74岁人群为48μg/m^3，75岁及以上人群为40μg/m^3，若低于此阈值，则$PM_{2.5}$对肺癌死亡没有影响。Chen等对2013～2015年全国272个具有代表性的城市进行分析，$PM_{2.5}$和总死亡之间的暴露-反应关系曲线显示，当$PM_{2.5}$浓度低于70μg/m^{3}时，曲线的斜率较大，而当$PM_{2.5}$浓度在70～200μg/m^{3}时，曲线斜率较为平稳。

5. 依据我国目前室内空气质量现状

从2003年以来公开发表的文献来看，我国室内空气$PM_{2.5}$浓度仍处在较高水平，而室外环境空气颗粒物是室内空气颗粒物的重要来源。Li等对南京市和北京市的33处住宅进行$PM_{2.5}$采样，分析发现南京市在采暖季和非采暖季渗透系数的中位数分别为0.76和0.93；北京市在采暖季和非采暖季渗透系数的中位数分别为0.67和0.86。Xu等在采暖季和非采暖季连续采样7天，收集了88对室内$PM_{2.5}$样品，结果显示，非采暖季$PM_{2.5}$室内外渗透系数的中位数为0.78，采暖季渗透系数的中位数为0.52。因而，室内$PM_{2.5}$的浓度限值应与室外的浓度限值衔接。GB 3095—2012规定$PM_{2.5}$的日均浓度一级标准为35μg/m^3，二级标准为75μg/m^3。GB 3095—2012一级标准保护自然生态环境及社会物质财富，二级标准保护公众健康。

6. 经济水平

《室内空气质量标准》制订的科学依据是保护人体健康的空气质量基准值，同时还要考虑国家经济水平、社会发展要求、环境管理要求等。标准限值的修订需要配套投入大量资金、基础设施和先进技术支持空气污染治理，综合考虑我国国情和不同地区经济水平的差异，现阶段室内空气质量标准应与GB 3095—2012保持一致。

综上所述，在参考国外相关限值标准和标准修订机制的基础上，考虑到我国目前室内空气质量现状、相关流行病学证据和经济发展水平等因素，建议本次标准修订室内 $PM_{2.5}$ 日均浓度限值为 50μg/m^3。而后续标准修订应在我国逐步改善环境空气质量的过程中分阶段收紧，具体修订标准有待大量室内 $PM_{2.5}$ 污染的流行病学研究和人群健康风险评估的支撑。

参考文献

柴士君，2006. 空调与非空调房间内颗粒物浓度变化规律的研究[D]. 上海：东华大学.

陈泉，李灿，魏小清，等，2019. 株洲市冬季室内 $PM_{2.5}$ 污染成分特征及健康风险研究[J]. 环境污染与防治，41（9）：1088-1093.

陈添，钮式如，农钢，1992. 室内香烟烟雾动态变化规律的实验研究[J]. 卫生研究，21（3）：133-136，167.

程鸿，胡敏，张利文，等，2009. 北京秋季室内外 $PM_{2.5}$ 污染水平及其相关性[J]. 环境与健康杂志，26（9）：787-789，847.

樊景森，邵龙义，王静，等，2012. 云南宣威燃煤室内可吸入颗粒物质量浓度变化特征[J]. 中国环境科学，32（8）：1379-1383.

方建龙，李红，董小艳，等，2013. 北京市部分儿童家庭空气污染物调查[J]. 环境与健康杂志，30（9）：790-791.

龚洁，张刚，何振宇，等，2017. 室内颗粒物污染对儿童哮喘影响的病例对照研究[J]. 环境与健康杂志，34（6）：512-515.

顾庆平，高翔，陈洋，等，2009. 江苏农村地区室内 $PM_{2.5}$ 浓度特征分析[J]. 复旦学报（自然科学版），48（5）：593-597.

桂锋，叶青徽，周扬屏，等，2013. 清扫对室内空气中颗粒物浓度的影响[J]. 安徽工业大学学报（自然科学版），30（3）：250-254.

郭冬梅，操基玉，王勇，等，2010. 厨房空气中烹调油烟有害成分的测定和分析[J]. 中华疾病控制杂志，14（2）：142-145.

国家质量监督检验检疫总局，卫生部，国家环境保护总局，2002. 室内空气质量标准：GB/T 18883—2002[S]. 北京：中国标准出版社.

国家质量监督检验检疫总局，中国国家标准化管理委员会，2016. 环境空气质量标准：GB 3095—2012[S]. 北京：中国环境科学出版社.

贺梓健，白莉，2018. 大气雾霾对室内空气 $PM_{2.5}$ 浓度水平的影响[J]. 吉林建筑大学学报，35（3）：53-57.

黄虹，李顺诚，曹军骥，等，2006. 广州市夏、冬季室内外 $PM_{2.5}$ 质量浓度的特征[J]. 环境污染与防治，28（12）：954-958.

贾亚琪，高庚申，迟峰，等，2019. 万山汞矿区室内空气 $PM_{2.5}$ 中重金属健康风险评价[J]. 环保科技，25（4）：28-31.

江春雨，郑洁，张雨，2018. 不同通风形式对办公建筑室内外 $PM_{2.5}$ 浓度影响[J]. 制冷与空调（四川），32（5）：457-463.

赖森潮，苏广宁，邹世春，等，2006. 广州市部分居室空气中 $PM_{2.5}$ 污染特征[J]. 环境与健康杂志，23（1）：39-41.
李红，曾凡刚，邵龙义，等，2002. 可吸入颗粒物对人体健康危害的研究进展[J]. 环境与健康杂志，19（1）：85-87.
李金娟，郭兴强，杨荣师，等，2012. 贵州贫困农村室内 PM_{10} 污染水平及影响因素分析[J]. 环境污染与防治，34（1）：19-23.
李金平，王磊，甄箫斐，等，2018. 西北农宅太阳能联合燃煤锅炉供暖的室内热环境[J]. 兰州理工大学学报，44（3）：62-67.
李克彬，许洁，唐寅，等，2017. 中国西部某市室内环境因素及 $PM_{2.5}$ 对肺功能影响[J]. 中国公共卫生，33（5）：755-759.
刘风云，孙铮，2009. 室内空气污染对人体健康的影响及防治对策[J]. 中国预防医学杂志，10（3）：233，234.
刘建峰，王宝庆，任自会，等，2018. 唐山农村地区冬季室内外 $PM_{2.5}$ 浓度污染特征[J]. 环境污染与防治，40（3）：283-286，290.
罗云莲，2007. 冬季家庭居室内 PM_{10} 浓度的影响因素[J]. 安徽农业科学，35（25）：7928，7929，8003.
马利英，董泽琴，吴可嘉，等，2013. 贵州农村地区冬季典型燃料产生的室内空气 $PM_{2.5}$ 和 CO 排放污染特征研究[J]. 地球与环境，41（6）：638-646.
潘小川，田中华，王灵菇，2002. 北京市三城区室内空气污染水平的初步研究[J]. 环境与健康杂志，19（4）：312-314.
石晶金，陈非儿，时文明，等，2018. 上海市居民住宅室内外颗粒物浓度及其影响因素研究[J]. 环境与健康杂志，35（8）：667-671，752.
史建平，梁丽绒，张燕萍，等，2008. 太原市室内外空气中颗粒物污染特征[J]. 环境与健康杂志，25（3）：224-226.
苏慧，刘珊，任明忠，等，2015. 室内空气中 $PM_{2.5}$ 浓度与水溶性离子特征研究[C]. // 2015 年中国环境科学学会学术年会论文集（第二卷）. 深圳：中国环境科学学会，1379-1382.
孙妍妍，鲁建江，尹晓文，等，2017. 室内颗粒物污染对儿童哮喘的影响[J]. 环境与健康杂志，34（3）：210-213.
王奥，廖飞勇，杨柳青，2018. 五种室内植物对香烟烟雾 $PM_{2.5}$ 的净化效果[J]. 湖南林业科技，45（2）：29-33.
王笑臣，田晓佳，叶波，等，2018. 武汉市大气 PM_{10} 暴露对精液质量的影响[J]. 中华预防医学杂志，52（1）：73-78.
王彦文，杜艳君，杜宗豪，等，2017. 我国多地区室内外 $PM_{2.5}$ 浓度的差异性分析[J]. 环境与健康杂志，34（12）：1043-1047.
王园园，崔亮亮，周连，等，2013. 南京市部分居民室内 $PM_{2.5}$ 和 $PM_{1.0}$ 污染状况[J]. 环境与健康杂志，30（10）：900-902.
王昭俊，谢栋栋，唐瑞，2014. 严寒地区冬季农宅室内燃烧污染及相关性[J]. 哈尔滨工业大学学报，46（6）：60-64.
吴少伟，邓芙蓉，郭新彪，等，2008. 某社区老年人冬季 $PM_{2.5}$ 和 CO 及 O_3 暴露水平评价[J]. 环境与健康杂志，25（9）：753-756.

香港特别行政区政府室内空气质素管理小组，2019. 办公室及公众场所室内空气质素检定计划指南[EB/OL]. [2022-4-20]. https：//www. dstair. com/Article/show/1250.

徐虹，林丰妹，毕晓辉，等，2011. 杭州市大气降尘与 PM_{10} 化学组成特征的研究[J]. 中国环境科学，31（1）：1-7.

许悦，王可，刘雪梅，等，2018. 室内外 $PM_{2.5}$ 中金属元素的污染特征及来源. 中国环境科学，38（4）：1257-1264.

杨克敌，2006. 环境卫生学（第 5 版）[M]. 北京：人民卫生出版社.

张锐，陶晶，魏建荣，等，2014. 室内空气 $PM_{2.5}$ 污染水平及其分布特征研究[J]. 环境与健康杂志，31（12）：1082-1084.

张少梅，段玉林，2013. 室内点蚊香和香烟 $PM_{2.5}$ 浓度监测分析[J]. 北方环境，25（12）：184-185.

张永，李心意，姜丽娟，等，2005. 住宅室内空气颗粒物污染状况及其与大气浓度关系的初探[J]. 卫生研究，34（4）：407-409.

张振江，赵若杰，曹文文，等，2013. 天津市可吸入颗粒物及元素室内外相关性[J]. 中国环境科学，33（2）：357-364.

周岩，谭洪卫，赵雨，2018. 开窗行为规律及其对室内 $PM_{2.5}$ 浓度的影响研究[J]. 建筑热能通风空调，37（2）：6-9，45.

周中平，赵寿堂，朱立，等. 2002. 室内污染检测与控制[M]. 北京：化学工业出版社，291.

朱凤芝，任明忠，张漫雯，等，2016. 广州市夏季室内 $PM_{2.5}$ 中金属元素的污染水平与来源分析[J]. 上海环境科学，35（1）：26-30.

Baumgartner J，Schauer JJ，Ezzati M，et al，2011. Patterns and predictors of personal exposure to indoor air pollution from biomass combustion among women and children in rural China[J]. Indoor Air，21（6）：479-488.

Breysse PN，Buckley TJ，Williams D，et al，2005. Indoor exposures to air pollutants and allergens in the homes of asthmatic children in inner-city Baltimore[J]. Environmental Research，98（2）：167-176.

Chen R，Hu B，Liu Y，et al，2016. Beyond $PM_{2.5}$：The role of ultrafine particles on adverse health effects of air pollution[J]. Biochimica et Biophysica Acta，1860（12）：2844-2855.

Chen RJ, Yin P, Meng X, et al, 2017. Fine particulate air pollution and daily mortality. A nationwide analysis in 272 Chinese cities[J]. American Journal of Respiratory and Critical Care Medicine，196（1）：73-81.

Chen RJ，Yin P，Meng X，et al，2019. Associations between coarse particulate matter air pollution and cause-specific mortality：A nationwide analysis in 272 Chinese cities[J]. Environmental Health Perspectives，127（1）：17008.

Department of Agriculture，2005. National standards for criteria air pollutants 1 in Australia 2005 [EB/OL]. [2020-03-04]. http：//www. environment. gov. au/protection/publications/factsheet-national-standards-criteria-air-pollutants-australia.

Esworthy R，McCarthy JE，2013. The National Ambient Air Quality Standards（NAAQS）for particulate matter（PM）：EPA's 2006 revisions and associated issues[C]. //Congressional Research Service Reports. Washington D.C.：Library of Congress. Congressional Research Service，2013.

European Commission，2015. Air Quality Standards[EB/OL]. [2020-03-04]. https：//ec. europa.

eu/environment/air/quality/standards. htm.

Guo P, Chen YL, Wu HS, et al, 2020. Ambient air pollution and markers of fetal growth: A retrospective population-based cohort study of 2.57 million term singleton births in China[J]. Environment International, 135: 105410.

Guo Q, Liang FC, Tian L, et al, 2019. Ambient air pollution and the hospital outpatient visits for eczema and dermatitis in Beijing: A time-stratified case-crossover analysis[J]. Environmental Science Processes & Impacts, 21 (1): 163-173.

Guo YM, Zeng HM, Zheng RS, et al, 2017. The burden of lung cancer mortality attributable to fine particles in China[J]. The Science of the Total Environment, 579: 1460-1466.

Han Y, Qi M, Chen YL, et al, 2015. Influences of ambient air $PM_{2.5}$ concentration and meteorological condition on the indoor $PM_{2.5}$ concentrations in a residential apartment in Beijing using a new approach[J]. Environmental Pollution, 205: 307-331

Han YY, Ji YW, Kang SY, et al, 2018. Effects of particulate matter exposure during pregnancy on birth weight: A retrospective cohort study in Suzhou, China[J]. Science of the Total Environment, 615: 369-374.

Hite RD, Seeds MC, Safta AM, et al, 2005. Lysophospholipid generation and phosphatidylglycerol depletion in phospholipase a (2) -mediated surfactant dysfunction[J]. American Journal of Physiology Lung Cellular and Molecular Physiology, 288 (4): L618-L624.

Hongmao Tang, Dhari Al-Ajmi, 2012. Introduction to Air Pollution and Air Quality Management[R]. Kuwait: Kuwait Institute for Scientific Research.

Huang FF, Pan B, Wu J, et al, 2017. Relationship between exposure to $PM_{2.5}$ and lung cancer incidence and mortality: A meta-analysis[J]. Oncotarget, 8 (26): 43322-43331.

Huang LH, Hopke PK, Zhao WP, et al, 2015. Determinants on ambient $PM_{2.5}$ infiltration in non-heating season for urban residences in Beijing: Building characteristics, interior surface coverings and human behavior[J]. Atmospheric Pollution Research, 6 (6): 1046-1054.

Huang LH, Pu ZN, Li M, et al, 2015. Characterizing the indoor-outdoor relationship of fine particulate matter in non-heating season for urban residences in Beijing[J]. PLoS One, 10 (9): e0138559.

Huang Y, Du W, Chen YC, et al, 2017. Household air pollution and personal inhalation exposure to particles ($TSP/PM_{2.5}/PM_{1.0}/PM_{0.25}$) in rural Shanxi, North China[J]. Environmental Pollution, 231: 635-643.

Kim HB, Shim JY, Park B, et al, 2018. Long-term exposure to air pollutants and cancer mortality: a meta-analysis of cohort studies[J]. International Journal of Environmental Research and Public Health, 15 (11): 2608.

Li N, Liu Z, Li YP, et al, 2019. Estimation of $PM_{2.5}$ infiltration factors and personal exposure factors in two megacities, China[J]. Building and Environment, 149: 297-304.

Li TX, Cao SZ, Fan DL, et al, 2016. Household concentrations and personal exposure of $PM_{2.5}$ among urban residents using different cooking fuels[J]. Science of the Total Environment, 548/549: 6-12.

Liu C, Chen RJ, Sera F, et al, 2019. Ambient particulate air pollution and daily mortality in 652 cities[J]. The New England Journal of Medicine, 381 (8): 705-715.

Liu H, Tian YH, Song J, et al, 2018. Effect of ambient air pollution on hospitalization for heart failure in 26 of China's largest cities[J]. The American Journal of Cardiology, 121 (5): 628-633.

Liu H, Tian YH, Xiang X, et al, 2018. Ambient particulate matter concentrations and hospital admissions in 26 of China's largest cities: a case-crossover study[J]. Epidemiology, 29 (5): 649-657.

Liu H, Tian YH, Xu Y, et al, 2017. Ambient particulate matter concentrations and hospitalization for stroke in 26 Chinese cities: A case-crossover study[J]. Stroke, 48 (8): 2052-2059.

Lu FJ, Shen BX, Yuan P, et al, 2019. The emission of $PM_{2.5}$ in respiratory zone from Chinese family cooking and its health effect[J]. Science of the Total Environment, 654: 671-677.

Lu P, Zhang YM, Lin JT, et al, 2020. Multi-city study on air pollution and hospital outpatient visits for asthma in China[J]. Environmental Pollution, 257: 113638.

Maji S, Ghosh S, Ahmed S, 2018. Association of air quality with respiratory and cardiovascular morbidity rate in Delhi, India[J]. International Journal of Environmental Health Research, 28(5): 471-490.

Nandasena S, Wickremasinghe AR, Lee K, et al, 2012. Indoor fine particle ($PM_{2.5}$) pollution exposure due to secondhand smoke in selected public places of Sri Lanka[J]. American Journal of Industrial Medicine, 55 (12): 1129-1136.

Nemmar A, Hoet PHM, Vanquickenborne B, et al, 2002. Passage of inhaled particles into the blood circulation in humans[J]. Circulation, 105 (4): 411-414.

Ni K, Carter E, Schauer JJ, et al, 2016. Seasonal variation in outdoor, indoor, and personal air pollution exposures of women using wood stoves in the Tibetan Plateau: Baseline assessment for an energy intervention study[J]. Environment International, 94: 449-457.

Niu XY, Guinot B, Cao JJ, et al, 2015. Particle size distribution and air pollution patterns in three urban environments in Xi'an, China[J]. Environmental Geochemistry and Health, 37 (5): 801-812.

Niu XY, Ho KF, Hu TF, et al, 2019. Characterization of chemical components and cytotoxicity effects of indoor and outdoor fine particulate matter ($PM_{2.5}$) in Xi'an, China[J]. Environmental Science and Pollution Research, 26: 31913-31923.

Qi M, Du W, Zhu X, et al, 2019. Fluctuation in time-resolved $PM_{2.5}$ from rural households with solid fuel-associated internal emission sources[J]. Environmental Pollution, 244: 304-313.

Qiu H, Yu HY, Wang LY, et al, 2018. The burden of overall and cause-specific respiratory morbidity due to ambient air pollution in Sichuan Basin, China: A multi-city time-series analysis[J]. Environmental Research, 167: 428-436.

Refrigerating and Air-Conditioning Engineers, American Society of Heating, 2019. Ventilation for Acceptable Indoor Air Quality[EB/OL]. [2020-03-04]. https://www. ashrae. org/technical-resources/bookstore/standards-62-1-62-2.

Rückerl R, Schneider A, Breitner S, et al, 2011. Health effects of particulate air pollution: A review of epidemiological evidence[J]. Inhalation Toxicology, 23 (10): 555-592.

Sagai M, 2019. Toxic components of $PM_{2.5}$ and their toxicity mechanisms-on the toxicity of sulfate and carbon components[J]. Nihon Eiseigaku Zasshi Japanese Journal of Hygiene，74：19004.

Säteri J, 2002. Finnish classification of indoor climate 2000：Revised target values[C]. //International Conference on Indoor Air Quality and Climate. Espoo：Finland.

Shao ZJ，Bi J，Ma ZW，et al，2017. Seasonal trends of indoor fine particulate matter and its determinants in urban residences in Nanjing，China[J]. Building and Environment，125：319-325.

Singapore National Environment Agency，2010. Air Quality[EB/OL]. [2020-03-04]. https：//www. nea. gov. sg/our-services/pollution-control/air-pollution.

United States Environmental Protection Agency，2006. 2006 National Ambient Air Quality Standards（NAAQS）for Particulate Matter（$PM_{2.5}$）[EB/OL]. [2020-03-04]. https：//www. epa. gov/pm-pollution/ 2006-national-ambient-air-quality-standards-naaqs-particulate-matter-pm25.

US Environmental Protection Agency，2019. Integrated Science Assessment（ISA）for Particulate Matter（Final Report，2019）[R]. Washington，DC：USEPA.

US Environmental Protection Agency，2019. Polycyclic Aromatic Hydrocarbons（PAHs）Fact Sheet[R]. Washington，DC：USEPA.

Wang C, Zhu GC, Zhang L, et al, 2020. Particulate matter pollution and hospital outpatient visits for endocrine, digestive, urological, and dermatological diseases in Nanjing, China[J]. Environmental Pollution，261：114205.

Wang ZJ，Xue QW，Ji YC，et al，2018. Indoor environment quality in a low-energy residential building in winter in Harbin[J]. Building and Environment，135：194-201.

Wang ZJ，Yu ZY，2017. $PM_{2.5}$ and ventilation in a passive residential building[J]. Procedia Engineering，205：3646-3653.

World Health Organization，2010. WHO guidelines for indoor air quality：Selected pollutants[M]. Geneva：WHO.

World Health Organization, Regional Office for Europe，2007. Air quality guidelines：Global update 2005. Particulate matter，ozone，nitrogen dioxide and sulfur dioxide[J]. Indian Journal of Medical Research，4（4）：492，493.

Xu CY, Li N, Yang YB, et al, 2017. Investigation and modeling of the residential infiltration of fine particulate matter in Beijing, China[J]. Journal of the Air & Waste Management Association, 67（6）：694-701.

Xu HM，Li YQ，Guinot B，et al，2018. Personal exposure of $PM_{2.5}$ emitted from solid fuels combustion for household heating and cooking in rural Guanzhong Plain，northwestern China[J]. Atmospheric Environment，185：196-206.

Yan B，Li JQ，Guo JH，et al，2016. The toxic effects of indoor atmospheric fine particulate matter collected from allergic and non-allergic families in Wuhan on mouse peritoneal macrophages[J]. Journal of Applied Toxicology：JAT，36（4）：596-608.

Yin HL, Qiu CY, Ye ZX, et al, 2015. Seasonal variation and source apportionment of organic tracers in PM_{10} in Chengdu，China[J]. Environmental Geochemistry and Health，37（1）：195-205.

Zhang JD，Liu WJ，Xu YS，et al，2019. Distribution characteristics of and personal exposure with polycyclic aromatic hydrocarbons and particulate matter in indoor and outdoor air of rural households in Northern China[J]. Environmental Pollution，255：113176.

Zheng QW, Liu H, Zhang J, et al, 2018. The effect of ambient particle matters on hospital admissions for cardiac arrhythmia：A multi-city case-crossover study in China[J]. Environmental Health：A Global Access Science Source，17（1）：60.

Zhou NY，Jiang CT，Chen Q，et al，2018. Exposures to atmospheric PM_{10} and $PM_{10-2.5}$ affect male Semen quality：results of MARHCS study[J]. Environmental Science & Technology，52（3）：1571-1581.

第五章　有机物指标

5.1　甲　　醛

5.1.1　基 本 信 息

1. 基本情况

中文名称：甲醛；英文名称：formaldehyde；别称：蚁醛；化学式：HCHO；分子量：30.03；CAS 号：50-00-0。

2. 理化性质

外观与性状：无色气体，有刺激性气味；蒸气压：13.33kPa（−57.3℃）；蒸气相对密度：1.03～1.07（空气=1）；熔点：−92℃；沸点：−19.5℃；溶解性：易溶于水、乙醇（与丙酮、苯和二乙醚混合，浓度为 30%～50%的水溶液俗称福尔马林）；氧化还原性：具有强还原性，尤其是在碱性溶液中还原能力更强，在二氧化碳存在的条件下，易被光氧化，与羟基自由基反应生成甲酸。

5.1.2　室内甲醛的主要来源和人群暴露途径

1. 主要来源

甲醛主要有 2 个来源，分别为自然来源（如火山喷发、森林及灌木燃烧）和人为来源（如工业排放和机动车尾气）。室内甲醛的主要来源有三方面：一是室外空气向室内的迁移渗透；二是室内的装饰装修，如使用含脲醛树脂的家具和木制品（如刨花板、胶合板和中密度纤维板等），使用含脲醛泡沫的绝缘材料等；三是人们的日常生活，如吸烟、烹饪、清洁美容（使用洗涤剂、消毒剂、软化剂、洗发水、指甲油等）及使用电器（计算机和复印机等）。值得注意的是，已有相关文献对甲醛的二次形成进行了广泛的报道，其主要来源于空气中挥发性有机化合物（volatile organic compound，VOC）的氧化及臭氧（主要来自室外）和烯烃（特别是萜烯）之间的反应，但尚缺乏足够的数据来量化这些次级化学过程对环境和室内浓度的影响。

2. 人群暴露途径

甲醛主要是通过呼吸道、消化道和皮肤或眼睛接触等进入人体。空气中甲醛的暴露途径主要是吸入，鲜有关于皮肤暴露的文献资料。有研究对加拿大 6 个年龄段的普通人群每日甲醛摄入量进行估计，结果表明，每天经呼吸摄入的甲醛量远低于从食物中摄入的甲醛量。但是考虑到时间–活动模式和每天吸入量，室内吸入暴露占总环境甲醛吸入暴露的 98%。

5.1.3 我国室内空气中甲醛污染水平及变化趋势

从近 20 年我国公开发表的文献来看，室内空气甲醛浓度处于波动状态，不同室内环境甲醛浓度差异明显，其范围为 0.03～4250μg/m^3，基于样本加权的浓度算术均值为 122.96μg/m^3。与标准相比，平均超标率达 38.9%。我国不同城市不同室内环境下甲醛浓度水平主要调查结果见表 5-1。

通过对我国近 20 年居家室内甲醛平均浓度进行分析，发现我国不同地区室内甲醛浓度波动较大，但总体呈下降趋势，根据 GB/T 18883—2002 规定的限值标准 0.1mg/m^3 判断，仍有近 20%的室内空气中甲醛处于超标状态。

5.1.4 健康影响

1. 吸收、分布、代谢与排泄

甲醛在水中溶解度高，可迅速被呼吸道和胃肠道吸收并代谢。甲醛气体 90%以上在上呼吸道被吸收并迅速代谢为甲酸盐。使用带有放射性标记的甲醛进行代谢通路研究发现，该标记出现在几乎所有组织中，在肺组织中含量最高，占总量的 40%～55%，其次为血（22%～26%）、脑（17%～20%）、肝（9%～14%）、肾（7%～9%），同一组织中甲醛浓度与染毒剂量呈正相关。甲醛在人体内反应迅速，在血液中半衰期为 1～1.5min，由含有甲醛脱氢酶和醛脱氢酶的红细胞快速代谢，大部分被转换为二氧化碳并通过肺呼出，少量以甲酸盐和其他代谢物的形式随尿液和粪便排出。

2. 健康影响

（1）致癌风险：由于甲醛具有致突变性，其与癌症之间的因果关系已经引起了人们的广泛关注。1995 年，IARC 公布甲醛为 2A 类物质（即对人类可疑的致癌物，动物致癌证据充分，对人类致癌证据有限）。此后 10 年，国内外专家对甲醛是否具有致癌性进行了深入研究，IARC 于 2004 年将甲醛从 2A 类物质提升为 1 类

表 5-1　我国室内空气中甲醛浓度

地区	场所	样本量（个）	浓度（μg/m³）					主要污染来源	数据来源
			算术均值	几何均值	中位数	最小值	最大值		
广州	客厅、书房、卧室	20	191(客厅) 251（书房） 234（卧室）				373	木制品	唐建辉等，2003
深圳、北京	居室、办公室	67				9	4250	装修	戴天有等，2002
泰州	客厅、卧室	50			101	12	324	装修	缪勇战，2006
大连	卧室、客厅、厨房	30	130			0	500	装修	Zhao et al，2004
南宁		305	390			10	3320	装修板材、家具板材	万逢洁等，2008
天津蓟州区	卧室、客厅、书房、厨房、餐厅、卫生间等	692	152.3			18.9	258.3	家具、复合板材、墙面涂料	孟妮，陈伟光，2006
北京、上海、广州、西安	卧室	72	53.4（夏） 39.6（冬）			19.3（夏）	92.8（夏）	装修材料、烧香、吸烟	Wang et al，2007
西安		438					1380	胶合剂	常锋等，2006
廊坊		50				2	1971	装修	刘炜等，2006
北京		648			30	5	40	人造板材	张金艳等，2007
呼和浩特	卧室、客厅、书房、厨房（装修）	62	120		90	10	450		杨军等，2009
平顶山	卧室、书房、客厅	10	103.33	75.16	95	40	346	木质复合地板、木制品	王靖等，2009
杭州	卧室	3122	179			5	880	装修材料挥发	Chi et al，2016

续表

地区	场所	样本量（个）	浓度（μg/m³）					主要污染来源	数据来源
			算术均值	几何均值	中位数	最小值	最大值		
北京	客厅、卧室、厨房、书房、办公场所	2478	160				1390	室内装修、使用板材、通风	吕天峰等，2016
杭州	卧室、书房、客厅	2324	107			5	776	气象条件	Guo et al，2013
荆门	卧室、客厅	94	203			34	775	房间布局、装饰	王占成等，2008
泰安	客厅、卧室、书房	60				23	162	人造板材、木质家具	张伟，2009
石家庄	客厅、卧室	76				10	730	装修	赵文霞等，2008
北京		407	16.14～22.08			0.2	213.4	室内装修	刘庆阳等，2011
辽阳	居室、办公室	121				10	240		张国，2013
银川	居室	1236	331.1			10	860	装修装饰材料	刘凤莲等，2012
上海	卧室	409	21.5						Huang et al，2016
北京	卧室	40	64.4		54.5			沙发材料、吸烟、住宅区位	Pu et al，2015
北京	卧室、客厅	40	15.1～31.6			4.0～13.8	31.2～75.2	吸烟	Fan et al，2017
武汉	客厅、卧室	32	17.69					家具、床垫	Zhu et al，2015
北京	客厅、卧室（无客厅房间）	27		55.1		9.3	695.7	皮质沙发	Huang et al，2018
包头	卧室	86	227.0（采暖季） 189.2（非采暖季）		200.5（采暖季） 202.3（非采暖季）				顾洁等，2017
西安	客厅、卧室、其他房间、办公场所	219					489	板材家具、白乳胶、壁纸、木地板	周霁阳等，2015

续表

地区	场所	样本量（个）	浓度（μg/m³）					主要污染来源	数据来源
			算术均值	几何均值	中位数	最小值	最大值		
西安	卧室、客厅、学校、办公室、银行、其他室内	529	160（居室） 130（公共场所）			20（居室） 50（公共场所）	450（居室） 320（公共场所）	装修、板材	Chang et al，2017
重庆	卧室	42	30.1					室外污染	Li et al，2019
西安	卧室	44	21.45					家具、装修材料、涂料、黏合剂、生活用品、吸烟、烹饪	Huang et al，2019
沈阳抚顺	卧室、客厅、厨房	84					217	装修	Huang et al，2018
北京	客厅	10	19.4			4.7	29.7		Fan et al，2018

注：表中空白项为文献未具体提及。

物质（对人类致癌物），可导致鼻咽癌，有文献表明恶性淋巴瘤和白血病也与甲醛污染有关，2011 年美国国家毒理学计划（National Toxicology Program，NTP）发布第 12 版致癌物报告，进一步明确指出甲醛是人类白血病致病原。

（2）非致癌风险：空气中甲醛的急性非致癌健康影响主要是对眼和上呼吸道的刺激，症状有流泪、眼红、眼痒、打喷嚏、咳嗽等，严重者出现眼结膜炎、鼻咽部疾病，甚至发生喉痉挛、肺水肿。甲醛的慢性非致癌健康影响主要表现为甲醛的免疫系统毒性、循环系统毒性、遗传毒性和生殖发育毒性。长期的甲醛暴露会导致儿童患哮喘的风险增加、白细胞数量减少、染色体畸变率升高及女性月经紊乱的概率增加。

5.1.5 甲醛的相关健康风险现状

1. 危害识别

甲醛可诱发人体鼻咽癌，其致白血病的结论也得到了多项研究的支持。人体接触室内空气中甲醛的急性症状主要是眼和上呼吸道刺激，不同浓度下可出现流泪、打喷嚏、咳嗽、恶心、呼吸困难甚至死亡。甲醛长期暴露导致的主要问题是过敏和癌症。对敏感人群，甲醛可以引起哮喘和接触性皮炎；对非敏感人群，长期吸入低剂量甲醛不太可能导致慢性肺损伤。甲醛慢性暴露的其他中枢神经系统损伤还包括头痛、抑郁、情绪变化、失眠、易怒、注意力不集中、记忆力减退等。对于儿童，由于甲醛潜伏期更长，长期暴露的损伤可能更严重。

2. 剂量-反应关系评估

室内空气中甲醛主要的暴露途径为吸入。甲醛吸入途径的毒理学参数（表 5-2）来源于美国毒物和疾病登记署（Agency for Toxic Substances and Disease Registry，ATSDR）的最小风险剂量（minimal risk level，MRL）和美国 EPA 的综合风险信息查询系统（Integrated Risk Information System，IRIS）吸入单位风险（inhalation unit risk，IUR）。

表 5-2 甲醛吸入途径的毒理学参数

健康效应	毒理学系数	数值及单位	来源
非致癌效应（急性）	MRL	$0.054mg/m^3$（0.04ppm）	ATSDR
非致癌效应（亚慢性）	MRL	$0.040mg/m^3$（0.03ppm）	ATSDR
非致癌效应（慢性）	MRL	$0.01mg/m^3$（0.008ppm）	ATSDR
致癌效应	IUR	1.3×10^{-5} $(\mu g/m^3)^{-1}$	IRIS

甲醛为致癌物，所以是无阈值化合物，本标准综合考虑了非线性和线性两种剂量–反应关系评估。针对非致癌风险，分别参考 ATSDR 的急性（14 天）、亚慢性（7 个月）、慢性（30 年）MRL 作为相应阶段的吸入暴露估计值；针对致癌风险，参考 IRIS 的 IUR，获得上述剂量–反应关系评估值后，可进行暴露评估的计算。

3. 暴露评估

参照美国 EPA 经典“四步法”进行健康风险评估，室内空气中甲醛的吸入途径非致癌风险和致癌风险的暴露量计算公式如下：

$$ADD_{inh} = (C \times EF \times ED \times ET)/AT$$

$$LADD_{inh} = (C \times EF \times ED \times ET)/LT$$

式中：ADD_{inh} 为吸入途径非致癌日均暴露量（μg/m^3）；$LADD_{inh}$ 为吸入途径致癌终生日均暴露量（μg/m^3）；C 为空气中甲醛浓度（μg/m^3），本研究中为暴露期间污染物的均值浓度；EF 为暴露频率（d/a），本研究为 365d/a；ED 为暴露周期，非致癌效应即为实际暴露时间，致癌效应按成年人 70 年计算；ET 为暴露时间（h/d），本书采用 20h/d（《中国人群暴露参数手册》中国人群室内活动时间推荐值）；AT 为平均暴露时间（d），非致癌效应评估的平均时间即暴露时间；LT 为终生时间（d），致癌效应的终生时间为 70 年。

根据本书 5.1.3 我国室内空气中甲醛污染水平调查，甲醛最低浓度为 0.03μg/m^3，最高浓度为 4250μg/m^3，根据此浓度计算的 ADD_{inh} 和 $LADD_{inh}$ 分别见表 5-3 和表 5-4。

4. 风险特征

风险特征的计算公式如下：

$$HQ = ADD_{inh}/RfC$$

$$Risk = LADD_{inh} \times IUR$$

式中：HQ 为危害商，无量纲，若 HQ＞1，表示暴露剂量超过阈值可能产生毒性，有非致癌风险，且值越大，风险越大；若 HQ≤1，表示暴露剂量低于会产生不良反应的阈值，预期将不会造成明显损害；RfC 为慢性非致癌效应吸入途径参考浓度（mg/m^3），本处 RfC 等效采纳 MRL；Risk 为致癌效应的风险，若 Risk 小于 10^{-6}，则认为其引起癌症的风险较低，若 Risk 介于 10^{-4}～10^{-6}，则认为其有可能引起癌症，若 Risk 大于 10^{-4}，则认为其引起癌症的风险较高；IUR 为吸入单位风险[（μg/m^3）$^{-1}$]。

根据我国室内空气中甲醛的现行标准（100μg/m^3）及本书 5.1.3 污染水平调查获得的甲醛最低浓度（0.03μg/m^3）和最高浓度（4250μg/m^3），经计算 3 个浓度水平的非致癌健康风险及致癌风险如表 5-3 和表 5-4 所示。

表 5-3　我国室内空气中甲醛的非致癌风险（吸入途径）

不同甲醛浓度的非致癌效应	非致癌日均暴露量（μg/m³）	非致癌危害系数	风险发生判定
0.03μg/m³			
急性	0.025	4.63×10^{-4}	可能性很低
亚慢性	0.025	6.25×10^{-4}	可能性很低
慢性	0.025	2.5×10^{-3}	可能性很低
4250μg/m³			
急性	3.54×10^{3}	65.56	风险性很高
亚慢性	3.54×10^{3}	88.54	风险性很高
慢性	3.54×10^{3}	354.16	风险性很高
100μg/m³			
急性	83.3	1.54	风险性略高
亚慢性	83.3	2.08	风险性略高
慢性	83.3	8.33	风险性略高

表 5-4　我国室内空气中甲醛的致癌风险（吸入途径）

健康效应	甲醛浓度（μg/m³）	致癌终生日均暴露量（μg/m³）	致癌风险	风险发生判定
致癌效应	0.03	0.025	3.25×10^{-7}	可能性很低
	4250	3.54×10^{3}	4.60×10^{-2}	可能性很高
	100	83.3	1.08×10^{-3}	可能性较高

综上所述，目前限值水平下非致癌风险均大于 1，致癌风险为 1.08×10^{-3}，均较高。

5.1.6　国内外空气质量标准或指南情况

1. 我国空气质量标准

本次标准修订时我国与室内空气质量相关的标准有两部，一部是《室内空气质量标准》（GB/T 18883），另一部是《民用建筑工程室内环境污染控制规范》（GB 50325）。

GB/T 18883—2002 规定了室内空气质量参数，适用于住宅和办公建筑物内部的室内环境质量评价，在关闭门窗 12h 后对室内空气污染物浓度进行检测，其中甲醛的限值为 0.10mg/m³（1h 均值）。

GB 50325—2020 适用于民用建筑工程的质量验收。该标准涉及的室内环境污染是指由建筑材料产生的室内环境污染，在关闭门窗 1h 后对室内空气污染物浓度进行检测，甲醛限值分为Ⅰ类指标和Ⅱ类指标，GB 50325—2020 将Ⅰ类限值和Ⅱ类限值分别收紧至 0.07mg/m³ 和 0.08mg/m³。

GB 50325—2020 是针对建筑工程的质量验收，不考虑后期装修、家具等带来的污染，而 GB/T 18883—2002 考虑了人员装修、居住和活动的情况。

2. 世界卫生组织标准

WHO 发布的室内空气质量准则从感官刺激的结局出发，导致眨眼频率增加和结膜发红的未观察到有害作用剂量水平（no observed adverse effect level，NOAEL）为 0.6mg/m^3，根据鼻腔刺鼻（感觉刺激）阈值的标准差调整 NOAEL 值为 0.12mg/m^3，四舍五入为 0.1mg/m^3，以此作为甲醛 30min 暴露的标准限值；由于甲醛长期暴露导致细胞增殖的 NOAEL 为 1.25mg/m^3，WHO 两个工作组分别通过评估因子和生物模型两种途径，计算出甲醛长期暴露的浓度限值分别为 0.21mg/m^3 和 0.2mg/m^3，均高于 0.1mg/m^3，因此 WHO 认为该限值不仅可保护眼鼻器官免于短期的感觉刺激，还可以预防包括癌症在内的长期慢性效应。

3. 其他国际组织及国家标准

目前，美国、加拿大、英国、德国、瑞典、波兰、日本、韩国等均制订了室内空气甲醛的限值，其中只有加拿大和美国明确了 1h 加权浓度限值，分别为 0.123mg/m^3 和 0.09mg/m^3。

5.1.7　室内空气中甲醛标准限值建议及依据

近 20 年来，虽然我国室内空气中甲醛在浓度水平和超标率上有所下降，但整体还处于比较高的水平，均值仍在现行标准限值之上，甲醛仍是亟须解决的主要室内问题，且甲醛的健康效应除了短期的感觉刺激外，有充足证据表明甲醛长期暴露会增加罹患鼻咽癌和骨髓性白血病的风险。为了保护公众健康，严格控制甲醛的使用和释放，在结合 WHO 的 30min 限值和 GB/T 50325—2020 规定的Ⅱ类建筑限值 0.08mg/m^3 的基础上，建议收紧室内空气中甲醛 1h 浓度限值至 0.08mg/m^3。在该浓度下，长期接触的致癌风险可降至较安全水平。

5.2　苯、甲苯及二甲苯

5.2.1　基本信息

1. 基本情况

（1）苯

中文名称：苯；别称：安息油；英文名称：benzene、benzol、benzeen；CAS

号：71-43-2；化学式：C_6H_6；分子量：78.11；气味：强烈的芳香气味。应用：香料、染料、塑料、医药、炸药、橡胶等的生产。

（2）甲苯

中文名称：甲苯；别称：甲基苯，苯基甲烷；英文名称：methylbenzene、toluene；CAS 号：108-88-3；化学式：C_7H_8；分子量：92.14；气味：芳香气味。应用：用作溶剂和高辛烷值汽油添加剂，也是有机化工的重要原料。甲苯衍生的一系列中间体，广泛用于染料、医药、农药、炸药、助剂及香料等精细化学品的生产，也用于合成材料工业。

（3）二甲苯

中文名称：二甲苯；英文名称：xylenes；CAS 号：1330-20-7；化学式：C_8H_{10}；分子量：106.17；气味。芳香气味。应用：作为溶剂广泛用于涂料、树脂、染料、油墨等行业；作为合成单体或溶剂用于医药、炸药、农药等行业；也可作为高辛烷值汽油组分，是有机化工的重要原料；还用于去除车身的沥青。医院病理科主要将其用于组织、切片的透明和脱蜡。

2. 理化性质

（1）苯。外观与性状：无色透明液体，有强烈芳香气味；密度：0.8765g/ml（20℃）或 0.878g/cm^3（15℃）；蒸气压：13.33kPa（26.1℃）/12.7kPa（25℃）；熔点：5.5℃；沸点：80.1℃；爆炸极限：爆炸上限%（V/V）为 8.0%，爆炸下限%（V/V）为 1.2%；溶解性：难溶于水（25℃时为 1.78g/L），易溶于有机溶剂；可燃性：560℃可引燃；稳定性：高度易燃，蒸气与空气混合，具有爆炸性；热稳定性：不稳定；氧化还原性：有还原性；腐蚀性：具有刺激性，无腐蚀性；闪点：−11℃；燃烧热：3264.4kJ/mol。

（2）甲苯。外观与性状：无色透明液体，有芳香气味；密度：0.87g/ml；蒸气压：4.89kPa（30.0℃）；熔点：−95℃；沸点：110.6℃；爆炸极限：爆炸上限%（V/V）为 7.0%，爆炸下限%（V/V）为 1.2%；溶解性：不溶于水，可混溶于苯、醇、醚等多种有机溶剂；可燃性：535℃可引燃；稳定性：高度易燃，蒸气与空气混合，具有爆炸性，遇明火、高热能引起燃烧、爆炸；热稳定性：不稳定；氧化还原性：有还原性；腐蚀性：具有刺激性，无腐蚀性；闪点：4.4℃；燃烧热：3905.0kJ/mol。

（3）二甲苯。外观与性状：无色透明液体，有芳香气味；密度：0.86g/ml；蒸气压：2.40kPa（37.7℃）；熔点：−34℃；沸点：138～144℃；爆炸极限：爆炸上限%（V/V）为 7.6%，爆炸下限%（V/V）为 1.0%，与空气混合可爆炸；溶解性：不溶于水，与乙醇、氯仿或乙醚能任意混合；可燃性：463～525℃可引燃；稳定性：暴露于热或火焰中时危险，如果在封闭区域内点燃，蒸气可能会爆炸；热稳定性：

不稳定；氧化还原性：有还原性；腐蚀性：具有刺激性，无腐蚀性；闪点：25℃。

5.2.2 室内苯、甲苯、二甲苯的主要来源和人群暴露途径

1. 主要来源

苯系物被广泛应用于油漆、喷漆、橡胶、皮革和清新剂中。室内苯系物主要来自室内装修用的涂料、木器漆、胶黏剂及各种有机溶剂，如苯、甲苯和二甲苯。烟草烟雾也是室内苯的重要来源。居家时，如有吸烟者，室内苯浓度会明显升高。在通风不良的室内场所，苯、甲苯和二甲苯的浓度均会明显升高。

2. 人群暴露途径

苯的职业暴露可通过吸入和皮肤接触发生。一般人群通过吸入周围空气、摄入食物和饮用水，以及皮肤接触含有苯的物品而暴露于苯。甲苯的职业暴露主要为吸入含苯的烟雾或蒸气，也可以直接皮肤接触。一般人群也可能通过吸入空气、摄入食物和受污染的饮用水而发生暴露。二甲苯的职业暴露可通过呼吸道吸入和皮肤吸收产生，其中以呼吸道吸入为主。一般人群则经呼吸道、消化道吸收和皮肤接触暴露。

5.2.3 我国室内空气中苯、甲苯、二甲苯污染水平及变化趋势

如表 5-5 所示，我国室内空气中苯、甲苯和二甲苯的浓度差异较大，其中新装修住宅室内空气中存在一定程度的超标现象，其最高值可超出 GB/T 18883—2002 限值几倍甚至十几倍，但浓度随时间的推移下降较快。

有研究通过对我国 2000～2021 年室内苯、甲苯和二甲苯浓度进行分析，发现尽管近 20 年来我国住宅室内苯、甲苯、二甲苯浓度呈明显下降趋势，但总体水平仍远高于欧洲、美国、日本、加拿大等国家和地区，且该研究发现 1 年内装修的房间中苯、甲苯和二甲苯浓度明显高于 1 年前装修的房间（$P<0.001$），表明我国新装修住宅室内空气中苯、甲苯、二甲苯浓度仍处于较高水平。

如上所述，室内空气中苯、甲苯、二甲苯的浓度与装修年限有关。此外，通风条件、装修材料、装修复杂程度和是否添置新家具等也是影响苯、甲苯、二甲苯浓度的重要因素。但是，苯、甲苯、二甲苯浓度降低很快，一般在装修完成或更新家具 3 个月内室内苯、甲苯和二甲苯的污染最严重。在装修 3 个月后室内苯、甲苯、二甲苯基本释放完全，严重污染的约需 6 个月，释放过程主要受通风时间和温度的影响。此外，也有研究指出，苯、甲苯、二甲苯浓度与居住者的行为活动（如取暖、吸烟、做饭、打印等）有关，但目前尚未有足够的证据支持室内空气中苯、甲苯、二甲苯浓度存在季节差异。

表 5-5　我国城市室内空气中苯、甲苯、二甲苯浓度

地区	浓度（mg/m^3）①			样本量(个)②	采样时间	装修时间	备注
	苯	甲苯	二甲苯				
深圳	0.020～8.65	0.050～5.20	0.100～6.35	1800	2010～2011 年	≤1 年	浓度范围
广州	0.018	0.173	0.099	43	2013 年		均值
	0.019±0.012	0.017±0.130	0.058±0.063（对二甲苯） 0.041±0.040（邻二甲苯）	43	2012 年冬		均数±标准差
西安	0.001±0.002	0.020±0.020	0.030±0.040	471	2014～2015 年		均数±标准差
	0.009	0.013	0.010	311～322	2006～2007 年	≤3 个月	中位数
上海	苯系物 0.022±0.013			409	2013～2014 年	＞1 年	均数±标准差
	0.004～0.670	0.008～0.630	0.005～1.970	105	2011 年		浓度范围
	0.037（夏秋）	0.044（夏秋）		100	2008 年		中位数
	0.034（冬秋）	0.034（冬秋）					
	0.117±0.185	0.172±0.315	0.211±0.393	34～52	2002～2004 年	≤1 年	均数±标准差
	0.002	0.200	0.040（对二甲苯）0.033（邻二甲苯）	8	2015 年	≤1 年	均值
重庆	0.004～0.290	0.008～0.630	0.005～1.070	78	2011 年		浓度范围
	0.032±0.021	0.309±0.340	0.825±1.038	14	2002～2004 年	≤1 年	均数±标准差
	0.007（卧室）	0.024（卧室）	0.014（卧室）	50	2014～2015 年	＞1 年	中位数
	0.009（客厅）	0.023（客厅）	0.014（客厅）				
	0.116（厨房）	0.021（厨房）	0.015（厨房）				
哈尔滨	0.042	0.020		240	2013 年		中位数
香港	0.005	0.059	0.008	6	2003 年		中位数
	0.008	0.053	0.024	20	2001 年		中位数
	0.005	0.059	0.009	24			均值
大连	0.003	0.014	0.008	59	2013 年		中位数
	0.044±0.044	0.143±0.186	0.089±0.157	89～91	2002～2005 年	≤1 年	均数±标准差
杭州	0.005	0.021	0.029	31	2002 年夏/2003 年冬	1 个月至 4 年	均值
	0.010～0.090	0.040～0.330	0.020～0.370	24	2011 年		浓度范围
苏州	0.004～0.420	0.008～1.450	0.005～1.410	99			
南京	0.004～0.510	0.008～1.120	0.005～1.740	99			

续表

地区	浓度（mg/m³）[①]			样本量(个)[②]	采样时间	装修时间	备注
	苯	甲苯	二甲苯				
武汉	0.004～0.090	0.008～0.590	0.005～1.790	97			
成都	0.004～0.400	0.008～1.060	0.005～0.770	88			
青岛	0.027～1.100	<0.050～1.470	<0.100～5.550	80	2002～2003 年	<6 个月	浓度范围
	<0.025～0.097	<0.050～0.200	<0.100～0.930	26		6 个月至 1 年	
	<0.025～0.067	<0.050～0.060	<0.100	20		≥1 年	
北京	0.016	0.045	0.012	152	2009 年		均值
	0.017			410	2013 年		均值
	0.074±0.135	0.190±0.462	0.085±0.141	373～377	2002～2004 年	≤1 年	均数±标准差
	0.077	0.667	1.012	54	2005 年	≤1 个月	中位数
	0.001	0.220	0.493			≤3 个月	
	0.001	0.003	0.006			≤6 个月	
北京	住宅：0.017±0.016，0.011 办公建筑物：0.030±0.034，0.016			住宅 379，办公建筑物 375	2008～2012 年	<1 年	均数±标准差；中位数
天津	0.006	0.007	0.002	10	2011 年		均值
	0.006±0.008	0.007±0.004	0.002±0.002	10	2008 年夏		均数±标准差
	0.082±0.043	0.130±0.064	0.179±0.118	15	2005 年夏	≤2 年	
	0.026±0.019	0.043±0.015	0.087±0.029			>2 年	
江西[③]	0.117	0.645	0.119	171	2005 年		均值
	0.122	0.632	0.049	147			
	0.134	0.555	0.001	137			
石嘴山	0.031±0.042	0.027±0.027	0.048±0.060	41～48	2002～2004 年	≤1 年	均数±标准差
平凉	0.009±0.007	0.014±0.015	0.008±0.004	6～11			
珠海	0.011±0.011	0.033±0.030	0.014±0.010	9			
长春	0.129±0.111	0.155±0.170	0.197±0.239	32			

续表

地区	浓度（mg/m³）①			样本量(个)②	采样时间	装修时间	备注
	苯	甲苯	二甲苯				
贵阳[4]	0.009～0.028（低）			48	2011年	7天	浓度范围
	0.078～0.97（高）						
	0.077～1.16（家具）						
	0.009～0.011（低）					37天	
	0.057～0.22（高）						
	0.051～0.48（家具）						
	0.009～0.009（低）					67天	
	0.032～0.091（高）						
	0.019～0.20（家具）						
	0.009～0.009（低）					98天	
	0.032～0.091（高）						
	0.009～0.093（家具）						
	0.009～0.009（低）					118天	
	0.009～0.015（高）						
	0.009～0.019（家具）						
宁波、台州、温州	0.327±0.189	0.325±0.449	0.476±0.665	227	2014年11月至2017年7月	装修完成后1天	均数±标准差

注：①包括算术均值及标准差、中位数和浓度范围。②当文献中不同苯系物样本量不一致时，用样本量的范围表示。③包括南昌、景德镇、萍乡、九江、新余、鹰潭、赣州、吉安、宜春、抚州、上饶11个城市。④低代表低装修程度组；高代表高装修程度组；家具代表家具填装组。

空白项代表文献未提及。

5.2.4 健康影响

1. 吸收、分布、代谢与排泄

苯具有较强的挥发性，可通过吸入、口服或皮肤接触等途径进入人体。其中，经呼吸道吸入是人体暴露的主要途径。甲苯与二甲苯也可经呼吸道、消化道吸收和皮肤接触暴露。

苯进入体内后，可迅速分布于全身。动物实验发现，在小鼠吸入放射性标记的苯后 10min，对小鼠进行全身放射性自显影，发现苯迅速分布于血液和灌注良好的组织中，如心脏、肝和肾。此外，在骨髓、体脂肪、脊髓和脑白质中也观察到高水平的放射性。甲苯与二甲苯被吸收后主要分布于含脂肪丰富的组织中，以脂肪组织与肾上腺最多，其次为骨髓、脑和肝。

苯进入机体后，通过细胞色素 P450（CYPs）在肝和肺代谢，苯代谢的第一步主要是由 CYP2E1 催化形成苯氧化物，最后代谢为酚类和醌类物质。部分酚类代谢物可富集于骨髓组织，通过骨髓过氧化物酶（MPO）进一步代谢活化生成苯醌（1, 4-BQ）。人体内苯的主要代谢物是苯酚、对苯二酚、儿茶酚（游离+共轭）、反–反式–黏糠酸（*t, t*-MA）和苯巯基尿酸（*S*-PMA），其中 *t, t*-MA 和 *S*-PMA 已被普遍用作人类职业和环境研究中低剂量苯暴露的生物标志物。甲苯与二甲苯同样在肝内通过细胞色素 P450 进行代谢，80%～90%甲苯氧化生成苯甲酸，并与甘氨酸结合生成马尿酸，可随尿液排出。60%～80%二甲苯在肝内氧化，主要产物为甲基苯甲酸、二甲基苯酚和羟基苯甲酸等，其中甲基苯甲酸与甘氨酸结合为甲基马尿酸，随尿液排出，尿液中甲基马尿酸可作为接触二甲苯的生物监测指标。二甲苯具有邻位、间位和对位 3 种同分异构体，其代谢途径类似，邻位二甲苯代谢速度慢于对位和间位二甲苯。二甲苯的体内代谢过程可受到某些共存物的影响。例如，甲苯、丁酮等对二甲苯有代谢抑制作用，可使二甲苯的代谢速率下降、代谢产物排泄时间延长，从而导致体内二甲苯浓度升高，这种代谢抑制作用可能使二甲苯的毒性增加。

苯主要以原形通过呼出气排出，但吸收的苯大部分以水溶性代谢物的形式通过尿液排出，当人体暴露于空气中的苯浓度为 0.1～10.0ppm 时，尿液代谢物分布为苯酚（游离+共轭）占比最高。甲苯可以原形经呼吸道排出，一般占吸入量的 3.8%～24.8%，二甲苯经呼吸道排出的比例较甲苯小，占 4%～5%。被人体吸收的甲苯、二甲苯通过代谢为马尿酸、甲基马尿酸等随尿排出。

2. 健康影响

（1）致癌风险：根据 IARC 2018 年的化学致癌物分类标准，苯被列为 1 类致癌物（对人类为确定致癌物）。查询美国 EPA 的 IRIS，苯的致癌风险毒理学系数 IUR 为 2.2×10^{-6}（$\mu g/m^3$）$^{-1}$。而 IARC 在 1999 年将甲苯、二甲苯列为 3 类致癌物（对人的致癌性尚无法分类）。

综合职业人群流行病学研究及动物实验证据可见，苯具有明确的致癌效应，可引起各种类型的白血病，以急性髓系白血病为主，但现有证据不能表明苯暴露与非霍奇金淋巴瘤、急性淋巴细胞白血病等存在确切的因果关系。目前尚无充分人群流行病学证据表明甲苯和二甲苯具有致癌性。

（2）非致癌风险：综合现有的职业人群流行病学研究证据及动物实验证据发现，苯慢性吸入暴露可能对呼吸系统、心血管系统、神经系统、生殖系统、淋巴造血系统等产生慢性非致癌效应，且以淋巴造血系统最为明显。高浓度苯暴露可导致头晕、头痛、恶心，甚至嗜睡、昏迷、心律失常、呼吸和循环衰竭等急性效应，但低浓度苯暴露所导致的急性健康效应还不明确。

人群流行病学证据表明，甲苯和二甲苯的急性暴露和慢性暴露均对神经系统有一定损伤，可导致头痛、头晕等神经系统不良反应，而二甲苯急性暴露和慢性暴露还会对呼吸系统产生轻度的局部刺激作用。

5.2.5 我国相关健康风险现状

1. 危害识别

不良健康效应包括致癌效应和非致癌效应。按照暴露周期的不同，非致癌效应可以分为急性非致癌效应（≤14 天）、亚慢性非致癌效应（15～364 天）、慢性非致癌效应（≥365 天）。苯具有明确的致癌效应，且慢性吸入途径可能对人体呼吸系统、心血管系统、神经系统、生殖系统、淋巴造血系统等产生慢性非致癌效应，均以淋巴造血系统最为明显，而动物实验也表明苯具有一定的急性效应和亚慢性非致癌效应。甲苯和二甲苯作为 3 类致癌物，均无明确的致癌效应。甲苯和二甲苯在急性暴露和慢性暴露下均对神经系统有一定损伤，但关于甲苯和二甲苯暴露的亚慢性危害的人群流行病学证据不足。

2. 剂量–反应关系评估

室内空气中苯、甲苯、二甲苯的人群暴露途径以吸入为主。苯、甲苯、二甲苯吸入途径毒理学参数如表 5-6 所示。其中，关于苯、甲苯、二甲苯的慢性非致癌效应，美国 EPA 与美国 ATSDR 提出的毒理学参数有差异，其原因是美国 ATSDR 于 2020 年 3 月更新了参数。相比美国 EPA 于 2003 和 2005 年更新的参数，美国 ATSDR 引用了最新可用的研究证据进行推算，且以人群研究为主。因此，当毒理学参数不一致，导致风险评估结果有差异时，以美国 ATSDR 提供的毒理学参数为主。

表 5-6　苯、甲苯、二甲苯吸入途径毒理学参数

健康效应	毒理学系数（吸入）	参数及依据			来源
		苯	甲苯	二甲苯	
急性效应（≤14 天）	MRL	2.875×10^{-2}mg/m^3（0.009ppm）；动物实验	7.537mg/m^3（2ppm）；人群研究	8.685mg/m^3（2ppm）；人群研究	ATSDR
亚慢性非致癌效应（15～364 天）	MRL	1.917×10^{-2}mg/m^3（0.006ppm）；动物实验	—	2.605mg /m^3（0.6ppm）；动物实验	ATSDR
慢性非致癌效应(≥365 天）	MRL	9.580×10^{-3}mg/m^3（0.003ppm）；人群研究	3.769mg/m^3（1ppm）；人群研究	0.217mg/m^3（0.05ppm）；人群研究	ATSDR
	RfC	0.03mg/m^3；人群研究	5mg/m^3；人群研究	0.1mg/m^3；动物实验	IRIS
致癌效应	IUR	2.2×10^{-6}（μg/m^3）$^{-1}$；人群研究	—	—	IRIS

注：RfC. 参考浓度，指人群（包括敏感亚人群）终生暴露于某种大气污染物，预期发生非致癌或非致突变有害效应的风险低至不能检出的浓度，来源于美国环保局 IRIS。MRL. 最小风险剂量，来源于美国 ATSDR，等同于 RfC。IUR. 吸入单位风险，指在整个生命周期中持续不断地经呼吸道暴露于某一特定浓度大气致癌物所增加的癌症发生风险，来源于美国环保局 IRIS。

3. 暴露评估

如上文所述，由于苯、甲苯、二甲苯主要通过呼吸道进入人体，其室内吸入途径非致癌风险和致癌风险的暴露量计算公式如下：

$$ADD_{inh}=（C\times EF\times ED\times ET）/AT$$

$$LADD_{inh}=（C\times EF\times ED\times ET）/LT$$

式中：ADD_{inh} 为吸入途径非致癌日均暴露量（mg/m^3）；$LADD_{inh}$ 为吸入途径致癌终生日均暴露量（mg/m^3）；C 为污染物浓度（mg/m^3），我国室内空气中苯、甲苯、二甲苯浓度范围分别为 0.001～8.65mg/m^3、0.003～5.2mg/m^3 和 0.001～6.35mg/m^3；EF 为暴露频率（d/a），为 365d/a；ED 为暴露周期，选取急性非致癌效应 1 天、亚慢性非致癌效应 30 天、慢性非致癌效应 10 年、致癌效应 70 年；ET 为暴露时间（h/d），参考《中国人群暴露参数手册》为 20h/d；AT 为平均暴露时间，取 ED×365d/a；LT 为终生时间（d），致癌效应的终生时间取 70a×365d/a。

4. 风险特征

风险特征的计算公式如下：

$$HQ=ADD_{inh}/RfC$$

$$Risk=LADD_{inh}\times IUR\times 1000$$

式中：HQ 为危害商，若 HQ＞1，表明暴露剂量超过阈值有可能产生毒性，HQ 数值越大，风险越大；若 HQ≤1，表示暴露剂量低于会产生不良反应的阈值，

预期将不会造成明显损害。RfC 为慢性非致癌效应吸入途径参考浓度（mg/m^3）。Risk 为致癌效应的风险，若 Risk＜10^{-6}，则认为引起癌症的风险较低，若 Risk 在 10^{-4}～10^{-6}，则认为有可能引起癌症；若 Risk＞10^{-4}，则认为引起癌症的风险较高。IUR 为吸入单位风险[（$\mu g/m^3$）$^{-1}$]。

苯、甲苯、二甲苯吸入途径毒理学参数见表 5-7。

根据表 5-7 所述的我国苯、甲苯和二甲苯浓度水平，经计算得出苯、甲苯和二甲苯的最高浓度和最低浓度对应的非致癌效应风险水平和致癌效应风险水平（表 5-7）。结果表明，我国室内空气中存在高浓度苯污染，其引起的致癌风险和非致癌风险均超出阈值水平；存在高浓度甲苯污染，其慢性暴露引起的非致癌风险超出阈值水平；存在高浓度二甲苯污染，其亚慢性和慢性暴露引起的非致癌风险超出阈值水平。

表 5-7　我国苯、甲苯、二甲苯暴露的健康风险

健康效应	污染物	暴露浓度（mg/m^3）	暴露周期	HQ/Risk	风险判定
非致癌效应	苯	0.001	急性	2.90×10^{-2}	发生风险的可能性较低
			亚慢性	4.35×10^{-2}	发生风险的可能性较低
			慢性	2.78×10^{-2}（依据美国 EPA）	发生风险的可能性较低
				8.70×10^{-2}（依据美国 ATSDR）	
		8.65	急性	250.72	发生风险的可能性很高
			亚慢性	376.02	发生风险的可能性很高
			慢性	240.28（依据美国 EPA）	发生风险的可能性很高
				752.44（依据美国 ATSDR）	
	甲苯	0.003	急性	3.32×10^{-4}	发生风险的可能性较低
			亚慢性	—	—
			慢性	5.00×10^{-4}（依据美国 EPA）	发生风险的可能性较低
				6.63×10^{-4}（依据美国 ATSDR）	
		5.2	急性	0.57	发生风险的可能性较低
			亚慢性	—	—
			慢性	0.87（依据美国 EPA）	根据美国 ATSDR 最新剂量-反应关系，发生风险的可能性较高
				1.15（依据美国 ATSDR）	
非致癌效应	二甲苯	0.001	急性	9.60×10^{-5}	发生风险的可能性较低
			亚慢性	3.20×10^{-4}	发生风险的可能性较低
			慢性	8.33×10^{-3}（依据美国 EPA）	发生风险的可能性较低
				3.84×10^{-3}（依据美国 ATSDR）	
		6.35	急性	0.61	发生风险的可能性较低

续表

健康效应	污染物	暴露浓度（mg/m³）	暴露周期	HQ/Risk	风险判定
非致癌效应			亚慢性	2.03	发生风险的可能性较高
			慢性	52.92（依据美国 EPA）	发生风险的可能性很高
				24.38（依据美国 ATSDR）	
致癌性	苯	0.001	终生	1.83×10^{-6}	有可能引起癌症
		8.65		1.59×10^{-2}	引起癌症的风险性较高

多种因素可能造成风险评估结果的不确定性。例如，评估时主要考虑吸入暴露途径，且环境条件、通风换气率，以及人群年龄、体重、暴露周期、代谢水平等因素均可能影响人体对苯、甲苯、二甲苯的摄入量。

5.2.6　国内外空气质量标准或指南情况

1. 我国空气质量标准

GB/T 18883—2002 中苯的 1h 均值为 0.11mg/m³，甲苯的 1h 均值为 0.20mg/m³，二甲苯的 1h 均值为 0.20mg/m³，此标准适用于住宅和办公建筑物，其他室内环境参考其执行。

GB 37488—2019 中公共场所室内空气苯的标准均值为 0.11mg/m³，甲苯的标准均值为 0.20mg/m³，二甲苯的标准均值为 0.20mg/m³。

GB 50325—2020 对不同类别的民用建筑苯标准均值也做了不同要求，其中住宅等Ⅰ类民用建筑工程和办公楼等Ⅱ类民用建筑工程的标准均值分别为 0.06mg/m³ 和 0.09mg/m³。

香港《办公室及公众场所室内空气质素管理指引》（2019 年）指出室内空气素质指标良好级指标中苯为 0.017mg/m³，不再把甲苯、二甲苯作为单独指标列出。在 2003 年版中，甲苯限值为 1.092mg/m³，邻二甲苯、间二甲苯和对二甲苯无限值要求，但二甲苯异构体混合物限值为 1.447mg/m³。

2. 世界卫生组织标准

WHO 报告苯可以使人致癌，尤其是导致白血病的高发，极其微小的浓度就会产生危害，没有任何暴露安全水平可以推荐，也就是说在安全的环境中不应该有苯存在，并提出当空气中苯浓度为 17μg/m³、1.7μg/m³ 和 0.17μg/m³ 时，人类患白血病的风险分别为 10^{-4}、10^{-5} 和 10^{-6}。室内甲苯的质量标准为周平均浓度 0.26mg/m³，30min 平均浓度 1mg/m³。室内二甲苯的质量标准为 24h 平均浓度 4.8mg/m³（表 5-8）。

表 5-8　部分国际组织、国家和地区规定的苯、甲苯和二甲苯环境空气质量标准

国际组织/国家/地区	标准或指南	限值规定[①]		
		苯	甲苯	二甲苯
中国内地	公共场所卫生指标及限值要求	0.11 mg/m³	0.20mg/m³	0.20mg/m³
	民用建筑工程室内环境污染控制规范	Ⅰ类：0.06 mg/m³；Ⅱ类：0.09 mg/m³	—	—
中国香港	办公室及公众场所室内空气质素管理指引（2019 年）	8h 均值：0.017mg/m³	2003 年版：1.092mg/m³；2019 年版不再把甲苯作为单独指标列出	2003 年版：二甲苯异构体混合物：1.447mg/m³；2019 年版不再把二甲苯作为单独指标列出
世界卫生组织	室内空气质量准则	苯可以使人致癌，尤其是导致白血病高发，极其微小的浓度就会产生危害，没有任何暴露安全水平可以推荐，也就是说在安全的环境中不应该存在苯，并提出当浓度为 17μg/m³、1.7μg/m³ 和 0.17μg/m³ 时，人类患白血病风险分别为 10^{-4}、10^{-5} 和 10^{-6}	周平均浓度：0.26mg/m³ 30min 平均浓度：1mg/m³	24h 平均浓度：4.8mg/m³
美国	加利福尼亚环境保护局推荐室内暴露水平限值	急性接触限值：0.027mg/m³ 8h 接触限值和慢性接触限值：0.003mg/m³	急性接触限值：37mg/m³ 慢性接触限值：0.3mg/m³	急性接触限值：22mg/m³ 慢性接触限值：0.7mg/m³
法国	法国食品、环境和职业健康与安全局规定室内空气接触限值	短期（1～14 天）接触限值：0.03mg/m³ 中期（14 天至 1 年）接触限值：0.02mg/m³ 长期（>1 年）接触限值为 0.01mg/m³	短期和长期接触限值：20mg/m³	—
日本	日本卫生劳动福利部提出的室内浓度标准	—	0.26mg/m³	二甲苯异构体混合物：0.87mg/m³

注：①未提及取值时间的表示取值时间未特指。

3. 其他国家和地区标准

（1）美国：美国加利福尼亚环境保护局（California Environmental Protection Agency，CALEPA）推荐室内暴露水平限值如下。苯的急性接触限值（对于不频繁的 1h 暴露）为 0.027mg/m^3，8h 接触限值和慢性接触限值均为 0.003mg/m^3；甲苯的急性接触限值为 37mg/m^3，慢性接触限值为 0.3mg/m^3；二甲苯的急性接触限值为 22mg/m^3，慢性接触限值为 0.7mg/m^3（表 5-8）。

（2）法国：法国食品、环境和职业健康与安全局（French Agency for Food, Environmental and Occupational Health & Safety，ANSES）规定，室内空气苯短期（1～14 天）和中期（14 天至 1 年）接触限值分别为 0.03mg/m^3 和 0.02mg/m^3，长期(>1 年)接触限值为 0.01mg/m^3，甲苯短期和长期接触限值为 20mg/m^3(表 5-12)，未提出二甲苯的浓度标准。

（3）日本：日本卫生劳动福利部提出的室内浓度标准为甲苯 0.26mg/m^3，邻二甲苯、间二甲苯和对二甲苯无限值要求，但二甲苯异构体混合物限值为 0.87mg/m^3（表 5-12），未提出苯的浓度标准。

5.2.7　标准限值建议及依据

综合考虑我国暴露现状、风险评估结果（表 5-9），以及国内外标准水平，提出室内空气中苯、甲苯和二甲苯的标准限值建议及依据。

1. 苯的标准限值建议及依据

建议将室内空气中苯的标准限值由原 1h 均值 0.11mg/m^3 修订为 0.027mg/m^3。修订依据如下。

风险评估结果显示 GB/T18883—2002 中苯的标准限值（0.11mg/m^3）发生致癌风险和非致癌风险的可能性均较高（致癌风险＞10^{-4}，各阶段非致癌效应的 HQ 均＞1）。鉴于苯是 IARC 确定的 1 类致癌物，需关注其致癌风险。根据美国 EPA 推荐的人群可接受致癌风险水平（Risk＜10^{-6}）反推，显示苯的安全基准值＜0.001mg/m^3。尽管在阈值推导过程中存在不确定性，如其他暴露途径、环境条件、通风换气率，以及人群年龄、体重、暴露周期、代谢水平等因素，但从文献检索结果来看，我国现阶段室内空气中苯浓度远超出上述推导的安全基准值。

美国 CALEPA 根据动物毒理学实验结果确定苯的急性接触限值（对于不频繁的 1h 暴露）为 0.027mg/m^3，该浓度限值急性暴露的人群非致癌健康风险较低（HQ＜1）。因此，在综合考虑健康安全性、经济可行性及检测技术等各方面因素

表5-9　苯、甲苯及二甲苯各浓度限值的非致癌和致癌风险评估

污染物	浓度限值（mg/m^3）	健康效应	暴露周期	HQ/Risk[①]	风险判定
苯	0.11[②]	非致癌效应	急性	3.19	发生风险的可能性较高
			亚慢性	4.78	发生风险的可能性较高
			慢性	3.06（依据美国 EPA）	发生风险的可能性较高
				9.57（依据美国 ATSDR）	
		致癌效应	终生	2.02×10^{-4}	引起癌症的风险较高
	0.027[③]	非致癌效应	急性	0.78	发生风险的可能性较低
			亚慢性	1.17	发生风险的可能性较高
			慢性	0.75（依据美国 EPA）	根据 ATSDR 最新剂量-反应关系，发生风险的可能性较高
				2.35（依据美国 ATSDR）	
		致癌效应	终生	4.95×10^{-5}	有可能引起癌症
	0.00045[④]	非致癌效应	急性	1.32×10^{-2}	发生风险的可能性较低
			亚慢性	1.98×10^{-2}	发生风险的可能性较低
			慢性	1.26×10^{-2}（依据美国 EPA）	发生风险的可能性较低
				3.95×10^{-2}（依据美国 ATSDR）	
		致癌效应	终生	8.25×10^{-7}	引起癌症的风险较低
甲苯	0.20[⑤]	非致癌效应	急性	2.21×10^{-2}	发生风险的可能性较低
			亚慢性	—	—
			慢性	3.33×10^{-2}（依据美国 EPA）	发生风险的可能性较低
				4.42×10^{-2}（依据美国 ATSDR）	
二甲苯	0.20[⑥]	非致癌效应	急性	1.92×10^{-2}	发生风险的可能性较低
			亚慢性	6.40×10^{-2}	发生风险的可能性较低
			慢性	1.67（依据美国 EPA）	根据 ATSDR 最新剂量-反应关系，发生风险的可能性较低
				7.68×10^{-1}（依据美国 ATSDR）	

注：①根据 EPA 四步法计算；暴露 20h/d（《中国人群暴露参数手册》，室内停留时间）。②GB/T 18883—2002 中苯的 1h 标准均值。③美国 CALEPA 推荐的室内苯暴露水平急性接触限值。④根据苯致癌效应风险为低风险级别（Risk＜10^{-6}）反推的安全基准值。⑤GB/T 18883—2002 中甲苯的 1h 标准均值。⑥GB/T 18883—2002 中二甲苯的 1h 标准均值。

后，结合本标准的应用特点，本次修订拟引用该标准限值，将苯的1h均值标准调整为 0.03mg/m³。但是，苯暴露无安全阈值，且该标准限值下的人群亚慢性和慢性非致癌风险仍较高（HQ＞1），长期暴露也具有一定致癌风险（Risk＞10^{-6}），提示该标准限值不是一个绝对的安全水平，未来还需要在我国逐步改善环境空气质量的过程中分阶段收紧苯的浓度限值。

2. 甲苯的标准限值建议及依据

建议继续保留室内空气中甲苯1h浓度限值0.20mg/m³作为室内空气质量标准中甲苯的限值。依据如下。

甲苯被IARC列为3类致癌物，因此主要关注其非致癌效应。鉴于目前已有人群流行病学证据表明甲苯在较低浓度下有急性效应，建议保留1h平均浓度限值。GB/T 18883—2002中甲苯的1h标准均值为0.20mg/m³，风险评估结果显示该浓度致癌健康风险和非致癌健康风险较低。从文献检索结果来看，现有装修条件在一定时间内基本可以达到该限值要求，且与WHO及多个发达国家和地区的标准相比，我国标准限值均较宽松，故建议继续保留。

3. 二甲苯的标准限值建议及依据

建议继续保留原室内空气中二甲苯1h浓度限值0.20mg/m³作为室内空气质量标准中二甲苯的限值。依据如下。

二甲苯被IARC列为3类致癌物，因此主要关注其非致癌效应。鉴于目前已有人群流行病学证据表明二甲苯在较低浓度下有急性效应，建议保留1h平均浓度限值。GB/T 18883—2002中二甲苯的1h标准均值为0.20mg/m³。风险评估结果显示该浓度致癌健康风险和非致癌健康风险均较低。从文献检索结果来看，现有装修条件在一定时间内基本可以达到该限值要求，且与WHO及多个发达国家和地区的标准相比，我国标准限值均较宽松，故建议继续保留。

5.3 总挥发性有机化合物

5.3.1 基本信息

1. 基本情况

中文名称：总挥发性有机化合物；英文名称：total volatile organic compounds（TVOC）；为熔点低于室温而沸点在50～260℃的挥发性有机化合物的总称。组成极其复杂，目前已鉴定出300多种，主要成分除醛类外，常见的还有苯、甲苯、二甲苯、三氯乙烯、三氯甲烷、萘、二异氰酸酯类、卤代烃、氧烃、氮烃等。由于室内挥发性有机化合物污染存在来源广泛、种类多样、组成复杂、单个组分浓度较低等特点，常用总挥发性有机化合物（TVOC）表示室内空气中挥发性有机化合物总的质量浓度值。

2. 理化性质

在常压下，蒸气压在 13.3Pa 以上，沸点在 50～260℃，常温下以蒸气的形式存在于空气中。挥发性有机化合物按其化学结构，可以进一步分为烷类、芳烃类、烯类、卤烃类、酯类、醛类和酮类等，不仅种类繁多，而且化学结构、理化性质和对人体的毒性也都不相同，但它们却有一些共同的性质：①常温下，大部分为无色液体，具有刺激性或特殊气味，相对蒸气密度比空气重；②均含有 C 元素，还含有 H、O、N、P、S 及卤素等非金属元素；③大部分不溶于水或难溶于水，易溶于有机溶剂；④熔点低，易分解，易挥发，均能参与大气光化学反应，在阳光和热的作用下参与氧化氮反应形成臭氧，是夏季光化学烟雾、城市灰霾的主要成分之一；⑤种类达数百万种，有些挥发性有机物易燃，当排放浓度较高时，如果遇到静电火花或其他火源容易引起火灾及爆炸；⑥部分挥发性有机物有毒甚至剧毒，超过一定浓度时，对眼睛、皮肤和呼吸系统具有刺激性，可出现恶心、头痛、抽搐、昏迷、皮肤过敏等症状，还可导致肾、肝、神经系统、消化系统及造血系统病变，具有致癌、致畸和致突变作用。

5.3.2 室内总挥发性有机化合物的主要来源和人群暴露途径

1. 主要来源

挥发性有机化合物中除醛类外，常见的还有苯、甲苯、对（间）二甲苯、邻二甲苯、乙苯、乙酸正丁酯、苯乙烯、正十一烷等。室内挥发性有机化合物的主要来源有：①有机溶液，如油漆、含水涂料、黏合剂、化妆品、洗涤剂、捻缝胶等；②建筑材料，如人造板、泡沫隔热材料、塑料板材等；③室内装饰材料，如壁纸、其他装饰品等；④纤维材料，如地毯、挂毯和化纤窗帘；⑤办公用品，如油墨、复印机、打印机等；⑥设计和使用不当的通风系统等；⑦家用燃料和烟叶的不完全燃烧；⑧人体排泄物；⑨来自室外的工业废气、汽车尾气、光化学烟雾等。

据报道，室内 TVOC 浓度通常在 0.2～2mg/m^3，而不规范装修施工时，室内 TVOC 浓度甚至可高出数十倍。挥发性有机化合物具有强挥发性，例如，一般情况下，油漆在施工后 10h 内可挥发 90%。Bremer 等研究发现从聚氯乙烯（PVC）地板中可释放出约 150 种挥发性有机化合物，其中以脂肪烃和芳香烃为主；Krause 等在德国调查了 500 户家庭室内挥发性有机化合物的污染情况，共测定了 57 种化合物的浓度，发现它们在不同家庭的变化范围很大，最低值和最高值可能相差 3 个数量级。就单个化合物而言，除甲苯外，所有化合物的算术均值都低于 25μg/m^3，大多数化合物低于 10μg/m^3，已鉴定出的挥发性有机化合物浓度约为 0.4mg/m^3。英国材料、建筑物研究所测定 100 户住宅在 28 天中室内 TVOC 的浓度，结果证实室内 TVOC 浓度（均值 121.8μg/m^3）约为室外的 2.4 倍。

2. 人群暴露途径

人体对空气中挥发性有机化合物的暴露途径主要有皮肤接触（接触含有和释放挥发性有机化合物的产品）、呼吸（汽车尾气、燃料排放、含有挥发性有机化合物的产品和工艺，以及吸烟和二手烟雾）等。

5.3.3　我国室内空气中总挥发性有机化合物污染水平及变化趋势

目前我国对室内 TVOC 的监测还不是很多。2011～2020 年针对我国十多个城市的研究表明，室内 TVOC 的平均浓度范围为 0.023～1.808mg/m^3（表 5-10），其中新装修建筑的浓度较高。我国室内空气 TVOC 污染总体上有加重的趋势。从现有文献来看，我国室内 TVOC 浓度除城镇明显高于农村外，其分布未见明显的时间、空间、地域差异。

表 5-10　我国多个城市室内 TVOC 的平均浓度水平

城市	建筑或房间类型	样本量（个）	浓度（mg/m^3）	文献来源
北京	居民住宅	154	0.45	郑和辉等，2011
	居民住宅	203	0.332	Su et al，2013
	居民住宅	48	0.292	方建龙等，2014
武汉	居民住宅	78	0.023	方建龙等，2014
广州	装修办公楼（30 天）	185	1.445	江思力等，2012
	装修办公楼（1 年）	203	0.293	
大连	新装修住宅	91	1.206	马少俊等，2015
上海	新装修住宅	52	1.808	Dai et al，2017
	住宅（5 个月）	—	0.47	沈嗣卿等，2017
苏州	居民住宅	176	0.277～0.374	冯小康等，2017
天津	装修住宅	99	0.60	李赵相等，2017
	学校、少年宫	100	0.141～0.309	刘亚萍等，2019
深圳	住宅（卧室）	—	0.55	贺小凤等，2019
	住宅（儿童房）	—	1.38	
兰州	绿色居住建筑	75	0.061～0.106	田恬等，2019
	绿色建筑	98	0.13	任文理等，2019

续表

城市	建筑或房间类型	样本量（个）	浓度（mg/m^3）	文献来源
湘潭	住宅、办公室	74	0.176～0.376	欧阳辉等，2020
哈尔滨	住宅、公共场所	308	0.411	Zhang et al，2020
石家庄	商用	34	0.11	刘燕等，2018
	办公	55	0.082	
	住宅	52	0.192	
中山	住宅	35	0.082	郭艳等，2016

5.3.4 健康影响

1. 吸收、分布、代谢与排泄

卤烃和其他挥发性有机化合物可通过完整的人体皮肤在有限的程度上被吸收。渗透的主要障碍是角质层，即皮肤的最外层。角质层由角化上皮细胞组成，与活细胞膜相比，它对卤代烃具有更强的屏障作用。啮齿动物较人体皮肤能更广泛地经皮吸收挥发性有机化合物，Poet 等报道人类吸收 1, 1, 1-三氯乙烷的真皮渗透常数是大鼠的 1/40。卤烃和其他大多数挥发性有机化合物可迅速且广泛地经呼吸吸收。例如，三氯乙烯（TCE）和苯乙烯（PCE）在吸入暴露开始后 1min 内可出现在大鼠的动脉血中。大多数挥发性有机化合物的全身吸收发生在肺泡中。目前已经用人和大鼠的血液在体外测量了大量挥发性有机化合物的血–气分配系数。呼吸道或肺泡通气率及心排血量与肺灌注率的比值是肺吸收挥发性有机化合物的另外两个重要决定因素。挥发性有机化合物从高浓度区域扩散到低浓度区域，因此呼吸速率和肺血流速率增加，系统性吸收增强。大鼠的 TCE 血–气分配系数是人的 2.7 倍，大鼠和小鼠的静息肺泡通气率分别比人高 11 倍和 23 倍，大鼠和小鼠的心排血量分别是人的 6 倍和 10 倍。因此，对于 TCE 和其他挥发性有机化合物的等效吸入暴露，啮齿动物的内剂量明显高于人。

挥发性有机化合物通过动脉血输送到全身组织。亲脂性化合物与血浆蛋白或血红蛋白结合不明显，但可分配到其疏水区域，并分泌到血液中的磷脂、脂蛋白与胆固醇中。组织的初始摄取主要取决于其血流速率和组织–血液分配系数。大脑是具有高灌注率和高脂质含量的器官，因此具有高的脑–血分配系数。亲脂性挥发性有机化合物迅速积聚在大脑中，并且可以在开始足够高的外部暴露时迅速抑制大脑功能。TCE 和 PCE 被吸收后可以抑制人体的心理生理功能及中枢神经系统，之后会分布到具有更高组织–血液分配系数、低灌注且富含脂质的组织（如骨髓、皮肤和脂肪）。脂肪组织会逐渐积累大量的挥发性有机化合物，并因其高组织–血液分配系数和低血液灌注率而缓慢释放回血液，延缓其他组织对化学物质的暴露。

大多数挥发性有机化合物的代谢发生在肝内，特定的肝和肝外酶将挥发性有机化合物转化为相对水溶性的代谢物，这些代谢物在含水丰富的尿液和胆汁中更容易被清除。挥发性有机化合物活化和失活的相对程度在物种之间及个体之间发生了较大变化，挥发性有机化合物的代谢活化按降序排列如下：小鼠＞大鼠＞人类。小鼠可表达极低浓度的环氧化物水解酶，该酶可催化 TCE 和 PCE 的高反应性环氧化物代谢物的水解。挥发性有机化合物的代谢物可通过粪便或尿液排出体外。

2. 健康影响

由于室内空气中挥发性有机化合物的种类繁多，各化合物之间的协同作用关系复杂，而各国、各地及不同时间、地点所测得的挥发性有机化合物的种类也不同，因此给总挥发性有机化合物的健康效应研究带来了一系列困难。丹麦学者 Lars Molhave 等根据控制暴露人体实验结果和各国的流行病研究资料，暂定了 TVOC 暴露与健康效应的剂量–反应关系（表 5-11）。

表 5-11　TVOC 暴露与健康效应的剂量–反应关系

浓度范围（mg/m^3）	健康效应
＜0.2	无刺激、无不适
0.2～3	与其他因素联合作用时可能出现刺激和不适
3～25	刺激和不适，与其他因素联合作用时可能有头痛
＞25	除头痛外，可能出现其他神经毒性作用

TVOC 的毒性主要表现为可能引起机体免疫水平失调，影响中枢神经系统功能，出现头晕、头痛、嗜睡、乏力、胸闷等症状；还会影响消化系统，出现食欲缺乏、恶心等；严重时可损伤肝和造血系统，出现变态反应。挥发性有机物是造成不良建筑物综合征（sick-building syndrome，SBS）的主要原因之一。SBS 的主要症状表现为眼、鼻、咽、喉部有刺激感，以及头痛、易疲劳、呼吸困难、皮肤刺激、嗜睡、哮喘等非特异症状。更严重的是，目前经过专家研究论证确认室内挥发性有机化合物中有 20 多种为致癌物或致突变物质。TVOC 的人群流行病学研究结果见表 5-12。

表 5-12　TVOC 的人群流行病学研究结果

研究对象	暴露水平	研究结果	参考文献
健康人群	乙醛：$360mg/m^3$ 15min；$243mg/m^3$ 30min	分别可引起眼充血和眼睑红肿、轻微的呼吸道症状等	方家龙等，1996
新建医院员工	$0.86mg/m^3$	高 TVOC（＞$1200\mu g/m^3$）与不良建筑物综合征有关	Takigawa et al，2004

续表

研究对象	暴露水平	研究结果	参考文献
住宅居民	—	TVOC 浓度与不良建筑物综合征发生风险有关	Wang et al，2008
楼房居民	脂肪族碳氢化合物 2004 年：7.9μg/m³； 2005 年：17.3μg/m³	室内空气脂肪族碳氢化合物浓度升高与不良建筑物综合征发生风险有关	Takigawa et al，2012
办公室职员	1190ppb	TVOC 每增加 100ppb，与上呼吸道症状（OR：1.06，95%CI：1.04～1.07）、咽干（OR：1.06，95%CI：1.03～1.09）和易怒（OR：1.02，95%CI：1.01～1.04）有关	Lu et al，2015
公寓居民和日托工人	0.778mg/m³	长期四氯化碳环境暴露对个体的神经行为功能产生不良影响	Schreiber et al，2002
微电子工作者	多组分	暴露于二甲苯、三氯乙烯等可使工人出现与这些有机溶剂相关的慢性中毒性脑病	Bowler et al，1991
油漆和清漆生产工人	多组分	出现头痛、眩晕、注意力集中困难、睡眠障碍和情绪不稳伴轻度焦虑	Indulski et al，1996
癌症患者	—	VOC 与某些系统的肿瘤（包括神经系统肿瘤、内分泌系统肿瘤、脑肿瘤、皮肤癌）发生有关	Boeglin et al，2006
各种类型室内人员	1.41～5.75μg/m³	不同环境中接触挥发性有机化合物的人群患癌症的风险均高于正常人群	Guo et al，2004
新生儿	0.3～18.3μg/m³	暴露于能释放挥发性有机化合物的装饰、装潢材料对新生儿的免疫系统有影响	Lehmann et al，2002
哮喘婴儿或幼儿	病例：TVOC 78.5μg/m³，甲苯 11.9μg/m³，苯 24.8μg/m³； 对照：TVOC 36.2μg/m³，甲苯 6.2μg/m³，苯 11.8μg/m³	室内空气中甲苯和苯的浓度每升高 10 个单位，哮喘的发病风险就增加 2 倍或 3 倍	Rumchev et al，2004
成年人	多组分	成年人居家环境中 TVOC 不同组分的联合作用与哮喘的发生风险明显相关	Billionnet et al，2011
鞋厂工人	多组分	工人外周淋巴细胞出现微核的频率较对照组高	Pitarque et al，2002

（1）致癌风险：在挥发性有机化合物中，苯已经被确定为 1 类致癌物，同时苯也是室内空气中的典型污染物代表，因此苯暴露导致人体恶性肿瘤的相关研究已引起社会的高度关注。Boeglin 等对印度 92 个县的癌症患病率进行了流行病学调查，分析了挥发性有机化合物与癌症发病率之间的关系，认为挥发性有机化

合物与某些肿瘤（如神经系统肿瘤、内分泌系统肿瘤、脑肿瘤、皮肤癌）有关。Guo 等在香港的调查也发现，在不同环境中接触挥发性有机化合物的人群患癌症的风险均高于对照人群。然而，以往的研究只关注 TVOC 中与人体健康有关的重要污染物，而 TVOC 作为一个整体的致癌风险尚未见报道。较早开展的一项关于乙醛致癌性的动物实验研究表明，在不同浓度的染毒组中，乙醛均可诱发大鼠鼻咽癌，并伴有鼻上皮细胞变性增生。1, 3-丁二烯可诱发多部位肿瘤，增加心脏血管肉瘤、恶性淋巴瘤的发生风险，同时引起腹膜腔、皮下组织、肝血管肉瘤，胃的鳞状上皮细胞癌变，雌鼠乳腺的腺细胞和粒层细胞癌变，卵巢粒层细胞瘤，并在雌鼠体内发现神经胶质瘤、肝细胞腺瘤；雌鼠和雄鼠 Zymbal 腺癌、雌鼠的肾小管腺瘤和皮下组织肉瘤也和 1, 3-丁二烯的染毒有关。

（2）非致癌风险

1）呼吸系统毒性：挥发性有机化合物可引起呼吸道黏膜刺激和灼伤，急性情况下可引起咽干、咽痛、声音嘶哑、咳嗽、咳痰和胸闷等症状。如人体接触 243mg/m^3 的乙醛蒸气 30min 会发生轻微的上呼吸道症状；吸入高浓度的乙醛会引起窒息，甚至呼吸肌麻痹而死亡。2004 年日本的一项研究表明，新建医院中高浓度（$>$1200μg/m^3）TVOC 与医院工作人员的不良建筑物综合征发生风险具有明显相关性。室内居住环境中 TVOC 浓度或室内空气中脂肪族碳氢化合物浓度升高均可导致居民不良建筑物综合征患病率升高。2015 年中国台湾的一项研究也表明，办公室室内空气 TVOC 每增加 100ppb，上呼吸道症状和咽干的发生率也明显增加。

2）神经系统毒性：经典化学性突触传递与接头传递均易受环境因素影响，因此神经系统对外界环境变化特别敏感，当受到挥发性有机化合物侵袭时，神经功能很容易发生改变。张焕珠等研究室内挥发性有机化合物对小鼠神经行为的影响时发现各染毒组小鼠活动减少、行动迟缓。有研究者通过测量人群的视觉相对敏感度发现，长期接触环境中的四氯化碳会对健康个体的神经行为功能产生不良影响。Bowler 等认为暴露于有机溶剂气体（二甲苯、三氯乙烯等）可使工人出现慢性中毒性脑病，并很可能与痴呆的早期阶段有关。暴露于挥发性有机化合物，如甲苯、乙苯、二甲苯、丙基苯、脂肪烃、三甲基色氨酸苯和油漆工用的石脑油等，可使男性出现头痛、眩晕、注意力集中困难、睡眠障碍和情绪不稳伴轻度焦虑等症状。

3）胚胎毒性与致畸毒性：挥发性有机化合物还可能具有胚胎毒性。据调查，在妊娠期间接触挥发性有机化合物的职业妇女，其胎儿畸形的发生率是非暴露组的 8～13 倍，胎儿流产率增加 25%，低出生体重儿的发生率是对照人群的 5 倍多。妇女在妊娠期间接触挥发性有机化合物有可能导致出生缺陷健康结局，如消化道狭窄、低出生体重、腭裂、先天性心脏病、中枢神经系统缺陷和神经管畸形等。

4）免疫系统毒性：新生儿暴露于卫生球和甲基环戊二烯二聚体与 IL-42 型 T

细胞升高的百分比呈正相关，暴露于四氯乙烯与 IFN-γ Ⅰ 型 T 细胞减少的百分比有关，可以认为暴露于能释放挥发性有机化合物的装饰、装潢材料可能对新生儿的免疫系统造成影响。室内空气 TVOC 暴露还与哮喘的发生有关。2004 年澳大利亚的一项研究表明，对于年龄为 6 个月至 3 岁的婴幼儿，室内空气中甲苯和苯的浓度每升高 10 个单位，哮喘的发病风险就增加 2 倍或 3 倍。2011 年法国的一项研究表明，成年人居家环境中挥发性有机化合物不同组分的联合作用与哮喘的发生风险显著相关。

5）遗传毒性：暴露于含有高浓度有机溶剂（主要有甲苯、汽油、丙酮及亚甲基联苯-二异氰酸盐等）空气的鞋厂工人外周血淋巴细胞微核率较对照组更高，且血红蛋白的平均水平较对照组低。苯和甲苯还能诱导雄性小鼠骨髓细胞微核率升高，且具有协同效应。

综上所述，国内外对空气中 TVOC 的单一组分（如苯系物等）的动物毒性研究较多，但关于 TVOC 的毒性实验难以实现，因此相关健康效应数据极为缺乏。

5.3.5 我国相关健康风险现状

由于环境空气中部分挥发性有机化合物具有特殊气味，并且表现出毒性、刺激性和致癌性，对人体健康造成较大的影响，因此生活及工作环境中挥发性有机化合物的浓度、来源及其对人体健康的影响成为国内外研究的焦点。挥发性有机化合物来源极为复杂，种类多样，而且多为有毒有害物质。准确检测低浓度的挥发性有机化合物一直是采样分析技术要攻克的难点。早期受分析仪器水平和人们认识的限制，能够监测到的挥发性有机化合物种类不多。随着采样分析技术的进步，能够检测到的挥发性有机化合物种类更多和浓度下限更低。随后开展了城市、交通干线、学校、企业和商店等室内外空气中挥发性有机化合物的污染状况、类型、浓度、来源、影响因素和人体接触挥发性有机化合物程度的较全面研究。近年来重点对空气中挥发性有机化合物与人体疾病之间的关系开展了研究，对不同暴露人群进行了健康风险评价。

挥发性有机化合物的健康风险评价普遍采用风险评价"四步法"，即危害鉴别（鉴定风险源的性质及强度），剂量-效应关系评价（暴露与暴露所导致的健康影响的因果关系），暴露评价（对人群或生态系统暴露于风险因子的方式、强度、频率及时间的评估及描述），风险表征（对有害事物发生概率的可靠程度进行估算和分析），将前三步联系起来综合评价某种污染物对人体的风险。

对于挥发性有机化合物的健康风险评价，国内外一般集中于对人体暴露量大、危害较严重的空气中主要污染物进行研究。我国目前对 TVOC 的健康风险评估主要集中于室外空气，对室内空气 TVOC 的健康风险评估较少，并且集中在对苯等主要污染物的风险评估。吴鹏章等对北京市区室内空气污染进行了健康风险评价，结果表明在非装修环境中，各年龄层次人群对除苯之外各种污染物的 HQ 均＜1，基本对人体不构成危害；在装修的环境中，苯的 HQ＞1，特别是对学龄前儿童危害更大。结果还表明，北京市区居民苯的致癌风险均超出安全范围（10^{-6}～10^{-4}）。最近，上海市对不同类型餐厅重要挥发性有机化合物的排放特性和健康风险进行了相关研究，结果表明不同类型餐厅释放挥发性有机化合物的浓度不同，火锅店浓度最高。另外火锅店中 1, 3-丁二烯、乙醛和三氯乙烯的非致癌风险和致癌风险均超过美国 EPA 标准，表明在火锅店长期暴露会对人体产生健康危害，并可能带来潜在的癌症风险。

人群流行病学研究和动物实验结果表明，挥发性有机化合物引起的主要健康效应包括呼吸系统症状、神经系统毒性、致癌性、胚胎毒性、免疫毒性及遗传毒性等。呼吸道吸入和皮肤接触是 TVOC 最主要的暴露途径。目前大多数流行病学研究都评估了人群的平均室内暴露水平，可以将其视为长期暴露水平，而对于急性暴露水平，尚未见人群或动物实验文献报道。我国的室内 TVOC 暴露水平研究表明，室内空气 TVOC 平均浓度范围在 0.023～1.808mg/m^3，其中新装修建筑的浓度较高，最高浓度已经超过我国室内空气质量标准规定的 8h 平均浓度限值（0.60mg/m^3）。综合国内外的研究，工业区、交通干道、室内装修和家具城等场所所含的挥发性有机化合物含量一般较高，对人体的健康风险经常超过人体可接受水平。可能增加室内暴露的重要因素包括有机溶液、建筑材料和室内装饰材料等。根据《中国人群暴露参数手册》中的时间–活动模式信息，我国成人每天的室内活动时间长达 20h，因此室内 TVOC 污染对健康的影响不容忽视。

流行病学研究提示，对于慢性或亚慢性暴露，在不同国家或城市的研究表明室内空气 TVOC 浓度增高与哮喘和不良建筑物综合征的发生明显相关，TVOC 的健康效应可能存在剂量–反应关系，但目前仍未发现明确的暴露–反应关系，也未获得明显的阈值效应。每日重复暴露于 TVOC 峰值浓度的剂量–反应关系也尚不清楚。尽管如此，国内外研究均提示，室内空气 TVOC 可能威胁到暴露人群的健康状态，应引起重视。

5.3.6 国内外空气质量标准或指南情况

1. 我国空气质量标准

GB 18883—2002 规定室内 TVOC 浓度限值（8h 均值）为 0.60mg/m^3，《民用建筑工程室内环境污染控制规范》（GB 50325—2010）规定 Ⅰ 类民用建筑（住宅、医院等）室内空气中 TVOC 的浓度限值为 0.50mg/m^3，Ⅱ类民用建筑室内空气中

TVOC 的浓度限值为 0.60mg/m^3。香港环保署设立 2 个级别的室内空气质量目标（IAQ），达到卓越室内环境（一级）的 TVOC 限值为 0.20mg/m^3，达到良好室内环境（二级）的 TVOC 限值为 0.60mg/m^3。

2. 世界卫生组织标准

目前 WHO 尚未制订关于室内空气中 TVOC 的标准。

3. 其他国家和地区标准

其他国家和地区现行的室内空气 TVOC 质量标准见表 5-13。马来西亚采用 3ppm 作为标准限值；澳大利亚采用 1h 均值 0.50mg/m^3 作为限值；北美地区对 TVOC 关注不多，不过加拿大公共工程部规定 0.20mg/m^3 为足够舒适环境的标准值，美国华盛顿州规定 0.50mg/m^3 为建筑标准限值，美国 EPA 规定 0.20mg/m^3 为允许浓度水平；英国规定 8h 平均限值为 0.30mg/m^3。

表 5-13 部分国家/地区室内空气 TVOC 浓度标准

国家/地区	TVOC	说明	来源
中国	0.60mg/m^3	8h 均值	AQSIQ，2002
	0.50mg/m^3、0.60mg/m^3	Ⅰ类、Ⅱ类*	GB 50325—2010
中国香港	0.20mg/m^3、0.60mg/m^3	一级、二级 8h 均值	HKEPD，2019
日本	0.40mg/m^3	0.5h 均值	MHLW，2004
马来西亚	3ppm	8h 均值	Tang and Al-Ajmi，2006
澳大利亚	0.50mg/m^3	1h 均值	TEC Green Office，1997
加拿大	0.20mg/m^3	足够舒适	Air Duct Cleaners，2013
美国华盛顿州	0.50mg/m^3	建筑标准限值	Air Duct Cleaners，2013
美国 EPA	0.20mg/m^3	允许浓度水平	ANSI/ASHRAE，2004
芬兰	0.20mg/m^3、0.30mg/m^3、0.60mg/m^3	一级、二级、三级	FiSIAQ，2001
	0.20mg/m^3、0.60mg/m^3	一级、二级 8h 均值	HKSAR，2003a
英国	0.30mg/m^3	8h 均值	Bluyssen，2010

* Ⅰ类民用建筑工程：住宅、医院、老年建筑、幼儿园、学校教室等；Ⅱ类民用建筑工程：办公楼、商店、旅馆、文化娱乐场所、书店、图书馆、展览馆、体育馆、公共交通等候室、餐厅、理发店等。

5.3.7 标准限值建议及依据

建议我国室内空气质量标准中 TVOC 的限值维持原来的限值 0.60mg/m^3（8h 均值）不变，依据如下。

（1）科学性：由于缺乏明确的剂量–反应关系和关键健康效应终点，虽然目前尚无法给出 TVOC 限值的精确推导依据，但从健康、舒适度、能源效率和可持续性的角度出发，建议将室内空气中的 TVOC 限值保持在可达合理最低水平（as low as reasonably achievevable，ALARA），根据 ALARA 原则，要求室内环境中 TVOC 浓度不得超过各类建筑中测得的代表性水平，这也是 2004 年日本室内空气质量 TVOC 限值制订的依据。根据我国 2011～2020 年多个城市室内 TVOC 的平均浓度水平数据，浓度范围在 0.023～1.808mg/m^3，按照建议限值 0.60mg/m^3，虽有部分超标，但超标的多为新装修建筑，并且随着时间的推移，装修建筑的 TVOC 浓度会逐渐达标，一般来说，居室装修程度越高，TVOC 达标所需的时间越长，但 1～2 年内超标率基本可降至 5%以下；TVOC 浓度初始监测到达标间隔时间在 38～89 天，多数在 70 天内，基本符合装修后 2 个月内不宜入住的通常概念。综上，本次借鉴国外提出的方法与相关标准，综合考虑我国室内 TVOC 污染水平，按照 ALARA 原则，将 TVOC 限值维持原来的 0.60mg/m^3 是科学的。

（2）与我国其他标准的协调性：GB/T 18883—2002 规定室内空气中 TVOC 的限值为 0.60mg/m^3（8h 均值），等效采用了香港《办公室及公众场所室内空气质素管理指引》（2000）中 TVOC 的限值；香港《办公室及公众场所室内空气质素管理指引》（2019）中达到良好室内环境（二级）的 TVOC 限值为 0.60mg/m^3（8h 均值）；我国 GB 37488—2019 规定公共场所室内空气中 TVOC 也为 0.60mg/m^3；GB 50325—2010 规定Ⅰ类民用建筑室内空气中 TVOC 的浓度限值为 0.50mg/m^3，Ⅱ类民用建筑室内空气中 TVOC 的浓度限值为 0.60mg/m^3。本次修订限值与国内其他标准是基本协调一致的。

（3）适用性。为保证修订限值的适用性，建议保留 8h 平均值，主要依据为：①TVOC 与人群健康效应证据多为亚慢性或慢性效应；②无论是流行病学研究还是动物实验，都缺乏 TVOC 急性健康效应的证据；③目前国际上较多采用 8h 平均值。

综合考虑标准修订的科学性、适用性及与国内外相关标准的协调性，结合我国具体情况，建议将室内空气质量标准中 TVOC 的限值修订为 0.60mg/m^3（8h 均值）。

5.4　苯并[a]芘

5.4.1　基 本 信 息

1. 基本情况

中文名称：苯并[a]芘；英文名称：benzo[a]pyrene；缩写：BaP；化学式：

$C_{20}H_{12}$；分子量：252.3090；CAS 号：50-32-8。BaP 是多环芳烃类的代表性污染物，被 IARC 列为 1 类致癌物。

2. 理化性质

外观与性状：常温下纯品为无色至淡黄色针状晶体；密度：1.35g/ml（20℃）；溶解度：1280mg/L（水，25℃）；蒸气压：0.665×10^{-19}kPa（25℃）；熔点：177～180℃；沸点：495℃；溶解性：不溶于水，微溶于乙醇、甲醇，溶于苯、甲苯、二甲苯、氯仿、乙醚、丙酮等有机溶剂；急性毒性：低至中度多环芳烃的急性毒性。

5.4.2 室内苯并[a]芘的主要来源和人群暴露途径

1. 主要来源

BaP 主要是由各种矿物燃料（如煤、石油、天然气等）、木材、纸张等碳氢化合物不完全燃烧或在还原气氛下热解形成的。由于不同国家和地区能源结构等实际情况不同，BaP 来源也存在差异。吸烟、采暖、烹饪是室内主要污染源。

（1）工业锅炉和家用炉灶燃煤：有研究表明，罗德岛、波兰高度工业化的西里西亚地区等空气中 BaP 污染主要源于煤燃烧产物；煤炭燃烧也是我国 Bap 的主要来源。研究发现云南宣威高发癌症与生活燃料和室内燃煤空气污染密切联系，其室内空气 BaP 浓度高达 6269ng/m^3。

（2）烹调：动物蛋白烹炸过程可以产生 BaP，它们多以气态形式污染厨房空气且更易进入人体肺泡。烹饪也是我国特色的 BaP 污染源之一。

（3）烟草燃烧：每天吸烟 20 支的人可吸入 0.6～0.8μg BaP，国际癌症研究机构已确定烟草烟气中 BaP 的含量为 0 .01～0.05μg/m^3。

2. 人群暴露途径

呼吸吸入是室内 Bap 的主要暴露途径。人体呼吸吸入 BaP 的量与“呼吸暴露浓度”和“呼吸量”有关。除呼吸以外，室内空气中的 BaP 也会通过皮肤进入人体。

5.4.3 我国室内空气中 BaP 污染水平及变化趋势

2000～2021 年不同区域（城镇、农村）、不同采样点（办公室、学校、住宅等）、不同时期（春、夏、秋、冬，以及采暖期和非采暖期）室内 BaP 随时间和空间变化的浓度数据表明，室内空气 BaP 浓度（气相浓度）长期处在一个较高的水平，但实际浓度逐年降低。我国室内 BaP 平均浓度范围为 0.10～423.70ng/m^3，样本加权平均浓度为 15.43ng/m^3，远高于 GB/T 18883—2002 中 BaP 的日平均值限值（1ng/m^3）（表 5-14）。

表 5-14 不同区域室内 BaP 污染情况

区域	文献数（篇）	样本量（个）	平均浓度区间（ng/m^3）	加权平均浓度（ng/m^3）
城镇	35	2457	0.10～59.9	5.36
农村	7	126	3.79～423.70	128.16

从家庭住宅室内空间分布来分析，BaP 浓度分布为客房＞厨房＞卧室。烹饪、吸烟及通风情况是室内 BaP 浓度的主要影响因素。室内 Bap 暴露水平与季节也有关系，且各城市间室内 BaP 水平在不同季节内的差异明显。总体来看，冬季室内 BaP 浓度最高，原因在于冬季采暖排放的污染物及室内通风效果较差。

综上所述，我国室内空气 BaP 浓度农村区域高于城镇，冬季采暖季明显高于非采暖季。虽然近几年国家十分关注室内空气污染，但室内空气 BaP 污染仍处于较高水平。

5.4.4 健康影响

1. 吸收、分布、代谢与排泄

在室内环境中 BaP 的主要暴露介质是空气中含 BaP 的气溶胶和颗粒，它们会通过肺部和呼吸道进入人体。当前关于肺中 BaP 的数据来源主要是动物实验和体外研究。BaP 的结构及颗粒的尺寸和化学性质决定了 BaP 在人体的代谢。在呼吸道沉积后，BaP 可以从颗粒中溶解，并迁移至人体，颗粒中未被溶解的 Bap 可以通过呼吸道的纤毛清除（被吞咽），未被清除的 Bap 会在肺中保留更长的时间。气溶胶中的 BaP 可迅速被肺吸收。BaP 具有脂溶性，可有效穿透实验动物皮肤，但实际环境中 Bap 通过人体皮肤的吸收效率远低于呼吸暴露。

Bap 可在体内迅速迁移并广泛分布，由于其具有脂溶性，因此容易通过生物膜。在暴露后数分钟至数小时内，生物体内大多数组织中可检测到的 BaP 通常在 μg/kg 级甚至更低水平。除了胃肠道，胚胎组织及母乳中也能检测出 BaP 及其代谢产物。BaP 经过代谢可以形成具有毒性和致癌性的反应中间体及代谢物。激活 BaP 形成有毒中间体和促进进一步代谢的途径主要有 3 种：①形成（二氢）二醇环氧化物；②形成阳离子自由基；③形成 *O*-醌。每种代谢活化途径的重要性取决于若干因素，包括每种活化形式的组织水平和稳定性，以及活化和解毒酶的表达水平。对于 BaP，基于现有的研究数据，二醇环氧化物代谢活化机制似乎是诱导啮齿动物和人类肺癌的主要机制。呼吸暴露的Bap代谢与共存多环芳烃(polycyclic aromatic hydrocarbon，PAH）的毒性明显相关。通过呼吸暴露的 Bap 进入人体呼吸系统后，巨噬细胞会吞噬肺中含有多环芳烃的细胞，或吞噬含多环芳烃的颗粒并将其转运至支气管。相关研究表明，巨噬细胞释放的最终致癌代谢物或许能够促进肺癌的发展。

Bap 及其代谢产物排泄的主要途径是胆汁分泌和肠肝循环，可增加胃肠道中代谢物和母体化合物的浓度。胆汁中的 BaP 可以作为主要代谢物。此外，尿液是 Bap 的次要排泄途径，这一排泄途径的特点是对化合物具有特异性。

2. 健康影响

（1）致癌风险：BaP 是一种强致癌物，约占环境中全部致癌多环芳烃类化合物的 20%。BaP 为前致癌物，在体内经代谢可转化为终致癌物，利用口服、静脉注射、吸入、气管滴注等方式给药，可引起动物的肺、胃、膀胱、气管等器官肿瘤。流行病学调查和动物实验证明，3, 4-苯并芘与动物和人类的肺癌有一定关系。另外，大量研究证明，吸烟与肺癌有明显相关性。根据 IARC 2006 年对化学致癌物的分类标准，BaP 为 1 类致癌物（对人类为确定致癌物），美国 EPA 将 BaP 等在内的 16 种多环芳烃确定为优先控制污染物。美国 EPA IRIS 收录的 BaP 的 IUR 为 6×10^{-4} $(\mu g/m^3)^{-1}$。

（2）非致癌风险：BaP 具有非致癌风险，可以引起致命性缺血性心脏病、神经发育指数下降、支气管炎和哮喘等呼吸系统疾病及不良生育结局。已有研究表明，暴露于一定浓度的 BaP 环境中，患致命性缺血性心脏病的风险会增加 1.64 倍；出生在燃煤电厂附近的婴儿核苷酸中可能出现 BaP 与 DNA 加成物，导致神经发育指数下降；不同队列研究发现，产前暴露于 BaP 环境会使 1～2 岁儿童患哮喘、支气管炎的风险增加，且会降低胎儿体重，增加胎儿死亡风险或延迟流产的可能性。

5.4.5 我国相关健康风险现状

1. 危害识别

通过查询美国 EPA 的 IRIS 中收录的 BaP 毒理学信息，确认 BaP 有慢性非致癌效应及致癌效应。慢性非致癌效应可导致生殖发育毒性；致癌效应可导致喉、咽、气管、鼻腔、食管、肺和前胃的鳞状细胞肿瘤。

2. 剂量–反应关系评估

室内 BaP 的主要暴露途径为吸入。表 5-15 中 BaP 吸入途径毒理学参数来源于美国 EPA 的 IRIS。

表 5-15　BaP 吸入途径毒理学参数

慢性非致癌效应	致癌效应	
吸入途径参考剂量	呼吸致癌斜率因子	吸入单位风险因子
2.00×10^{-6}mg/m^3	3.14[mg/（kg·d）]$^{-1}$	6.00×10^{-4}（μg/m^3）$^{-1}$

3. 暴露评估

人们在日常生活中，通过呼吸、饮食、饮水，甚至皮肤接触均有可能不同程度地暴露于 BaP。由于 BaP 是脂溶性化合物，皮肤暴露的贡献在特定高暴露浓度环境下的职业人群（如焦炉工人）中相对较高，一般人群可以忽略，所以本标准推导过程只考虑 BaP 的呼吸暴露途径。

经呼吸摄入 BaP 的暴露量计算公式：

$$ADD_{in}=C_{in}\times IR_{in}\times ET\times EF\times ED/(BW\times AT)$$

式中：ADD_{in} 为经呼吸摄入 BaP 的暴露剂量[mg/（kg·d）]；C_{in} 为空气中 BaP 的浓度（mg/m^3）；IR_{in} 为呼吸量（m^3/d）；ET 为暴露时间（h/d）；EF 为暴露频率（d/a）；ED 为暴露周期（a）；BW 为体重（kg）；AT 为平均暴露时间（h）。

4. 风险特征

通过对我国现有 BaP 标准的梳理，GB/T 18883—2022 规定室内空气中 BaP 的最大浓度限值为 1.0ng/m^3。在假设室内空气中 BaP 达到最大浓度限值的前提下，根据我国居民的相关暴露参数计算得到其经呼吸摄入的室内空气 BaP 暴露量和由此导致的终生增量致癌风险分别见表 5-3 和表 5-4。

如表 5-16 所示，儿童经呼吸途径的室内空气 BaP 暴露量为 0.2～0.6ng/（kg·d），高于成人的 0.2ng/（kg·d）。其中年龄越小的儿童对室内空气 BaP 的日均暴露量越大；男性儿童的日均暴露量高于女性儿童，城市儿童高于农村儿童。不同地区儿童的日均暴露量也存在一定差异。如表 5-17 所示，儿童经呼吸途径的室内空气 BaP 暴露所导致的终生增量致癌风险为（1.7～4.1）$\times10^{-6}$，成人为 1.6×10^{-6}。其中，年龄越小的儿童暴露于室内空气 BaP 所导致的终生增量致癌风险越大；9 岁以内儿童的风险高于 10^{-6}，虽然在可以接受的范围之内，但是均已超出一般可接受的癌症风险水平（10^{-6}）。男性儿童的风险高于女性儿童，城市儿童高于农村儿童。不同地区儿童的风险也存在一定的差异。

表 5-16　经呼吸途径的室内空气 BaP 暴露量[ng/（kg · d）]

人群年龄段	合计	性别		城乡		区域					
		男	女	城市	农村	华北	华东	华南	西北	东北	西南
0～<3 个月	0.6	0.6	0.5	0.6	0.6	0.6	0.6	0.6	0.6	0.6	0.5
3～<6 个月	0.6	0.6	0.5	0.6	0.6	0.6	0.6	0.5	0.6	0.6	0.6
6～<9 个月	0.5	0.6	0.5	0.5	0.6	0.5	0.5	0.5	0.5	0.6	0.6
9～<12 个月	0.5	0.5	0.5	0.6	0.5	0.5	0.5	0.5	0.5	0.6	0.6
1～<2 岁	0.5	0.5	0.4	0.5	0.5	0.4	0.5	0.4	0.5	0.5	0.5
2～<3 岁	0.4	0.4	0.4	0.4	0.4	0.4	0.4	0.4	0.4	0.4	0.4
3～<4 岁	0.5	0.5	0.4	0.5	0.5	0.5	0.4	0.5	0.5	0.5	0.5
4～<5 岁	0.4	0.4	0.4	0.4	0.4	0.4	0.4	0.4	0.4	0.4	0.4
5～<6 岁	0.4	0.4	0.4	0.4	0.4	0.4	0.4	0.4	0.4	0.4	0.4
6～<9 岁	0.3	0.3	0.3	0.3	0.3	0.3	0.3	0.4	0.3	0.3	0.3
9～<12 岁	0.3	0.3	0.3	0.3	0.3	0.3	0.3	0.3	0.3	0.3	0.3
12～<15 岁	0.3	0.3	0.2	0.3	0.3	0.2	0.3	0.3	0.3	0.2	0.3
15～17 岁	0.2	0.3	0.2	0.2	0.2	0.2	0.2	0.2	0.2	0.2	0.2
≥18 岁	0.2	0.2	0.2	0.2	0.2	0.2	0.2	0.2	0.2	0.2	0.2

表 5-17　经呼吸途径的室内空气 BaP 暴露风险（$\times 10^{-6}$）

人群年龄段	合计	性别		城乡		区域					
		男	女	城市	农村	华北	华东	华南	西北	东北	西南
0～<3 个月	4.1	4.2	4.0	4.2	4.1	4.1	4.1	4.1	4.1	4.2	4.0
3～<6 个月	4.1	4.1	4.0	4.1	4.1	4.1	4.1	4.0	4.1	4.3	4.1
6～<9 个月	4.0	4.1	3.9	4.0	4.0	4.0	4.0	3.9	4.0	4.3	4.1
9～<12 个月	4.0	4.0	3.9	4.0	3.9	4.0	4.0	3.8	4.0	4.3	4.0
1～<2 岁	3.3	3.3	3.3	3.4	3.3	3.2	3.3	3.3	3.3	3.5	3.4
2～<3 岁	3.0	3.1	2.9	3.0	3.0	3.1	3.1	2.9	3.2	3.3	3.0
3～<4 岁	3.3	3.4	3.2	3.3	3.3	3.3	3.2	3.4	3.3	3.4	3.4
4～<5 岁	3.1	3.2	3.0	3.1	3.1	3.0	3.1	3.2	3.1	3.2	3.2
5～<6 岁	2.9	3.0	2.9	2.9	3.0	2.9	2.8	3.1	2.9	3.0	3.0
6～<9 岁	2.5	2.5	2.5	2.5	2.5	2.5	2.4	2.6	2.5	2.4	2.5
9～<12 岁	2.4	2.4	2.3	2.4	2.4	2.3	2.3	2.5	2.4	2.3	2.4
12～<15 岁	1.9	2.0	1.7	1.9	1.9	1.8	1.9	1.9	1.9	1.8	1.9
15～17 岁	1.7	1.8	1.5	1.7	1.7	1.7	1.7	1.7	1.7	1.6	1.7
≥18 岁	1.6	1.6	1.5	1.6	1.6	1.5	1.6	1.6	1.5	1.6	1.6

5.4.6 国内外空气质量标准或指南情况

1. 我国空气质量标准

经搜集并整理我国发布的环境、卫生和食品等相关标准，对现有关于BaP的标准进行梳理，具体包括以下几个方面。

（1）环境质量标准：见表5-18。

表5-18 现有的环境质量标准

标准名称	类型	BaP	发布单位	发布日期
《环境空气质量标准》（GB 3095—2012）	环境空气质量标准限值	2.5ng/m^3（24h均值） 1ng/m^3（年均值）	环境保护部、国家质量监督检验检疫总局	2012-02-29
《室内空气质量标准》（GB/T 18883—2002）	室内空气质量标准限值	1.0ng/m^3（日均值）	国家质量监督检验检疫总局、卫生部等	2002-11-19
《食用农产品产地环境质量评价标准》（HJ 332—2006）	环境空气质量评价指标限值	10ng/m^3（日均值）	国家环境保护总局	2006-11-17
《温室蔬菜产地环境质量评价标准》（HJ 333—2006）	环境空气质量评价指标限值	10ng/m^3（日均值）	国家环境保护总局	2006-11-17

（2）环境卫生标准：见表5-19。

表5-19 环境卫生标准

标准名称	类型	BaP限值	发布单位	发布日期
《室内空气中苯并（a）芘卫生标准》（WS/T 182—1999）	日平均最高允许浓度	0.1μg/100m^3	中华人民共和国卫生部	1999-12-09
《居住区大气中苯并(a)芘卫生标准》（GB 18054—2000）（已废止）	日平均最高容许浓度	0.5μg/100m^3	中华人民共和国卫生部	2000-04-10

2. 世界卫生组织标准

1987年时，WHO认为PAH具有致癌性，因此无法建议PAH的安全水平。当时美国EPA规定了人群暴露于环境空气中排放的苯溶性焦炭的风险值上限是6.2×10^{-4}。假设排放物中BaP含量为0.71%，则人群暴露于1ng/m^3 BaP时，预计发生癌症的风险是9.0×10^{-4}。

2000年，WHO空气质量准则依然没有规定空气中具体的PAH推荐值。PAH是由复杂的混合物组成，有些PAH也是强有力的致癌剂，并可与许多其他化合物相互作用。此外，空气中的PAH附着在颗粒物上，颗粒物对它们的致癌性或许也有作用。尽管认为人群暴露于 PAH 的主要来源是食物，但这种污染部分也是由空气污染导致的。因此，空气中的 PAH 应该尽可能保持低水平。

单独评价 BaP 可能会低估空气中 PAH 混合物的致癌潜力，因为共存的这些物质也是致癌的。然而，虽然这种方法具有局限性和不确定性，但是在对 PAH 混合物的常见组分充分研究后，仍然选择 BaP 作为指示物。基于对炼焦工人的流行病学研究发现，空气中 BaP 浓度每上升 1ng/m^3，肺癌风险升高 8.7×10^{-5}。终生超额致癌风险（10^{-4}、10^{-5} 和 10^{-6}）对应的 BaP 浓度分别为 1.2ng/m^3、0.12ng/m^3 和 0.012ng/m^3。

3. 其他国家和地区标准

（1）欧盟和英国：《欧盟挥发性有机物指令》（2004/107/EC）规定 BaP 的目标值为 PM_{10} 中 BaP 年均浓度值不超过 1ng/m^3。同时，欧盟也设定了 BaP 评价阈值的上下限，阈值上限为目标值的 60%，即 0.6ng/m^3，阈值下限为目标值的 40%，即 0.4ng/m^3。2007 年英国发布的《空气质量标准》将 PAH 定为非常规监测项目，其年均浓度限值为 0.25ng/m^3，达标时间为 2010 年 12 月 31 日。

（2）印度：1981 年和 1994 年发布的空气质量标准均未制订 BaP 的标准限值，2009 年发布的标准将 BaP 列入，并规定其年平均标准限值为 1ng/m^3（表 5-20）。

表 5-20　国内外 BaP 空气质量标准

组织、国家和地区	标准名称	指标	限值
WHO	室内空气质量准则	日均值	1.2ng/m^3（终生超额致癌风险为 10^{-4}）
		日均值	0.12ng/m^3（终生超额致癌风险为 10^{-5}）
		日均值	0.012ng/m^3（终生超额致癌风险为 10^{-6}）
欧盟	欧盟挥发性有机物指令	年均值	1ng/m^3（以 PM_{10} 中含量计）
英国	空气质量标准	年均值	0.25ng/m^3（PAH 总浓度，以 BaP 计）
印度	空气质量标准	年均值	1ng/m^3（空气颗粒相）
中国	室内空气质量标准	日均值	1ng/m^3
中国	环境空气质量标准	日均值	2.5ng/m^3
		年均值	1ng/m^3
中国香港	办公室及公众场所室内空气质素管理指引（2019）	8h 均值	1.2ng/m^3（PAH 总浓度，以 BaP 计）

5.4.7　标准限值建议及依据

利用健康风险评估方法推导健康限值公式：

$$C = R \times BW \times AT / (IR \times EF \times ED \times SF \times CF)$$

式中：R 为健康风险；BW 为体重（kg）；AT 为平均暴露时间，取值 27 302 天；IR 为呼吸量（m^3/d）；EF 为室内活动时间（min/d）；ED 为暴露周期，取值 27 302 天；SF 为 BaP 呼吸致癌斜率因子，取值 3.14[mg/（kg·d）]$^{-1}$；CF 为单位转换因子（10^{-6}mg/ng）。

本研究采用的暴露参数来源于《中国人群暴露参数手册》。若以 10^{-5} 为风险控制标准，BaP 室内空气健康限值均值为（13.8±3.20）ng/m^3；若以 10^{-6} 为风险控制标准，BaP 室内空气健康限值均值为（1.3±0.32）ng/m^3，均高于 1.0ng/m^3，但以 10^{-6} 为风险控制标准所得限值与现行标准基本一致。

5.5　三氯乙烯

5.5.1　基本信息

1. 基本情况

中文名称：三氯乙烯；英文名称：trichloroethylene（TCE）；化学式：C_2HCl_3；分子量：131.39；CAS 号：79-01-6。

2. 理化性质

外观与性状：无色透明液体，有类似氯仿的气味；密度：1.4642g/ml（20℃）；溶解度：1280mg/L（水，25℃）；蒸气压：9.31kPa（25℃）；蒸气密度：4.53μg/m^3（空气=1）；熔点：−84.7℃；沸点：87.2℃；辛醇/水分配系数的对数值：2.61；空气浓度转换：1ppb = 5.38μg/m^3（IRIS）；饱和蒸气压：13.33kPa（32℃）；临界温度：271℃；临界压力：5.02MPa；爆炸上限%（V/V）：90.0；爆炸下限%（V/V）：12.5；引燃温度：420℃。

5.5.2　室内三氯乙烯的主要来源和人群暴露途径

1. 主要来源

自 20 世纪 20 年代以来，许多国家通过乙烯或乙炔氯化生产 TCE。全球 80%～90%的 TCE 用于金属除油，也用于生产黏合剂、油漆剥离配方、油漆、涂料和清漆。

室内空气中 TCE 来源主要包括装修时涂料的稀释剂和脱漆剂、使用含有 TCE 的消费品（如胶黏剂和胶带）、蒸气侵入（挥发性化学物质从地下进入上层建筑）、供水系统水中的挥发。

2. 人群暴露途径

由于 TCE 在环境中普遍存在，大多数人可能通过一种或多种途径暴露于 TCE，如摄入饮用水、吸入室内外空气、摄入食物或经皮肤吸收。空气中的 TCE 主要通过呼吸道途径进入人体。

5.5.3 我国室内空气中三氯乙烯污染水平及变化趋势

关于室内 TCE 污染水平的研究较少，Gao 等采用病例对照方法对 64 例急性白血病儿童家庭的室内空气污染进行风险评估，并测得 TCE 浓度中位数为 0.8μg/m^3; Dai 等对上海市 8 户近一年内装修过的家庭进行室内空气污染暴露风险评估，测得室内 TCE 浓度为 0.37μg/m^3。

Guo 等选择了 4 组香港居民，对 7 种不同的 VOC 进行 8h 平均暴露风险评估，测得客厅 TCE 浓度为 0.23μg/m^3，厨房为 0.26μg/m^3。Guo 等对大连 59 户居民进行与室内化学物质浓度相关的主观症状研究，检测出卧室 TCE 浓度最大值为 1.7μg/m^3; Du 等汇总了以往研究中 16 种吸入性暴露物质对健康的影响，其中居室和办公室 TCE 浓度分别为 1.8μg/m^3 和 5.6μg/m^3。

我国室内空气质量标准尚未对室内 TCE 浓度进行规定，我国室内空气中 TCE 污染水平如表 5-21 所示。室内 TCE 水平的主要影响因素包括室内行为因素，如更换家具、装修、睡觉时关上门窗等。

表 5-21 我国室内空气中 TCE 污染水平

城市	采样地点	指标	浓度（μg/m^3）
上海	1 年内装修的室内	中位数	0.35
		均值	0.37
		标准差	0.15
上海	患病儿童房间	中位数	0.8
	健康儿童房间	中位数	0.8
香港	客厅	均值	0.23
	厨房	均值	0.26
大连	卧室	最小值	未检出
		最大值	1.7
	厨房	最小值/最大值	未检出

续表

城市	采样地点	指标	浓度（$\mu g/m^3$）
多城市	居室	均值	1.8
		标准差	0.2
	办公室	均值	5.6
		标准差	9.6

5.5.4　健康影响

1. 吸收、分布、代谢与排泄

TCE 是一种易被空气吸收的亲脂性挥发性化合物，人体吸入、吸收迅速。吸收剂量与暴露浓度、持续时间和肺通气率成正比。其分布取决于肺动脉吸收和代谢排出的净剂量。除新陈代谢外，血液中的溶解度是决定进入心脏的血液中 TCE 浓度的主要因素。

TCE 可穿过生物膜并迅速分布到各组织器官，包括大脑、肌肉、心脏、肾、肺、肝和脂肪组织，因此 TCE 存在广泛的系统性分布。分配系数最高的为脂肪组织（63～70），最低的为肺（0.5～1.7）。

TCE 的代谢途径至少有 2 种：①混合功能氧化酶氧化代谢系统；②与谷胱甘肽共轭，然后通过半胱氨酸共轭 β 裂合酶或其他酶进行进一步的生物转化和处理。虽然通过结合途径的通量在数量上小于通过氧化的通量，但 GSH 结合是一种重要的毒理学途径，可产生毒性较强的生物转化产物。

TCE 及其代谢产物主要经呼出的空气、尿液和粪便排出，未代谢的 TCE 主要通过呼气排出。人体吸收的大部分 TCE 被代谢消除，除二氧化碳外，大多数 TCE 代谢物挥发性较低，主要以尿液和粪便的形式排出。汗液和唾液中也可检测到微量的 TCE 代谢物。

2. 健康影响

（1）致癌风险：根据 IARC 对化学致癌物的分类标准，TCE 为 1 类致癌物（对人类为确定致癌物），2011 年美国 EPA 将 TCE 定性为“通过所有暴露途径对人类具有致癌性”。IRIS 记载 TCE 的致癌风险毒理学系数 IUR 为 4.1×10^{-6} $(\mu g/m^3)^{-1}$。

大量队列和病例对照研究评估了吸入暴露于 TCE 和癌症之间的可能联系。美国 EPA 于 2011 年、IARC 于 2014 年，以及美国国家毒理学计划（NTP）于 2016 年分别进行了全面审查。美国 NTP 于 2016 年根据流行病学研究得出 TCE 会导致人类肾癌的结论。此外，根据几项流行病学研究结果，TCE 与非霍奇金淋巴瘤存在因果联系；然而，非霍奇金淋巴瘤的流行病学证据不如肾癌一致；TEC 导致肝癌的证据不一致。

（2）非致癌风险：TCE 具有非致癌风险，可引起心动过速、心电图异常、心律失常、神经系统影响、皮肤反应、肾脏效应、肝脏效应及发育毒性。接触 TCE 后可能会导致人体皮肤出现皮疹、表皮脱落等剥脱性皮炎损伤。TCE 会对神经行为功能产生明显影响，主要表现在短时记忆力、注意力降低，手运动速度下降，手眼运动协调性和稳定性变差等方面。

5.5.5 我国相关健康风险现状

1. 危害识别

IARC 在 2014 年将 TCE 列为 1 类致癌物。通过查询美国 EPA IRIS 中的 TCE 毒理学信息，确认 TCE 具有慢性非致癌效应及致癌效应。慢性非致癌效应可导致发育及免疫毒性；根据暴露周期的不同，可分为亚慢性（15～364 天）致癌效应和慢性（≥365 天）致癌效应。美国疾病控制与预防中心（CDC）收集了 9 项 Meta 研究、12 项队列研究、1 项合并病例对照研究、32 项病例对照研究，分析了多种癌症，指出 TCE 存在肾细胞癌、非霍奇金淋巴瘤及肝癌等致癌风险证据。

2. 剂量–反应关系评估

室内污染物 TCE 主要的暴露途径为吸入。TCE 吸入途径毒理学参数（表 5-22）来源于美国 ATSDR 和美国 EPA 的 IRIS。

表 5-22 TCE 吸入途径毒理学参数

健康效应	毒理学系数	数值及单位	来源
非致癌效应（亚慢性，15～364 天）	MRL	2×10^{-3}mg /m^3	美国 ATSDR
非致癌效应（慢性，≥365 天）	MRL	2×10^{-3}mg /m^3	美国 ATSDR/美国 EPA 的 IRIS
致癌效应	IUR	4.1×10^{-6}（μg/m^3）$^{-1}$	美国 EPA 的 IRIS

针对非致癌风险，本标准根据 IRIS 给出的标准，将 RfC 作为人群吸入暴露的估计值，非致癌效应（亚慢性）为 2×10^{-3}mg/m^3；非致癌效应（慢性）为 2×10^{-3}mg/m^3；针对致癌风险，本标准根据 IRIS 给出的标准，将 IUR 作为吸入单位风险，为 4.1×10^{-6}（μg/m^3）$^{-1}$。获得剂量–反应关系评估值后可进行暴露评估计算。

3. 暴露评估

参照美国 EPA 经典“四步法”进行健康风险评估，由于 TCE 主要通过呼吸道进入人体，其室内吸入途径慢性非致癌风险和致癌风险的暴露量计算公式如下：

$$ADD_{inh}=(C \times EF \times ED \times ET)/AT$$

$$LADD_{inh}=(C \times EF \times ED \times ET)/LT$$

式中：ADD_{inh}为吸入途径慢性非致癌日均暴露量（μg/m³）；$LADD_{inh}$为吸入途径致癌终生日均暴露量（μg/m³）；C 为污染物浓度（μg/m³），本处为暴露期间污染物的均值浓度；EF 为暴露频率（d/a），本处为 365d/a；ED 为暴露周期（a）；ET 为暴露时间（h/d），本处为 20h/d（《中国人群暴露参数手册》中国人群室内活动时间推荐值）；AT 为平均暴露时间，本处慢性非致癌效应平均时间为 10 年，亚慢性 1 年，与 ED 相同；LT 为终生时间，致癌效应的终生时间为 70 年，与 ED 相同。

4. 风险特征

风险特征的计算公式如下：

$$HQ=ADD_{inh}/RfC$$

$$Risk=LADD_{inh} \times IUR \times 1000$$

式中：HQ 为慢性非致癌效应的危害商，若 HQ＞1，表明存在非致癌风险，若 HQ≤1，预期将不会造成明显损害；RfC 为慢性非致癌效应吸入途径参考浓度（mg/m³）；Risk 为致癌效应的风险；IUR 为吸入单位风险[（μg/m³）$^{-1}$]。

TCE 吸入途径非致癌风险和致癌风险见表 5-23 和表 5-24。

表 5-23　我国 TCE 的非致癌风险（吸入途径）

健康效应	暴露浓度（μg/m³）	效应	HQ	风险判定
非致癌效应	0.23	急性	0.1	风险发生的可能性较低
		亚慢性	0.1	
		慢性	0.1	
	5.6	急性	2.3	风险发生的可能性较高
		亚慢性	2.3	
		慢性	2.3	

表 5-24　我国 TCE 的致癌风险（吸入途径）

健康效应	暴露浓度（μg/m³）	Risk	风险判定
致癌效应	0.23	7.86×10^{-7}	发生风险的可能性较低
	5.6	1.91×10^{-5}	有可能引起癌症

由上述结果可知，室内 TCE 在均值最小值暴露情况下慢性非致癌健康风险较低，但在均值最大值情况下其 Risk＞1，提示存在高浓度暴露下的非致癌风险。致癌效应评估结果显示，室内 TCE 致癌风险在高浓度下可能引起癌症。

5.5.6 国内外空气质量标准或指南情况

1. 我国空气质量标准

目前我国与室内空气质量相关的标准有 2 部，一部是《室内空气质量标准》（GB/T 18883），另一部是《民用建筑工程室内环境污染控制规范》（GB 50325）。

GB/T 18883—2002 规定了室内空气质量参数，适用于住宅和办公建筑物内部的室内环境质量评价。GB 50235—2010 适用于民用建筑工程的质量验收，该标准涉及的室内环境污染是指由建筑材料和装修材料产生的室内环境污染。

TVOC 包括苯系物、有机氯化物、氟利昂系列、有机酮、胺、醇、醚、酯、酸和石油烃化合物等，TCE 属于有机氯化物。GB/T 18883—2002 及 GB 50235—2010 分别对 TVOC 室内控制质量标准限值做出了规定，未单独制订 TCE 标准限值。GB/T 18883—2002 规定标准限值为 0.60mg/m^3；GB 50235—2010 规定Ⅰ类和Ⅱ类限值分别为≤0.5mg/m^3 和≤0.6mg/m^3；Ⅰ类指住宅、医院、老年建筑、幼儿园、学校教室等民用建筑工程；Ⅱ类指办公楼、商店、旅馆、文化娱乐场所、书店、图书馆、展览馆、体育馆、公共交通等候室、餐厅、理发店等民用建筑工程。

香港于 2019 年发布了《办公室及公众场所室内空气质素管理指引》，主要目的是为使用者提供背景资料及实用指引，从而保证使用者具备预防室内空气质量问题的能力，并在问题出现时能够及时解决。该文件规定 TCE 8h 平均值的限值为 230μg/m^3。该浓度限值参考 WHO 2010 年室内空气质量指南中的 TCE 致癌风险，与 WHO 终生超额致癌风险 1/10 000 的控制标准相同。

2. 世界卫生组织标准

WHO 相关标准中以 4.3×10^{-7}（μg/m^3）$^{-1}$ 为单位风险估计值，按照终生致癌风险 1/10 000、1/100 000、1/1 000 000，制订 TCE 室内控制质量标准限值，分别为 230μg/m^3、23μg/m^3、2.3μg/m^3。

3. 其他国家和地区标准

其他国家和地区近年来对 TCE 的限值规定见表 5-25。以美国纽约州为例，在考虑了 TCE 对健康的潜在影响、空气中 TCE 的本底浓度及用于测量空气中 TCE 的分析技术的能力和可靠性之后，建议空气中 TCE 浓度不超过 2μg/m^3。这一建议还考虑了持续数月甚至终生的暴露和敏感人群（如儿童、孕妇）。表达这一限值的其他 3 种方式是每立方米空气 0.002mg（0.002mg/m^3）、十亿分之 0.4（ppb）或百万分之 0.0004（ppm）。这取代了以前的 5mcg/m^3 指导原则。收紧的原因是 TCE 的毒性信息已于 2011 年更新，从以往的标准制订中无法获得毒性信息，在获得新的毒性信息后，为了充分参考新的科学依据，保护公众健康，对标准进行了收紧。

表 5-25　其他国家或地区的标准限值及依据

标准或指南	发布单位	发布时间	限值	依据
加拿大安大略省环境空气质量标准	加拿大安大略省环境部标准发展处	2012 年 4 月	年均：2.3μg/m^3；24h：12μg/m^3	
室内外空气中的三氯乙烯	美国纽约州卫生部有毒物质评估局	2015 年 8 月	2μg/m^3 或 0.002mg/m^3	
保护建筑物使用者免受发育风险的三氯乙烯室内空气指南	美国康涅狄格州公共卫生部和能源与环境保护部	2015 年 2 月	住宅：5μg/m^3；职业场所：8μg/m^3	以致癌风险为依据，适当进行放宽
室内空气中的三氯乙烯	美国马萨诸塞州公共卫生部环境卫生局	2017 年 4 月	室内：孕妇 6μg/m^3，其他人群 20μg/m^3；工作场所：孕妇 24μg/m^3，其他人群 80μg/m^3	
空气三氯乙烯指南	美国明尼苏达州卫生部	2018 年 2 月	非致癌：2μg/m^3；致癌：2μg/m^3	非致癌风险 致癌风险
室内三氯乙烯（TCE）吸入暴露立即行动水平指南——保护心脏发育缺陷	美国北卡罗来纳州环境保护部	2018 年 10 月	住宅：2.1μg/m^3；工作场所（非住宅）：8.8μg/m^3	以致癌风险为依据，工作场所采取等效代换方法
英国室内空气 VOC 指南	英国公共卫生部	2019 年 9 月	无推荐安全暴露水平	参照 WHO 2010 标准，资料未更新

5.5.7　标准限值建议及依据

建议将室内空气中 TCE 8h 浓度均值 6μg/m^3 作为室内空气质量标准中 TCE 的限值。推荐增加指标限值的原因如下。

（1）具有室内来源：室内装修材料、相关物品的使用均可产生 TCE。

（2）流行病学证据：TCE 可危害神经系统、皮肤、内脏等，并与肾癌、肝癌相关；IARC 将 TCE 定为 1 类致癌物。

（3）我国风险水平：我国室内 TCE 健康风险较高。

（4）国际关注：近期 WHO、美国 CDC 和美国 EPA 较为关注。

（5）标准适用性：目前文献报道的我国非职业室内场所浓度可基本达标。

推算依据如下。

（1）由于本次标准为24h内的限值，因此可根据非致癌风险进行反推。

（2）根据非致癌风险HQ可接受数值1进行回推，计算得出室内TCE亚慢性、慢性暴露的浓度限值依次为日均浓度（每日暴露20h）2.4μg/m^3、年均浓度（每日暴露20h）2.4μg/m^3，具体结果见表5-26。未检索到支持TCE小时水平暴露浓度限值制订的人体试验证据或流行病学资料。

表5-26 由健康风险反推TCE的浓度结果

风险	效应	HQ	反推暴露浓度（μg/m^3）
非致癌风险	急性	1	2.4
	亚慢性		2.4
	慢性		2.4

（3）根据我国室内TCE的采样监测方法，1h浓度监测值尚不够准确，而室内场所TCE连续24h或更长时间的采样实施难度较大，8h连续采样较为可行。标准修订组未检索到室内TCE 1h浓度均值的相关标准，只检索到香港室内TCE浓度限值为8h浓度均值。

本标准限值制订兼顾健康风险评估结果的科学性和标准限值的可实施性。根据TCE急性暴露健康风险评估结果，以及日均浓度（每日暴露20h）2.4μg/m^3，推算得出8h浓度均值为6μg/m^3。

5.6 四氯乙烯

5.6.1 基本信息

1. 基本情况

中文名称：四氯乙烯；英文名称：tetrachloroethylene（perchloroethylene，PCE）；化学式：C_2Cl_4；分子量：165.83；CAS号：127-18-4。

2. 理化性质

外观与性状：无色透明液体（室温下）；密度：1.6227g/ml（20℃）；蒸气压：2.46kPa（25℃）；熔点：−22.3℃；沸点：121.3℃；溶解性：不溶于水，可混溶于乙醇、乙醚、氯仿、苯等多数有机溶剂；空气浓度转换：1ppm = 6.78mg/m^3。

常温常压下，PCE不易燃烧，然而长时间暴露在明火及高温下则可燃烧。纯净的PCE在空气中于阴暗处不易被氧化，但暴露在紫外线下会逐渐被氧化，生成三氯乙酰氯及少量的光气。此外，PCE可与臭氧反应，生成光气和三氯乙酰氯。

5.6.2 室内四氯乙烯的主要来源和人群暴露途径

1. 主要来源

干洗、纺织品加工、金属清洗是室内 PCE 的主要来源，因此相关职业室内场所存在 PCE 暴露。此外，研究发现来自干洗场所的工人在家中通过呼出 PCE 而导致室内 PCE 浓度升高。干洗过的衣物、纺织品及含有金属器件的产品在使用时会释放 PCE，因此使用干洗过的衣物、纺织品及计算机等电子产品是目前非职业室内场所 PCE 的主要来源。除此之外，PCE 也可沉积到土壤中，从土壤中蒸发，并渗透到地板上，导致室内空气 PCE 浓度升高。

2. 人群暴露途径

PCE 可以通过吸入、经口摄入和皮肤接触等途径进入人体，肺对 PCE 的吸收最快，PCE 进入人体后很快就会通过肺的吸收进入人体循环。胃对 PCE 的吸收速度相对较快。人体暴露于 PCE 或稀释的 PCE 溶剂或蒸气后，也可以经皮肤吸收，但与吸入途径相比，经皮肤吸收不明显。对于室内 PCE 污染，吸入是主要的暴露途径。

5.6.3 我国室内空气中四氯乙烯污染水平及变化趋势

关于室内 PCE 污染水平的研究较少，Gao 等采用病例对照的方法对 64 例急性白血病患儿家庭的室内空气污染进行风险评估，测得室内 PCE 浓度中位数为 0.55μg/m^3；Dai 等对上海市 8 户近一年内装修过的家庭进行室内空气污染暴露风险评估，测得室内 PCE 浓度为 2.38μg/m^3；Lee 等对香港 3 个公租房和 3 个私人楼房进行室内空气质量评估，测得居室 PCE 浓度为 2.5μg/m^3，厨房为 2.3μg/m^3；Guo 等选择了 4 组香港居民，在其日常活动中进行职业暴露评估，对 7 种不同的 VOC 进行了 8h 平均暴露风险评估，测得客厅 PCE 浓度为 0.30μg/m^3，厨房为 0.26μg/m^3；Guo 等对大连 59 户居民进行与室内化学物质浓度相关的主观症状研究，测得卧室和厨房 PCE 浓度均为 0.27μg/m^3；Du 等汇总了以往研究中 16 种吸入性暴露物质对健康的影响，其中居室和办公室 PCE 浓度分别为 2.5μg/m^3 和 5.2μg/m^3（表 5-27）。

表 5-27　我国室内空气中 PCE 污染水平

城市	采样地点	指标	浓度（μg/m^3）
上海	1 年内装修的室内	均值 ± 标准差	2.38 ± 5.31
上海	患病儿童房间	中位数	0.55
	健康儿童房间	中位数	0.55

续表

城市	采样地点	指标	浓度（μg/m³）
香港	客厅	均值	0.30
	厨房	均值	0.26
	居室	均值±标准差	2.5 ± 0.2
	厨房	均值±标准差	2.3 ± 0.8
大连	卧室	均值	0.27
		最大值	10.0
	厨房	均值	0.27
		最大值	16.1
多城市	居室	均值±标准差	2.5 ± 0.2
	办公室	均值±标准差	5.2 ± 9.2

5.6.4 健康影响

1. 吸收、分布、代谢与排泄

PCE 可通过吸入、摄入和经皮肤吸收等途径进入人体。PCE 的吸入吸收速度很快，吸收剂量与通气率、暴露时间和吸入浓度成正比。PCE 的摄入吸收速度相对较慢，基本上是完全吸收。研究显示，口服的肠道吸收剂量接近100%。PCE 经皮肤吸收的剂量相对较小，仅为 1%。动物实验研究证实，与肺吸收相比，气体暴露的 PCE 经皮肤吸收较少，但直接接触皮肤后可吸收更多。

PCE 一旦被人体吸收，则会通过一级扩散分布到哺乳动物体内的所有组织中。由于化合物的亲脂性，分配系数最高的为脂肪；脑、肝的分配系数高于许多其他组织。绝对组织浓度与身体负担或暴露剂量成正比。PCE 在乳汁中有浓缩现象，且在具有较高脂肪含量的乳汁中浓度较高。除此之外，PCE 容易透过血脑屏障和胎盘。

PCE 的代谢途径至少有 2 种：①通过细胞色素 P450（P450）氧化途径；②谷胱甘肽 S 转移酶（GST）介导的谷胱甘肽（GSH）结合途径。共轭途径具有毒理学意义，因为它可产生相对有效的毒性代谢产物。图 5-1 为四氯乙烯代谢的总体方案。

PCE 及其代谢产物主要通过呼出气和尿液排泄，也是人体通过给药排泄 PCE 的主要途径，极少量的 PCE 通过皮肤排泄。未代谢的 PCE 主要通过呼出气排出。PCE 肺排泄物的长半衰期表明完全清除该化合物需要相当长的时间。

2. 健康影响

（1）死亡：多项研究报道，急性暴露于高浓度 PCE 的空气中会直接导致死亡。然而，并未能得出 PCE 长期低剂量暴露导致死亡率增加的结论。

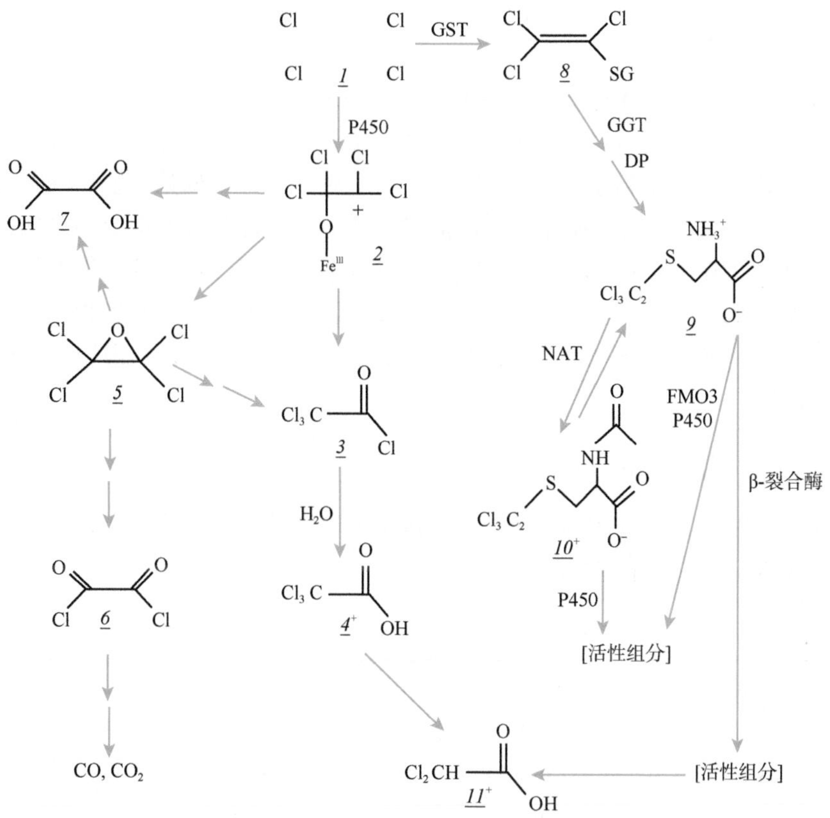

Cl Cl GST Cl Cl
Cl 1 Cl Cl 8 SG
P450 GGT DP
Cl Cl
Cl Cl O O
O + NH_3^+
OH 7 OH Fe^{III} 2 S O
Cl_3C_2
Cl O Cl 9 O^-
NAT
Cl 5 Cl O FMO3 O
Cl_3C P450
3 Cl NH β-裂合酶
S O
H_2O Cl_3C_2
O O O 10[+] O^-
Cl_3C
Cl 6 Cl 4[+] OH P450
[活性组分]
O
CO, CO_2 Cl_2CH [活性组分]
11[+] OH

图 5-1　通过 P450 氧化途径和 GST 介导的 GSH 结合途径对四氯乙烯进行代谢

PCE 和已鉴定的尿代谢物：（1）PCE，（2）PCE-Fe-O 中间体，（3）三氯乙酰氯，（4）三氯乙酸，（5）PCE 氧化物，（6）二氯乙烷，（7）草酸，（8）*S*-（1, 2, 2-三氯乙烯基）谷胱甘肽（TCVG），（9）*S*-（1, 2, 2-三氯乙烯基）-半胱氨酸（TCVC），（10）*N*-乙酰-三氯乙烯基-半胱氨酸（NACTCVC），（11）二氯乙烯基氯乙酸。酶：P450 酶系、GST、γ-谷氨酰转移酶（GGT）、二肽酶（DP）、β-裂合酶、黄素单加氧酶-3（FMO3）、*N*-乙酰基转移酶（NAT）

（2）致癌风险：根据 IARC 2014 年对化学致癌物的分类标准，PCE 被列为 2A 类致癌物（很可能的人类致癌物）。

大量队列和病例对照研究评估了吸入暴露于 PCE 和癌症之间的可能联系。PCE 暴露会导致肾癌、膀胱癌、肝癌、食管癌、肺癌、成人淋巴细胞癌、儿童白血病，以及乳腺癌、宫颈癌等。

（3）非致癌风险：PCE 具有非致癌风险，如神经毒性、肾毒性、肝毒性、血液系统毒性、发育毒性、生殖毒性、遗传毒性等。PCE 暴露还会对免疫系统产生不利影响，系统如免疫抑制（宿主抗性）、免疫刺激、自身免疫和过敏性高血压。

5.6.5 我国相关健康风险现状

1. 危害识别

IARC 在 2014 年将 PCE 列为 2A 类致癌物（很可能的人类致癌物）。通过查询美国 EPA 的 IRIS 中 PCE 的毒理学信息，确认 PCE 存在多种非致癌效应及致癌效应。其中，急性暴露的非致癌效应主要包括对肝、肾、视觉系统、呼吸系统的损伤；短期暴露的非致癌效应主要包括对肝、免疫系统和血液系统的损伤；亚慢性暴露的非致癌效应主要包括生殖毒性、发育毒性、遗传毒性等；慢性暴露则会对肝、肾、神经系统、免疫系统，以及血液和认知行为等产生不良影响。此外，多项研究表明 PCE 暴露与肾癌、膀胱癌、肺癌、肝癌、食管癌、淋巴癌、白血病等癌症有关。

2. 剂量–反应关系评估

室内 PCE 的主要暴露途径为吸入。PCE 吸入途径毒理学参数（表 5-28）来源于美国 ATSDR 和美国 EPA 的 IRIS。

表 5-28　PCE 吸入途径毒理学参数

健康效应	毒理学系数	数值及单位	来源
非致癌效应（急性）	MRL	0.006ppm	美国 ATSDR
非致癌效应（亚慢性）	MRL	0.006ppm	美国 ATSDR
非致癌效应（慢性）	MRL	0.006ppm	美国 ATSDR
非致癌效应（慢性）	RfC	4.0×10^{-2}mg/m^3	美国 EPA 的 IRIS
致癌效应	IUR	2.6×10^{-7}（μg/m^3）$^{-1}$	美国 EPA 的 IRIS

PCE 暴露存在致癌风险，所以是无阈值的化学物质，除考虑非线性的剂量外，还应对线性的剂量–反应关系进行评估，即评估致癌与非致癌风险。针对非致癌风险，根据美国 EPA 给出的标准将 MRL 或 RfC 作为人群持续性吸入暴露的估计值，急性非致癌效应为 0.006ppm，亚慢性非致癌效应为 0.006ppm，慢性非致癌效应为 0.006ppm 或 4.0×10^{-2}mg/m^3；针对致癌风险，其中 IUR 为吸入单位风险，根据美国 EPA 给出的标准，其值为 2.6×10^{-7}（μg/m^3）$^{-1}$。获得剂量–反应关系评估值后可进行暴露评估的计算。

3. 暴露评估

参照美国 EPA 经典“四步法”进行健康风险评估，由于 PCE 主要通过呼吸道进入人体，其室内吸入途径非致癌风险和致癌风险的暴露量计算公式如下：

$$ADD_{inh}=(C \times EF \times ED \times ET)/AT$$

$$LADD_{inh}=(C \times EF \times ED \times ET)/LT$$

式中：ADD_{inh}为吸入途径非致癌日均暴露量（ng/m^3）；$LADD_{inh}$为吸入途径致癌终生日均暴露量（ng/m^3）；C 为污染物浓度（ng/m^3），本处为暴露期间污染物的均值浓度；EF 为暴露频率（d/a），本处为 365d/a；ED 为暴露周期；ET 为暴露时间（h/a），本处为 20h/d；AT 为平均暴露时间，本处与 ED 相同；LT 为终生时间，致癌效应的终生时间为 70 年，与 ED 相同。

4. 风险特征

风险特征的计算公式如下：

$$HQ=ADD_{inh}/RfC$$

$$Risk=LADD_{inh} \times IUR \times 1000$$

式中：HQ 为非致癌效应的危害商，若 $HQ>1$，表明存在非致癌风险；若 $HQ \leqslant 1$，预期将不会造成明显损害。RfC 为慢性非致癌效应吸入途径参考浓度（mg/m^3）；Risk 为致癌效应的风险，若 $Risk<10^{-6}$，则认为引起癌症的风险较低；若 Risk 在 $10^{-6} \sim 10^{-4}$，则认为有可能引起癌症；若 $Risk>10^{-4}$，则认为引起癌症的风险较高。IUR 为吸入单位风险[（$\mu g/m^3$）$^{-1}$]。

PCE 吸入途径非致癌风险和致癌风险见表 5-29 和表 5-30。

表 5-29 我国 PCE 的非致癌风险（吸入途径）

健康效应	暴露浓度（$\mu g/m^3$）	效应	HQ	风险判定
非致癌效应	0.26	急性	5.3×10^{-3}	发生风险的可能性较低
		短期	5.3×10^{-3}	
		亚慢性	5.3×10^{-3}	
		慢性	5.3×10^{-3}	
	5.2	急性	0.106	发生风险的可能性较低
		亚慢性	0.106	
		短期	0.106	
		慢性	0.108	

表 5-30 我国 PCE 的致癌风险（吸入途径）

健康效应	暴露浓度（$\mu g/m^3$）	致癌效应风险	风险判定
致癌效应	0.26	5.62×10^{-8}	发生风险的可能性较低
	5.2	1.13×10^{-6}	具有一定的致癌风险

分别以我国室内空气中 PCE 污染水平均值最小值 $0.26\mu g/m^3$ 及最大值 $5.2\mu g/m^3$ 计算非致癌风险及致癌风险。

由上述结果可知，室内 PCE 非致癌风险较低。致癌效应评估结果显示，室内 PCE 在均值最小值暴露情况下致癌风险较低，但在均值最大值暴露情况下致癌风险超过 1.0×10^{-6}，提示存在高浓度暴露下的致癌风险。

5.6.6 国内外空气质量标准或指南情况

1. 我国空气质量标准

我国室内空气质量标准尚未对室内 PCE 标准限值进行规定。香港自 2019 年 7 月起执行室内 PCE 8h 浓度均值限值为 37ppbv（250μg/m³）的标准。

2. 世界卫生组织标准

WHO 相关室内空气质量准则推荐的 PCE 年平均浓度限值为 0.25mg/m³，该浓度限值基于长期暴露的非致癌效应计算得到。WHO 标准制订时考虑以下 3 种原因而没有纳入致癌效应的影响：①PCE 的人类致癌流行学证据不够明确；②尽管动物实验表明 PCE 可以导致动物肿瘤，但并不表示人类也会因 PCE 致癌；③未发现 PCE 具有基因毒性的指示物。

5.6.7 标准限值建议及依据

建议将室内空气中 PCE 8h 浓度均值 120μg/m³ 作为室内空气质量标准中 PCE 的限值。

推荐增加指标限值的原因如下。

（1）具有室内来源：使用干洗衣物、纺织品或计算机等电子产品时均可产生 PCE。

（2）流行病学证据：PCE 可危害神经系统、免疫系统等，并与肾癌、肝癌等相关，且被 IARC 评定为 2A 类致癌物。

（3）我国风险水平：我国室内 PCE 健康风险较高，均值最大值有一定的致癌风险。

（4）国际关注：近期美国 CDC、EPA 及 IARC 都对 PCE 进行了关注。

（5）标准适用性：目前文献报道的我国非职业室内场所浓度水平基本可达标。

限值推算依据如下。

（1）根据非致癌风险 HQ 可接受数值 1 进行回推，计算得出室内 PCE 急性、亚慢性和慢性暴露的浓度限值依次为日均浓度 49μg/m³、日均浓度 49μg/m³ 和年均浓度 49μg/m³；根据致癌风险可接受系数 1×10^{-6} 进行回推，计算得出 PCE 终生暴露的浓度限值为 4.6μg/m³。未检索到支持 PCE 小时水平暴露浓度限值制订的人体试验证据或流行病学资料。

（2）根据我国室内 PCE 的采样监测方法，1h 浓度监测值尚不够准确，而室内场所 PCE 连续 24h 或更长时间的采样实施难度较大，8h 连续采样较为可行。标准修订组未检索到室内 PCE 1h 浓度均值的相关标准，只检索到香港室内 PCE 浓度限值为 8h 浓度均值。

本标准限值制订兼顾健康风险评估的科学性和标准限值的可实施性。在 PCE 急性暴露健康风险评估结果及日均浓度 49μg/m^3 的基础上，本着 8h 暴露量不超过日均浓度 49μg/m^3 暴露量的原则，推算得出 8h 浓度均值为 122μg/m^3，最后取整为 8h 浓度均值 120μg/m^3（表 5-31）。

表 5-31　由健康风险反推四氯乙烯的浓度结果

风险	效应	HQ	反推暴露浓度（μg/m^3）
非致癌风险	急性	1	49
	亚慢性		49
	慢性		49
致癌风险	终生暴露	10^{-6}	4.6

参考文献

曹文文，张振江，赵若杰，等，2013. 室内空气 PM$_{10}$ 中 PAHs 对老年人的致癌风险评价：以天津市某社区为例[J]. 中国环境科学，33（2）：345-350.

常锋，李亚森，王林江，等，2006. 西安市部分居民住房室内空气污染状况分析[J]. 中国卫生检验杂志，16（8）：962，963.

陈济安，舒为群，邱志群，等，2005. 某市室内空气中甲醛污染状况[J]. 环境与健康杂志，22（6）：457，458.

陈宇炼，程建，1999. 装潢聚氨酯漆挥发物对小鼠免疫功能的影响[J]. 环境与健康杂志，16（5）：274-276.

程文文，李兰，胡传禄，等，2010. 气态甲醛致小鼠骨髓细胞 DNA-蛋白质交联的研究[J]. 生态毒理学报，5（2）：262-267.

迟欣，石玉琴，颜进，等，2007. 武汉市室内装修后甲醛浓度动态变化规律研究[J]. 环境与健康杂志，24（2）：81-83.

崔凯杰，古金霞，侯瑞，等，2013. 室内空气甲醛污染状况及其影响因素分析[J]. 南开大学学报（自然科学版），46（2）：28-31，72.

崔香丽，雷玲，韩光，等，1996. 吸入甲醛在大鼠体内的分布及其对还原型谷胱甘肽的影响[J]. 中华预防医学杂志，30（3）：186.

戴天有，刘德全，曾燕君，等，2002. 装修房屋室内空气的污染[J]. 环境科学研究，15（4）：27-30.

杜卫，孙立荣，刘青敏，2008. 儿童白血病相关危险因素研究[J]. 实用预防医学，15（2）：355-357.
方家龙，刘玉瑛，1996. 乙醛及其毒性[J]. 国外医学（卫生学分册），23（2）：101-105.
方建龙，杨旭，李红，等，2014. 北京与武汉部分儿童家庭室内空气中甲醛及挥发性有机物调查[J]. 环境与健康杂志，31（7）：585，586.
冯小康，朱强，2017. 苏州室内空气中 TVOC 污染现状及对策研究[J]. 西部皮革，39（2）：285，286.
干雅平，申秀英，姚超英，等，2013. 杭州某高校室内空气质量状况调查分析[J]. 环境污染与防治，35（2）：78-81，84.
高源，徐忠玉，翟莉，等，2004. 成都市部分新装修居室空气中甲醛的浓度[J]. 环境与健康杂志，21（5）：320，321.
阁静，郭晴，江清英，等，2017. 甲醛复合 $PM_{2.5}$ 致小鼠血液毒性的研究[J]. 中国环境科学，37（7）：2740-2748
龚七一，刘永华，周跃生，等，2006. 装饰材料引起室内 VOC 污染的防治[J]. 重庆建筑大学学报，28（4）：125-127.
顾洁，黄晓影，王丽芳，等，2017. 包头市儿童卧室内醛酮类化合物污染调研[J]. 环境工程学报，11（10）：5577-5582.
郭艳，何伦发，李玉，等，2016. 中山市室内新装修场所空气污染水平调查[J]. 环境卫生学杂志，6（1）：88-90.
河南省建筑科学研究院，2013. 民用建筑工程室内环境污染控制规范[M]. 北京：中国计划出版社.
贺小凤，王国胜，2019. 高层住宅室内空气质量检测和评价研究：以深圳市某高层住宅为例[J]. 科技创新与应用，（1）：17-20.
侯捷，曲艳慧，宁大亮，等，2014. 暴露参数对苯污染场地健康风险评价的影响[J]. 环境科学与技术，37（11）：191-195，200.
环境保护部，2013. 中国人群暴露参数手册（成人卷）[M]. 北京：中国环境出版社.
黄茜，禹甸，鲜啟鸣，等，2013. 室内空气中的气态多环芳烃的被动采样监测[J]. 环境监控与预警，5（3）：20-23.
黄颖媛，邹志勇，邓皓，2007. 一例住宅甲醛超标引起外周血贫血的分析报告[J]. 江苏环境科技，20（S1）：16，17.
江思力，郑睦锐，杨轶戬，等，2012. 装修后办公大楼空气中有机物污染状况及健康效应研究[J]. 实用预防医学，19（4）：510-512.
姜永海，韦尚正，席北斗，等，2009. PAHs 在我国土壤中的污染现状及其研究进展[J]. 生态环境学报，18（3）：1176-1181.
蒋守芳，于立群，冷曙光，等，2006. 甲醛暴露工人 *XRCC1* 基因多态性与 DNA 损伤的关系研究[J]. 卫生研究，35（6）：675-677.
蓝青，何兴舟，田琳玮，等，1999. 谷胱甘肽硫转移酶基因 *GSTM1* 及 *GSTT1* 缺失与肺癌发病关系的研究[J]. 卫生研究，28（1）：11-13.
郎畅，刘娅囡，吴水平，等，2004. 北京大学非采暖期室内空气中的气态多环芳烃[J]. 环境科学学报，24（4）：655-660.
李奉翠，刘海成，2008. 平顶山市装修居室空气质量调查[J]. 环境与健康杂志，25（9）：833.
李来，唐世英，王秀文，2005. 室内装修后甲醛污染状况调查[J]. 环境与健康杂志，22（2）：124.

李玲，陈卫，何彩，2013. 住宅装修后不同时间室内空气中苯、甲苯和二甲苯的监测[J]. 职业与健康，29（2）：231-233.

李沛，辛金元，王跃思，等，2012. 北京市大气颗粒物污染对人群死亡率的影响研究[C]. //第29届中国气象学会年会论文. 北京：中国气象学会.

李曙光，刘亚平，林丽鹤，等，2007. 家庭装修室内空气污染对居民健康影响[J]. 中国公共卫生，23（4）：400，401.

李树生，李便琴，马肖，等，2017. 西安市2010—2015年新装修居民室内空气污染调查与分析[J]. 环保科技，23（1）：12-16.

李湉湉，2015. 环境健康风险评估方法 第一讲 环境健康风险评估概述及其在我国应用的展望（待续）[J]. 环境与健康杂志，32（3）：266-268.

李新荣，赵同科，于艳新，等，2009. 北京地区人群对多环芳烃的暴露及健康风险评价[J]. 农业环境科学学报，28（8）：1758-1765.

李友平，唐娅，范忠雨，等，2018. 成都市大气环境VOCs污染特征及其健康风险评价[J]. 环境科学，39（2）：576-584.

李赵相，王冬梅，王喜元，等，2017. 天津市装修住宅室内环境污染状况调查与分析[J]. 天津建设科技，27（1）：4-7.

梁宝生，田仁生，2003. 总挥发性有机化合物（TVOC）室内空气质量评价标准的制订[J]. 重庆环境科学，（5）：1-3.

梁瑞峰，原福胜，白剑英，等，2007. 甲醛吸入对小鼠免疫系统毒性作用[J]. 中国公共卫生，23（6）：734，735.

刘丹，解强，张鑫，等，2016. 北京冬季雾霾频发期VOCs源解析及健康风险评价[J]. 环境科学，37（10）：3693-3701.

刘丹丹，王博，2006. 气态甲醛致雌性小鼠生殖细胞 DNA-蛋白质交联的研究[J]. 生态毒理学报，1（3）：249-253.

刘凤莲，许秉忠，于丽萍，等，2012. 银川市部分新装修住宅甲醛污染及变化规律分析[J]. 环境与健康杂志，29（2）：177，178.

刘国卿，刘德全，张干，等，2008. 深圳市室内大气多环芳烃的含量与组成[J]. 生态环境，17（3）：971-974.

刘江海，白志鹏，韩斌，等，2015. 室内外PM_{10}中多环芳烃相关关系及来源分析：以天津市某老年社区为例[J]. 中国环境科学，35（4）：1032-1039.

刘君卓，陶永娴，温天佑，等，2002. 室内装修后甲醛和苯的浓度变化特征[J]. 环境与健康杂志，19（5）：387，388.

刘庆阳，刘艳菊，王欣欣，等，2011. 北京市西城区居民室内空气低分子量羰基化合物污染调查[J]. 环境化学，30（7）：1280-1283.

刘炜，马文秀，冯威，等，2006. 廊坊市不同类型住宅室内空气中甲醛污染状况[J]. 环境与健康杂志，23（1）：13.

刘晓途，闫美霖，段恒轶，等，2012. 我国城市住宅室内空气挥发性有机物污染特征[J]. 环境科学研究，25（10）：1077-1084.

刘亚萍，王赛，2019. 天津市区中小学和青少年宫空气质量调查[J]. 职业与健康，35（20）：2839-2841，2844.

刘燕，张珺橦，肖军，等，2018. 石家庄市新装修房屋室内空气污染状况分析[J]. 住宅产业，(8)：55-57.
刘永华，2004. 建筑装修导致室内空气污染的研究[D]. 重庆：重庆大学.
卢国良，吴金贵，庄祖嘉，等，2010. 室内空气污染物暴露水平及影响因素分析[J]. 中国公共卫生，26（6）：751-753.
陆晨刚，高翔，余琦，等，2006. 西藏民居室内空气中多环芳烃及其对人体健康影响[J]. 复旦学报（自然科学版），45（6）：714-718，725.
陆日贵，陈清德，黄丽，2014. 南宁市居室装修后室内空气污染检测结果分析[J]. 实用预防医学，21（1）：72，73.
吕俊岗，张霖琳，许人骥，等，2010. 云南省宣威市和富源县空气和土壤中多环芳烃污染水平研究[J]. 中国环境监测，26（3）：1-6.
吕天峰，袁懋，吕怡兵，等，2016. 2007—2015 年北京市室内环境空气污染状况及防治措施[J]. 环境化学，35（10）：2191-2196.
马少俊，2015. 室内空气中挥发性有机物的测定[J]. 江苏科技信息，（25）：71-73.
孟川平，杨凌霄，董灿，等，2013. 济南冬春季室内空气 $PM_{2.5}$ 中多环芳烃污染特征及健康风险评价[J]. 环境化学，32（5）：719-725.
孟妮，陈伟光，2006. 天津市蓟县部分新装修居室空气中甲醛污染水平[J]. 环境与健康杂志，23（6）：551.
缪勇战，2006. 泰州市部分新装修居室空气中甲醛污染及居民健康调查[J]. 环境与健康杂志，23（1）：96.
聂鹏，王宗爽，王晟，等，2014. 民用建筑室内氨污染研究进展[J]. 环境工程技术学报，4（3）：212-219.
欧阳辉，2020. 室内环境空气污染现状及防治策略探讨[J]. 节能与环保，（S1）：36，37.
彭彬，2018. 恩施地区污染物排放、室内外空气中多环芳烃污染特征及其健康风险[D]. 乌鲁木齐：新疆大学.
任文理，李岩，李琳琳，等，2019. 兰州市绿色建筑室内空气中苯和 TVOC 污染研究[J]. 工程质量，37（11）：69-72.
尚文寅，张瑞新，田川，等，2015. 建筑装修室内空气挥发性有机物污染规律研究[J]. 工程建设与设计，（4）：105-108.
沈嗣卿，2017. 新装修民用建筑室内总挥发性有机物浓度变化规律研究[J]. 绿色建筑，9（4）：14-16.
宋祥福，栗学军，李玲，等，2004. 甲醛对小鼠肺组织超氧化物歧化酶活性、丙二醛含量的影响[J]. 中国比较医学杂志，14（3）：145-147.
苏泓，2008. 南昌市室内外 PM 中多环芳烃的来源及其相关性分析[D]. 江西：南昌大学.
孙成均，张德云，2003. 成都市室内空气中多环芳烃污染现状调查[J]. 中华预防医学杂志，37（5）：390.
孙庆华，杜宗豪，杜艳君，等，2015. 环境健康风险评估方法 第五讲 风险特征（续四）[J]. 环境与健康杂志，32（7）：640-642.
谭建祖，任慧群，2014. 某家居室内空气中甲醛、氨监测分析[J]. 科技视界，（17）：261，270.
唐建辉，王新明，盛国英，等，2003. 广州新建住宅空气中甲醛的分析[J]. 分析测试学报，22

（1）：71-73.

陶海涛，樊越胜，李晓庆，等，2015. 西安市地下商场甲醛和 TVOC 污染水平与来源分析[J]. 环境工程，33（8）：61-65.

陶晶，尹普，甄国新，等，2017. 室内外空气环境 $PM_{2.5}$ 中 16 种多环芳烃分布特征研究[J]. 首都公共卫生，11（5）：200-203，219.

田恬，刘赟，2019. 绿色居住建筑室内主要空气污染物分析与评价[J]. 中国建材科技，28（5）：34-36.

万逢洁，韦小敏，张志勇，等，2008. 南宁市新装修居室空气污染状况及其对人群健康的影响[J]. 环境与健康杂志，25（12）：1069-1071.

王飞，孙如峰，韩斌，等，2013. 儿童多环芳烃个体暴露特征及健康风险评价[J]. 南开大学学报（自然科学版），46（6）：48-57.

王晶，伦立民，王清，2008. 胃癌组织中多环芳烃水平变化及意义[J]. 山东医药，48（15）：20，21.

王靖，李奉翠，2009. 平顶山市室内空气品质监测与分析[J]. 中国水运（下半月），9（4）：260，261.

王静，2004. 杭州市空气中 PAHs 污染源及归宿研究[D]. 杭州：浙江大学.

王昆，周砚青，乔永康，等，2007. 甲醛致 Wistar 大鼠骨髓细胞遗传毒性研究[J]. 医学研究杂志，36（2）：53-57.

王玲玲，朱叙超，多克辛，等，2004. 郑州市装修后室内空气中甲醛污染调查[J]. 环境与健康杂志，21（4）：236，237.

王澎，2001. 室内空气质量及污染控制[J]. 环境科学与技术，24（2）：26，27.

王诗哲，赵文奎，赵彤，2004. 关于室内甲醛和氨的污染状况调查[J]. 北方环境，29（3）：4，5.

王秀玲，金锡鹏，1997. 二甲苯与其它化学物联合作用的生物学效应[J]. 中华劳动卫生职业病杂志，15（2）：126-128.

王占成，马志明，官玉琴，等，2008. 荆门市城区新装修居室空气污染状况调查[J]. 环境与健康杂志，25（12）：1071.

韦思业，2012. 山西和顺地区农村室内细颗粒物和多环芳烃的污染与呼吸暴露研究[D]. 乌鲁木齐：新疆大学.

魏晨曦，2014. 甲醛在有无苯的作用下致小鼠造血毒性的研究[D]. 武汉：华中师范大学.

文育锋，姚应水，王金权，等，2001. 甲醛对小鼠免疫系统的影响[J]. 皖南医学院学报，20（3）：166，167.

吴沛，姚以亮，2012. 西安市民用建筑室内氨污染现状分析[J]. 科技情报开发与经济，（16）：123-125.

吴鹏章，高杨，陈辉，等，2009. 室内空气污染的健康风险评价[J]. 上海环境科学，28（2）：56-61，65.

吴自强，刘志宏，许士洪，2000. 室内甲醛污染控制技术进展[J]. 建筑人造板，（3）：11-15.

夏芬美，李红，李金娟，等，2014. 北京市东北城区夏季环境空气中苯系物的污染特征与健康风险评价[J]. 生态毒理学报，9（6）：1041-1052.

徐东群，尚兵，曹兆进，2007. 中国部分城市住宅室内空气中重要污染物的调查研究[J]. 卫生研究，36（4）：473-476.

徐倩，杜前明，高灿柱，2006. 山东大学室内空气中甲醛的污染状况[J]. 环境与健康杂志，23（6）：524-526.
徐士雅，易桂林，李松汉，2007. 甲醛对工人健康影响的卫生学调查[J]. 职业与健康，23（7）：491，492.
许真，2003. 室内空气主要污染物及其健康效应[J]. 卫生研究，32（3）：279-283.
杨丹凤，袭著革，晁福寰，2004. 室内空气中挥发性有机化合物研究进展[J]. 解放军预防医学杂志，22（4）：308-310.
杨军，蔡煜，张京炎，等，2009. 甲醛等室内主要污染物分布特征与影响评价[J]. 内蒙古环境科学，21（4）：56-59.
杨文华，2007. 低浓度甲醛对人体血象的影响[J]. 实用预防医学，14（3）：792.
姚孝元，王雯，陈元立，等，2005. 中国部分城市装修后居室空气中甲醛浓度及季节变化[J]. 环境与健康杂志，22（5）：353-355.
于立群，何凤生，2004. 甲醛的健康效应[J]. 国外医学（卫生学分册），31（2）：84-87.
于洋，陈莉，农惠婷，等，2018. 2017 年广西柳州市部分美容店健康危害因素调查[J]. 应用预防医学，24（6）：457-459，462.
余江，2005. 室内装修中的甲醛浓度分析与控制研究[J]. 四川师范大学学报（自然科学版），28（4）：489-491.
曾凡丽，王槐，杨海波，等，2008. 住宅装修室内环境污染状况调查[J]. 四川环境，27（4）：48-51.
翟淑妙，徐晓俨，1994. 甲醛的暴露与健康效应[J]. 环境与健康杂志，11（5）：238-240.
张宝旭，阮明，邱飞婵，等，2002. 二甲基苯蒽和苯并（a）芘对小鼠肝脏金属硫蛋白及氧化损伤的诱导作用[J]. 环境科学学报，22（6）：764-767.
张国，2013. 室内装修空气中甲醛氨的监测及防治[J]. 科技创业家，（22）：243，244.
张焕珠，宋伟民，2005. 挥发性有机化合物对小鼠神经行为功能的影响[J]. 环境与职业医学，22（2）：112-115.
张金艳，张桂斌，张明宝，等，2007. 北京市部分新装修居室甲醛浓度的动态变化[J]. 环境与健康杂志，24（6）：424-426.
张漫雯，陈燕燕，黎玉清，等，2017. 广州夏季办公室内细颗粒中多环芳烃污染特征研究[J]. 生态毒理学报，12（3）：506-515.
张胜军，姚晓青，蒋欣，2004. 室内装修后苯、甲苯、二甲苯和甲醛污染调查[J]. 中国环境监测，20（4）：23，24.
张淑娟，苏志锋，林泽健，等，2011. 广东省室内空气污染现状及特征分析[J]. 中山大学学报（自然科学版），50（2）：139-142.
张伟，2009. 室内空气中主要污染物的测试分析及其对室内空气品质的影响[D]. 济南：山东大学.
赵文霞，白志鹏，马玲，2008. 石家庄市室内空气中甲醛、苯系物和 TVOC 的污染特征[J]. 城市环境与城市生态，21（6）：9-11.
郑和辉，钱城，叶研，等，2011. 北京市夏季室内空气污染物现状调研[C]. // 2011 海峡两岸职业卫生学术研讨会论文集. 北京：北京大学医学部，34-38.
郑晓虹，杜克武，卢婷婷，等，2009. 福建师范大学旗山校区室内空气质量状况监测与分析[J]. 福建师范大学学报（自然科学版），25（1）：73-79.

周恒涛，王许涛，刘圣勇，2007. 农村住宅室内甲醛散发的研究[J]. 安徽农业科学，35（25）：7930-7932.

周霁阳，沈振兴，党文鹏，等，2015. 西安市办公和家庭室内空气污染状况分析[J]. 环境化学，34（9）：1642-1648.

周贻兵，刘利亚，林野，等，2014. 新装修居室空气中苯随时间的变化趋势[J]. 环境卫生学杂志，（2）：3.

朱凤芝，2015. 广州市典型室内环境空气中细颗粒物污染特征研究与人群暴露风险评估[D]. 兰州：兰州交通大学.

朱乐玫，安文彬，金逸坤，等，2014. 某高校学生宿舍楼室内空气质量检测与评价[J]. 科教文汇（下旬刊），（33）：112，113.

Abdul-Wahab SA，Chin Fah En S，Elkamel A，et al，2015. A review of standards and guidelines set by international bodies for the parameters of indoor air quality[J]. Atmospheric Pollution Research，6（5）：751-767.

Aggazzotti G，Fantuzzi G，Predieri G，et al，1994. Indoor exposure to perchloroethylene（PCE）in individuals living with dry-cleaning workers[J]. Science of the Total Environment，156（2）：133-137.

Akyüz M，Çabuk H，2009. Meteorological variations of $PM_{2.5}/PM_{10}$ concentrations and particle-associated polycyclic aromatic hydrocarbons in the atmospheric environment of Zonguldak，Turkey[J]. Journal of Hazardous Materials，170（1）：13-21.

Allan LL，Schlezinger JJ，Shansab M，et al，2006. CYP1A1 in polycyclic aromatic hydrocarbon-induced B lymphocyte growth suppression[J]. Biochemical and Biophysical Research Communications，342（1）：227-235.

Anselstetter V，Heimpel H，1986. Acute hematotoxicity of oral benzo（a）pyrene：the role of the Ah locus[J]. Acta Haematologica，76（4）：217-223.

Armstrong B，Hutchinson E，Unwin J，et al，2004. Lung cancer risk after exposure to polycyclic aromatic hydrocarbons：a review and meta-analysis[J]. Environmental Health Perspectives，112（9）：970-978.

Armstrong BG，Gibbs G，2009. Exposure-response relationship between lung cancer and polycyclic aromatic hydrocarbons（PAHs）[J]. Occupational and Environmental Medicine，66（11）：740-746.

Arts JHE，Rennen MAJ，de Heer C，2006. Inhaled formaldehyde：evaluation of sensory irritation in relation to carcinogenicity[J]. Regulatory Toxicology and Pharmacology，44（2）：144-160.

Aschengrau A，Weinberg JM，Gallagher LG，et al，2009. Exposure to tetrachloroethylene-contaminated drinking water and the risk of pregnancy loss[J]. Water Quality，Exposure and Health：23-34.

Avgelis A，Papadopoulos AM，2004. Indoor air quality guidelines and standards - A state of the art review[J]. International Journal of Ventilation，3（3）：267-278.

Baan R，Grosse Y，Straif K，et al，2009. A review of human carcinogens：Part F：chemical agents and related occupations[J]. The Lancet Oncology，10（12）：1143-1144.

Benbrahim-Tallaa L，Baan RA，Grosse Y，et al，2012. Carcinogenicity of diesel-engine and gasoline-engine exhausts and some nitroarenes[J]. The Lancet Oncology，13（7）：663，664.

Berglund B, Höglund A, Esfandabad HS, 2012. A bisensory method for odor and irritation detection of formaldehyde and pyridine[J]. Chemosensory Perception, 5（2）: 146-157.

Bergman K, 1983. Application and results of whole-body autoradiography in distribution studies of organic solvents[J]. Critical Reviews in Toxicology, 12（1）: 59-118.

Billionnet C, Gay E, Kirchner S, et al, 2011. Quantitative assessments of indoor air pollution and respiratory health in a population-based sample of French dwellings[J]. Environmental Research, 111（3）: 425-434.

Blair A, Hartge P, Stewart PA, et al, 1998. Mortality and cancer incidence of aircraft maintenance workers exposed to trichloroethylene and other organic solvents and chemicals: extended follow up[J]. Occupational and Environmental Medicine, 55（3）: 161-171.

Błaszczyk E, Rogula-Kozłowska W, Klejnowski K, et al, 2017. Polycyclic aromatic hydrocarbons bound to outdoor and indoor airborne particles（$PM_{2.5}$）and their mutagenicity and carcinogenicity in Silesian kindergartens, Poland[J]. Air Quality, Atmosphere & Health, 10: 389-400.

Bloemen LJ, Monster AC, Kezic S, et al, 2001. Study on the cytochrome P450 and glutathione-dependent biotransformation of trichloroethylene in humans[J]. International Archives of Occupational and Environmental Health, 74（2）: 102-108.

Boeglin ML, Wessels D, Henshel D, 2006. An investigation of the relationship between air emissions of volatile organic compounds and the incidence of cancer in Indiana counties[J]. Environmental Research, 100（2）: 242-254.

Bogen KT, Colston BW, Machicao LK, 1992. Dermal absorption of dilute aqueous chloroform, trichloroethylene, and tetrachloroethylene in hairless guinea pigs[J]. Fundamental and Applied Toxicology, 18（1）: 30-39.

Bolt HM, 1987. Experimental toxicology of formaldehyde[J]. Journal of Cancer Research and Clinical Oncology, 113（4）: 305-309.

Boogaard PJ, van Sittert NJ, 1996. Suitability of S-phenyl mercapturic acid and trans-trans-muconic acid as biomarkers for exposure to low concentrations of benzene[J]. Environmental Health Perspectives, 104（Suppl 6）: 1151-1157.

Bove F, Shim Y, Zeitz P, 2002. Drinking water contaminants and adverse pregnancy outcomes: A review[J]. Environmental Health Perspectives, 110（Suppl 1）: 61-74.

Bowler RM, Mergler D, Huel G, et al, 1991. Neuropsychological impairment among former microelectronics workers[J]. Neurotoxicology, 12（1）: 87-103.

Brown RH, Duda GD, Handler P, 1957. A colorimetric micromethod for determination of ammonia; the ammonia content of rat tissues and human plasma[J]. Archives of Biochemistry and Biophysics, 66（2）: 301-309.

Burstyn I, Kromhout H, Partanen T, et al, 2005. Polycyclic aromatic hydrocarbons and fatal ischemic heart disease[J]. Epidemiology, 16（6）: 744-750.

Byczkowski JZ, Fisher JW, 1994. Lactational transfer of tetrachloroethylene in rats[J]. Risk Analysis, 14（3）: 339-349.

Calvert GM, Ruder AM, Petersen MR, 2011. Mortality and end-stage renal disease incidence among dry cleaning workers[J]. Occupational and Environmental Medicine, 68（10）: 709-716.

Casale GP, Singhal M, Bhattacharya S, et al, 2001. Detection and quantification of depurinated benzo[a]pyrene-adducted DNA bases in the urine of cigarette smokers and women exposed to household coal smoke[J]. Chemical Research in Toxicology, 14 (2): 192-201.

Casanova M, Morgan KT, Stemhagen WH, et al, 1991. Covalent binding of inhaled formaldehyde to DNA in the respiratory tract of Rhesus monkeys: pharmacokinetics, rat-to-monkey interspecies scaling, and extrapolation to man[J]. Toxicological Sciences, 17 (2): 409-428.

Cavalieri EL, Rogan EG, 1995. Central role of radical cations in metabolic activation of polycyclic aromatic hydrocarbons[J]. Xenobiotica, 25 (7): 677-688.

Chan CS, Lee SC, Chan W, et al, 2011. Characterisation of volatile organic compounds at hotels in southern China[J]. Indoor and Built Environment, 20 (4): 420-429.

Chan PC, Hasemani JK, Mahleri J, et al, 1998. Tumor induction in F344/N rats and B6C3F1 mice following inhalation exposure to ethylbenzene[J]. Toxicology Letters, 99 (1): 23-32.

Chang JCF, Gross EA, Swenberg JA, et al, 1983. Nasal cavity deposition, histopathology, and cell proliferation after single or repeated formaldehyde exposures in B6C3F1 mice and F344 rats[J]. Toxicology and Applied Pharmacology, 68 (2): 161-176.

Chang T, Ren DX, Shen ZX, et al, 2017. Indoor air pollution levels in decorated residences and public places over Xi'an, China[J]. Aerosol and Air Quality Research, 17 (9): 2197-2205.

Chen Y, Li XH, Zhu TL, et al, 2017. $PM_{2.5}$-bound PAHs in three indoor and one outdoor air in Beijing: concentration, source and health risk assessment[J]. Science of the Total Environment, 586: 255-264.

Cheng L, Li BZ, Cheng QX, et al, 2017. Investigations of indoor air quality of large department store buildings in China based on field measurements[J]. Building and Environment, 118: 128-143.

Cheng Z, Li BZ, Yu W, et al, 2017. Risk assessment of inhalation exposure to VOCs in dwellings in Chongqing, China[J]. Toxicology Research, 7 (1): 59-72.

Chi CC, Chen WD, Guo M, et al, 2016. Law and features of TVOC and Formaldehyde pollution in urban indoor air[J]. Atmospheric Environment, 132: 85-90.

Chiu WA, Micallef S, Monster AC, et al, 2007. Toxicokinetics of inhaled trichloroethylene and tetrachloroethylene in humans at 1ppm: empirical results and comparisons with previous studies[J]. Toxicological Sciences, 95 (1): 23-36.

Coopman VAE, Cordonnier JACM, De Letter EA, et al, 2003. Tissue distribution of trichloroethylene in a case of accidental acute intoxication by inhalation[J]. Forensic Science International, 134 (2/3): 115-119.

Costa AK, Ivanetich KM, 1980. Tetrachloroethylene metabolism by the hepatic microsomal cytochrome P450 system[J]. Biochemical Pharmacology, 29 (20): 2863-2869.

Curfs DMJ, Knaapen AM, Pachen DMFA, et al, 2005. Polycyclic aromatic hydrocarbons induce an inflammatory atherosclerotic plaque phenotype irrespective of their DNA binding properties[J]. FASEB Journal, 19 (10): 1290-1292.

Dai HX, Jing SG, Wang HL, et al, 2017. VOC characteristics and inhalation health risks in newly renovated residences in Shanghai, China[J]. Science of the Total Environment, 577: 73-83.

Dai WT, Zhong HB, Li LJ, et al, 2018. Characterization and health risk assessment of airborne pollutants in commercial restaurants in northwestern China：under a low ventilation condition in wintertime[J]. Science of the Total Environment，633：308-316.

Dallas CE, Chen XM, Muralidhara S, et al, 1995. Physiologically based pharmacokinetic model useful in prediction of the influence of species, dose, and exposure route on perchloroethylene pharmacokinetics[J]. Journal of Toxicology and Environmental Health，44（3）：301-317.

De Baere S，Meyer E，Dirinck I，et al，1997. Tissue distribution of trichloroethylene and its metabolites in a forensic case[J]. Journal of Analytical Toxicology，21（3）：223-227.

Dehon B，Humbert L，Devisme L，et al，2000. Tetrachloroethylene and trichloroethylene fatality：case report and simple headspace SPME-capillary gas chromatographic determination in tissues[J]. Journal of Analytical Toxicology，24（1）：22-26.

Dekant W，Vamvakas S，Berthold K，et al，1986. Bacterial beta-lyase mediated cleavage and mutagenicity of cysteine conjugates derived from the nephrocarcinogenic alkenes trichloroethylene，tetrachloroethylene and hexachlorobutadiene[J]. Chemico-Biological Interactions，60（1）：31-45.

Deng WJ，Zheng HL，Tsui AKY，et al，2016. Measurement and health risk assessment of $PM_{2.5}$，flame retardants，carbonyls and black carbon in indoor and outdoor air in kindergartens in Hong Kong[J]. Environment International，96：65-74.

Di Gilio A，Farella G，Marzocca A，et al，2017. Indoor/outdoor air quality assessment at school near the steel plant in Taranto（italy）[J]. Advances in Meteorology，2017（161）：1-7.

Dias-Teixeira M，Domingues V，Dias-Teixeira A，et al，2016. Relationship between exposure to xylenes and ethylbenzene expressed either in concentration in air and amount of their metabolites excreted in the urine[J]. Advances in Safety Management and Human Factors，491：367-377.

Doll WJ，Torkzadeh G，1998. Developing a multidimensional measure of system-use in an organizational context[J]. Information & Management，33（4）：171-185.

Du ZJ，Mo JH，Zhang YP，2014. Risk assessment of population inhalation exposure to volatile organic compounds and carbonyls in urban China[J]. Environment International，73：33-45.

Du ZJ，Mo JH，Zhang YP，et al，2014. Benzene，toluene and xylenes in newly renovated homes and associated health risk in Guangzhou，China[J]. Building and Environment，72：75-81.

Duarte-Salles T，Mendez MA，Meltzer HM，et al，2013. Dietary benzo（a）pyrene intake during pregnancy and birth weight：associations modified by vitamin C intakes in the Norwegian Mother and Child Cohort Study（MoBa）[J]. Environment International，60：217-223.

Duarte-Salles T，Mendez MA，Morales E，et al，2012. Dietary benzo（a）pyrene and fetal growth：effect modification by vitamin C intake and glutathione S-transferase P1 polymorphism[J]. Environment International，45：1-8.

Edokpolo B，Yu QJ，Connell D，2014. Health risk assessment of ambient air concentrations of benzene，toluene and xylene（BTX）in service station environments[J]. International Journal of Environmental Research and Public Health，11（6）：6354-6374.

Elfarra AA，Jakobson I，Anders MW，1986. Mechanism of *S*-（1，2-dichlorovinyl）glutathioneinduced nephrotoxicity[J]. Biochemical Pharmacology，35（2）：283-288.

Elfarra AA，Lash LH，Anders MW，1987. Alpha-ketoacids stimulate rat renal cysteine conjugate beta-lyase activity and potentiate the cytotoxicity of *S*-（1，2-dichlorovinyl）-L-cysteine[J]. Mol Pharmacol，31（2）：208-212.

Ernstgard L，Gullstrand E，Löf A，et al，2002. Are women more sensitive than men to 2-propanol and m-xylene vapours?[J]. Occupational & Environmental Medicine，59（11）：759-767.

Ewing P，Blomgren B，Ryrfeldt A，et al，2006. Increasing exposure levels cause an abrupt change in the absorption and metabolism of acutely inhaled benzo（a）pyrene in the isolated，ventilated，and perfused lung of the rat[J]. Toxicological Sciences，91（2）：332-340.

Fan GT，Xie JC，Liu JP，et al，2017. Investigation of indoor environmental quality in urban dwellings with schoolchildren in Beijing，China[J]. Indoor and Built Environment，26（5）：694-716.

Fan GT，Xie JC，Yoshino H，et al，2018. Indoor environmental conditions in urban and rural homes with older people during heating season：a case in cold region，China[J]. Energy and Buildings，167：334-346.

Feng YL，Wen S，Wang XM，et al，2004. Indoor and outdoor carbonyl compounds in the hotel ballrooms in Guangzhou，China[J]. Atmospheric Environment，38（1）：103-112.

Fisher JW，Mahle D，Abbas R，1998. A human physiologically based pharmacokinetic model for trichloroethylene and its metabolites，trichloroacetic acid and free trichloroethanol[J]. Toxicology and Applied Pharmacology，152（2）：339-359.

Ford ES，Rhodes S，McDiarmid M，et al，1995. Deaths from acute exposure to trichloroethylene[J]. Journal of Occupational and Environmental Medicine，37（6）：749-754.

Foth H，Kahl R，Kahl GF，1988. Pharmacokinetics of low doses of benzo[a]pyrene in the rat[J]. Food and Chemical Toxicology，26（1）：45-51.

Fürst P，Josephson B，Maschio G，et al，1969. Nitrogen balance after intravenous and oral administration of ammonium salts to man[J]. Journal of Applied Physiology，26（1）：13-22.

Gao Y，Zhang Y，Kamijima M，et al，2014. Quantitative assessments of indoor air pollution and the risk of childhood acute leukemia in Shanghai[J]. Environmental Pollution，187：81-89.

Garnier R，Bédouin J，Pépin G，et al，1996. Coin-operated dry cleaning machines may be responsible for acute tetrachloroethylene poisoning：report of 26 cases including one death[J]. Journal of Toxicology Clinical Toxicology，34（2）：191-197.

Gay WM，Crane CW，Stone WD，1969. The metabolism of ammonia in liver disease：a comparison of urinary data following oral and intravenous loading of[15N]ammonium lactate[J]. Clinical Science，37（3）：815-823.

Gerde P，Muggenburg BA，Hoover MD，et al，1993. Disposition of polycyclic aromatic hydrocarbons in the respiratory tract of the beagle dog. I. The alveolar region[J]. Toxicology and Applied Pharmacology，121（2）：313-318.

Gerde P，Muggenburg BA，Lundborg M，et al，2001. The rapid alveolar absorption of diesel soot-adsorbed benzo[a]pyrene：bioavailability，metabolism and dosimetry of an inhaled particle-borne carcinogen[J]. Carcinogenesis，22（5）：741-749.

Golalipour MJ，Azarhoush R，Ghafari S，et al，2007. Formaldehyde exposure induces histopathological and morphometric changes in the rat testis[J]. Folia Morphologica，66（3）：167-171.

Gordon SM，Brinkman MC，Ashley DL，et al，2006. Changes in breath trihalomethane levels resulting from household water-use activities[J]. Environmental Health Perspectives，114（4）：514-521.

Guo H，Lee SC，Chan LY，et al，2004. Risk assessment of exposure to volatile organic compounds in different indoor environments[J]. Environmental Research，94（1）：57-66.

Guo M，Pei XQ，Mo FF，et al，2013. Formaldehyde concentration and its influencing factors in residential homes after decoration at Hangzhou，China[J]. Journal of Environmental Sciences，25（5）：908-915.

Guo P，Yokoyama K，Piao FY，et al，2013. Sick building syndrome by indoor air pollution in Dalian，China[J]. International Journal of Environmental Research and Public Health，10（4）：1489-1504.

Hake CL，Stewart RD，1977. Human exposure to tetrachloroethylene：inhalation and skin contact[J]. Environmental Health Perspectives，21：231-238.

Hansen ES，1990. International Commission for Protection Against Environmental Mutagens and Carcinogens. ICPEMC Working Paper 7/1/2. Shared risk factors for cancer and atherosclerosis：a review of the epidemiological evidence[J]. Mutation Research，239（3）：163-179.

Hassanvand MS，Naddafi K，Faridi S，et al，2015. Characterization of PAHs and metals in indoor/outdoor PM_{10}/$PM_{2.5}$/PM_1 in a retirement home and a school dormitory[J]. Science of the Total Environment，527/528：100-110.

Hayes RB，1996. Dry cleaning，some chlorinated solvents and other industrial chemicals IARC monographs on the evaluation of carcinogenic risks to humans. volume 63[J]. Cancer Causes and Control，7（2）：289-291.

Heck HA，Chin TY，Schmitz MC，1983. Distribution of [14C]formaldehyde in rats after inhalation exposure[M]. //Gibson JE. Formaldehyde Toxicity. Washington DC：Hemisphere，26-37.

Heck HD，Casanova M，2004. The implausibility of leukemia induction by formaldehyde：a critical review of the biological evidence on distant-site toxicity[J]. Regulatory Toxicology and Pharmacology，40（2）：92-106.

Hedberg JJ，Hoog JO，Grafstrom RC，2002. Assessment of formaldehyde metabolizing enzymes in human oral mucosa and cultured oralkeratinocytesindicatehigh capacity for detoxification of formaldehyde[M]. //Heinrich U，Mohr U. Crucial Issues in Inhalation Research – Mechanistic，Clinical and Epidemiologic. Stuttgart：Fraunhofer IRB Verlag.

Hertz-Picciotto I，Baker RJ，Yap PS，et al，2007. Early childhood lower respiratory illness and air pollution[J]. Environmental Health Perspectives，115（10）：1510-1518.

Hong W，Meng MW，Xie JL，et al，2017. Investigation of the pollution level and affecting factors of formaldehyde in typical public places in Guangxi，China[J]. Aerosol and Air Quality Research，17（11）：2816-2828.

Huang C，Wang XY，Liu W，et al，2016. Household indoor air quality and its associations with childhood asthma in Shanghai，China：on-site inspected methods and preliminary results[J]. Environmental Research，151：154-167.

Huang KL，Song JS，Feng GH，et al，2018. Indoor air quality analysis of residential buildings in Northeast China based on field measurements and longtime monitoring[J]. Building and Environment，144：171-183.

Huang LH，Mo JH，Sundell J，et al，2013. Health risk assessment of inhalation exposure to formaldehyde and benzene in newly remodeled buildings，Beijing[J]. PLoS One，8(11)：e79553.

Huang LH，Qian H，Deng SX，et al，2018. Urban residential indoor volatile organic compounds in summer，Beijing：Profile，concentration and source characterization[J]. Atmospheric Environment，188：1-11.

Huang XQ，Han DM，Cheng JP，et al，2020. Characteristics and health risk assessment of volatile organic compounds（VOCs）in restaurants in Shanghai[J]. Environmental Science and Pollution Research International，27（1）：490-499.

Huang Y，Su T，Wang LQ，et al，2019. Evaluation and characterization of volatile air toxics indoors in a heavy polluted city of northwestern China in wintertime[J]. Science of the Total Environment，662：470-480.

Indulski JA，Sińczuk-Walczak H，Szymczak M，et al，1996. Neurological and neurophysiological examinations of workers occupationally exposed to organic solvent mixtures used in the paint and varnish production[J]. International Journal of Occupational Medicine and Environmental Health，9（3）：235-244.

Inoue O，Seiji K，Nakatsuka H，et al，1989. Urinary *t*，*t*-muconic acid as an indicator of exposure to benzene[J]. Occupational and Environmental Medicine，46（2）：122-127.

Inyang F，2003. Disruption of testicular steroidogenesis and epididymal function by inhaled benzo(a) pyrene[J]. Reproductive Toxicology，17（5）：527-537.

Jeffcoat AR，1983. Disposition of [14C] formaldehyde after topical exposure to rats，guinea pigs，and monkeys[M]. //Gibson JE. Formaldehyde Toxicity. Washington DC：Hemisphere，38-50.

Ji ZY，Li XY，Fromowitz M，et al，2014. Formaldehyde induces micronuclei in mouse erythropoietic cells and suppresses the expansion of human erythroid progenitor cells[J]. Toxicology Letters，224（2）：233-239.

Jiang CJ，Li SS，Zhang PY，et al，2013. Pollution level and seasonal variations of carbonyl compounds，aromatic hydrocarbons and TVOC in a furniture mall in Beijing，China[J]. Building and Environment，69：227-232.

Jiang QY，Liu PP，Wang XY，et al，2018. Indoor formaldehyde and benzene series in Shanghai residences and their associations with building characteristics and lifestyle behaviors[J]. Huan Jing Ke Xue，39（2）：585-591.

JL Liu，GQ Zhang，ZS Li，et al，2005. Differences between the south and north of indoor air pollution in China[C]. //Proceedings of the 10th International Conference on Indoor Air Quality and Climate. 北京：清华大学，957-961.

Kamata E，Nakadate M，Uchida O，et al，1997. Results of a 28-month chronic inhalation toxicity study of formaldehyde in male Fisher-344 rats[J]. The Journal of Toxicological Sciences，22(3)：239-254.

Kane EV，Newton R，2010. Benzene and the risk of non-Hodgkin lymphoma：A review and meta-analysis of the literature[J]. Cancer Epidemiology，34（1）：7-12.

Kim S, Vermeulen R, Waidyanatha S, et al, 2006. Using urinary biomarkers to elucidate dose-related patterns of human benzene metabolism[J]. Carcinogenesis，27（4）：772-781.

Kimbell JS，Overton JH，Subramaniam RP，et al，2001. Dosimetry modeling of inhaled formaldehyde：binning nasal flux predictions for quantitative risk assessment[J]. Toxicological Sciences，64（1）：111-121.

Knaapen AM，Curfs DM，Pachen DM，et al，2007. The environmental carcinogen benzo[a]pyrene induces expression of monocyte-chemoattractant protein-1 in vascular tissue：a possible role in atherogenesis[J]. Mutation Research/Fundamental and Molecular Mechanisms of Mutagenesis，621（1/2）：31-41.

Köppel C，Arndt I，Arendt U，et al，1985. Acute tetrachloroethylene poisoning：blood elimination kinetics during hyperventilation therapy[J]. Journal of Toxicology Clinical Toxicology，23（2/3）：103-115.

Kotin P，Falk HL，Busser R，1959. Distribution，retention，and elimination of C14-3，4-benzpyrene after administration to mice and rats[J]. Journal of the National Cancer Institute，23（3）：541-555.

Kükner A，Canpolat L，Ozan E，et al，1997. The effect of xylene inhalation on the rat liver[J]. Acta Physiologica Hungarica，85（3）：231-241.

Lamm SH，Engel A，Joshi KP，et al，2009. Chronic myelogenous leukemia and benzene exposure：a systematic review and meta-analysis of the case-control literature[J]. Chemico-Biological Interactions，182（2/3）：93-97.

Lang I，Bruckner T，Triebig G，2008. Formaldehyde and chemosensory irritation in humans：a controlled human exposure study[J]. Regulatory Toxicology and Pharmacology，50（1）：23-36.

Lash LH，Parker JC，2001. Hepatic and renal toxicities associated with perchloroethylene[J]. Pharmacological Reviews，53（2）：177-208.

Lash LH，Parker JC，Scott CS，2000. Modes of action of trichloroethylene for kidney tumorigenesis[J]. Environmental Health Perspectives，108（Suppl 2）：225-240.

Lash LH，Qian W，Putt DA，et al，2001. Renal and hepatic toxicity of trichloroethylene and its glutathione-derived metabolites in rats and mice：sex-，species-，and tissue-dependent differences[J]. The Journal of Pharmacology and Experimental Therapeutics，297（1）：155-164.

Laupeze B，Amiot L，Sparfel L，et al，2002. Polycyclic aromatic hydrocarbons affect functional differentiation and maturation of human monocyte-derived dendritic cells[J]. Journal of Immunology，168（6）：2652-2658.

Lee LJH，Chung CW，Ma YC，et al，2003. Increased mortality odds ratio of male liver cancer in a community contaminated by chlorinated hydrocarbons in groundwater[J]. Occupational and Environmental Medicine，60（5）：364-369.

Lee SC，Li WM，Ao CH，2002. Investigation of indoor air quality at residential homes in Hong Kong-case study[J]. Atmos Environ，36：225-237.

Lehmann I，Thoelke A，Rehwagen M，et al，2002. The influence of maternal exposure to volatile organic compounds on the cytokine secretion profile of neonatal T cells[J]. Environmental Toxicology，17（3）：203-210.

Li BZ，Cheng Z，Yao RM，et al，2019. An investigation of formaldehyde concentration in residences and the development of a model for the prediction of its emission rates[J]. Building and Environment，147：540-550.

Li CL，Fu JM，Sheng GY，et al，2005. Vertical distribution of PAHs in the indoor and outdoor $PM_{2.5}$ in Guangzhou，China[J]. Building and Environment，40（3）：329-341.

Li CS，Ro YS，2000. Indoor characteristics of polycyclic aromatic hydrocarbons in the urban atmosphere of Taipei[J]. Atmospheric Environment，34（4）：611-620.

Li Z，Porter EN，Sjödin A，et al，2009. Characterization of $PM_{2.5}$-bound polycyclic aromatic hydrocarbons in Atlanta—seasonal variations at urban，suburban，and rural ambient air monitoring sites[J]. Atmospheric Environment，43（27）：4187-4193.

Licen S，Tolloi A，Briguglio S，et al，2016. Small scale spatial gradients of outdoor and indoor benzene in proximity of an integrated steel plant[J]. Science of the Total Environment，553：524-531.

Linet MS，Gilbert ES，Vermeulen R，et al，2019. Benzene exposure response and risk of myeloid neoplasms in Chinese workers：a multicenter case-cohort study[J]. Journal of the National Cancer Institute，111（5）：465-474.

Linet MS，Gilbert ES，Vermeulen R，et al，2020. Benzene exposure-response and risk of lymphoid neoplasms in Chinese workers：a multicenter case-cohort study[J]. American Journal of Industrial Medicine，63（9）：741-754.

Little CH，Georgiou GM，Shelton MJ，et al，1999. Clinical and immunological responses in subjects sensitive to solvents[J]. Archives of Environmental Health，54（1）：6-14.

Liu H，Liang YX，Bowes S，et al，2009. Benzene exposure in industries using or manufacturing paint in China：a literature review，1956-2005[J]. Journal of Occupational and Environmental Hygiene，6（11）：659-670.

Liu J，Liu GQ，2005. Some indoor air quality problems and measures to control them in China[J]. Indoor and Built Environment，14（1）：75-81.

Liu NR，Bu ZM，Liu W，et al，2022. Indoor exposure levels and risk assessment of volatile organic compounds in residences，schools, and offices in China from 2000 to 2021: a systematic review[J]. Indoor Air，2022，32(9): e13091.

Loomis D，Guyton KZ，Grosse Y，et al，2017. Carcinogenicity of benzene[J]. The Lancet Oncology，18（12）：1574-1575.

Lu CY，Lin JM，Chen YY，et al，2015. Building-related symptoms among office employees associated with indoor carbon dioxide and total volatile organic compounds[J]. International Journal of Environmental Research and Public Health，12（6）：5833-5845.

Lü HX，Cai QY，Wen S，et al，2010. Carbonyl compounds and BTEX in the special rooms of hospital in Guangzhou，China[J]. Journal of Hazardous Materials，178（1/2/3）：673-679.

Lu HX，Tian JJ，Cai QY，et al，2016. Levels and health risk of carbonyl compounds in air of the library in Guangzhou，South China[J]. Aerosol and Air Quality Research，16（5）：1234-1243.

Lynge E，Andersen A，Rylander L，et al，2006. Cancer in persons working in dry cleaning in the Nordic countries[J]. Environmental Health Perspectives，114（2）：213-219.

MacKenzie KM, Murray Angevine D, 1981. Infertility in mice exposed in utero to benzo (a) pyrene1[J]. Biology of Reproduction, 24 (1): 183-191.

Madhavan ND, Ka ND, 1995. Polycyclic aromatic hydrocarbons in placenta, maternal blood, umbilical cord blood and milk of Indian women[J]. Human & Experimental Toxicology, 14(6): 503-506.

Maibach H, 1983. Formaldehyde: Effects on animal and human skin[M]. //Gibson JE. Formaldehyde Toxicity. Washington DC: Hemisphere, 166-174.

Mashford PM, Jones AR, 1982. Formaldehyde metabolism by the rat: a re-appraisal[J]. Xenobiotica, 12 (2): 119-124.

McConnell G, Ferguson DM, Pearson CR, 1975. Chlorinated hydrocarbons and the environment[J]. Endeavour, 34 (121): 13-18.

McDougal JN, Jepson GW, Clewell HJ, et al, 1990. Dermal absorption of organic chemical vapors in rats and humans[J]. Fundamental and Applied Toxicology, 14 (2): 299-308.

McGregor D, Bolt H, Cogliano V, et al, 2006. Formaldehyde and glutaraldehyde and nasal cytotoxicity: case study within the context of the 2006 IPCS Human Framework for the Analysis of a cancer mode of action for humans[J]. Critical Reviews in Toxicology, 36 (10): 821-835.

McGwin G, Lienert J, Kennedy JI, 2010. Formaldehyde exposure and asthma in children: a systematic review[J]. Environmental Health Perspectives, 118 (3): 313-317.

Mølhave L, 1986. Indoor air quality in relation to sensory irritation due to volatile organic compounds[J]. ASHRAE Transactions, 92 (1): 1-12.

Monster AC, 1979. Difference in uptake, elimination, and metabolism in exposure to trichloroethylene, 1, 1, 1-trichloroethane and tetrachloroethylene[J]. International Archives of Occupational and Environmental Health, 42 (3-4): 311-317.

Monticello TM, Morgan KT, Everitt JI, et al, 1989. Effects of formaldehyde gas on the respiratory tract of rhesus monkeys. Pathology and cell proliferation[J]. The American Journal of Pathology, 134 (3): 515-527.

Nagata Y, 2003. Odor intensity and odor threshold value[J]. Journal of Japan Air Cleaning Association, 41: 17-25.

Nakai JS, Stathopulos PB, Campbell GL, et al, 1999. Penetration of chloroform, trichloroethylene, and tetrachloroethylene through human skin[J]. Journal of Toxicology and Environmental Health Part A, 58 (3): 157-170.

Naya M, Nakanishi J, 2005. Risk assessment of formaldehyde for the general population in Japan[J]. Regulatory Toxicology and Pharmacology, 43 (3): 232-248.

Nazaroff WW, Weschler CJ, 2004. Cleaning products and air fresheners: Exposure to primary and secondary air pollutants[J]. Atmospheric Environment, 38 (18): 2841-2865.

Neubert D, Tapken S, 1988. Transfer of benzo (a) pyrene into mouse embryos and fetuses[J]. Archives of Toxicology, 62: 236-239.

Noh SR, Kim JA, Cheong HK, et al, 2019. Hebei Spirit oil spill and its long-term effect on children's asthma symptoms[J]. Environmental Pollution, 248: 286-294.

Nomiyama K, Nomiyama H, 1974. Respiratory retention, uptake and excretion of organic solvents in man[J]. Internationales Archiv Für Arbeitsmedizin, 32 (1-2): 75-83.

Oliveira M, Slezakova K, Delerue-Matos C, et al, 2019. Children environmental exposure to particulate matter and polycyclic aromatic hydrocarbons and biomonitoring in school environments: a review on indoor and outdoor exposure levels, major sources and health impacts[J]. Environment International, 124: 180-204.

Opdam JJ, Smolders JF, 1987. Alveolar sampling and fast kinetics of tetrachloroethene in man. Ⅱ. Fast kinetics[J]. British Journal of Industrial Medicine, 44 (1): 26-34.

Paxton MB, Chinchilli VM, Brett SM, et al, 1994. Leukemia risk associated with benzene exposure in the pliofilm cohort. Ⅱ. Risk estimates[J]. Risk Analysis, 14 (2): 155-161.

Pegg DG, Zempel JA, Braun WH, et al, 1979. Disposition of tetrachloro (14C) ethylene following oral and inhalation exposure in rats[J]. Toxicology and Applied Pharmacology, 51 (3): 465-474.

Penn A, Snyder C, 1988. Arteriosclerotic plaque development is 'promoted' by polynuclear aromatic hydrocarbons[J]. Carcinogenesis, 9 (12): 2185-2189.

Perera FP, Whyatt RM, Jedrychowski W, et al, 1998. Recent developments in molecular epidemiology: a study of the effects of environmental polycyclic aromatic hydrocarbons on birth outcomes in Poland[J]. American Journal of Epidemiology, 147 (3): 309-314.

Pitarque M, Vaglenov A, Nosko M, et al, 2002. Sister chromatid exchanges and micronuclei in peripheral lymphocytes of shoe factory workers exposed to solvents[J]. Environmental Health Perspectives, 110 (4): 399-404.

Pitts RF, 1971. The role of ammonia production and excretion in regulation of acid-base balance[J]. The New England Journal of Medicine, 284 (1): 32-38.

Poet TS, Corley RA, Thrall KD, et al, 2000. Assessment of the percutaneous absorption of trichloroethylene in rats and humans using MS/MS real-time breath analysis and physiologically based pharmacokinetic modeling[J]. Toxicological Sciences, 56 (1): 61-72.

Poet TS, Weitz KK, Gies RA, et al, 2002. PBPK modeling of the percutaneous absorption of perchloroethylene from a soil matrix in rats and humans[J]. Toxicological Sciences, 67(1): 17-31.

Powley MW, Carlson GP, 2001. Cytochrome P450 isozymes involved in the metabolism of phenol, a benzene metabolite[J]. Toxicology Letters, 125 (1/2/3): 117-123.

Program NT, 1984. NTP toxicology and carcinogenesis studies of 1,3-butadiene (CAS No. 106-99-0) in B6C3F1 mice (inhalation studies) [J]. National Toxicology Program Technical Report Series, 288: 1-111.

Pu ZN, Huang LH, Yue Y, et al, 2015. Characteristics of carbonyls in Beijing urban residences: concentrations, source strengths and influential factors[J]. Procedia Engineering, 121: 2052-2059.

Pukkala E, Martinsen JI, Lynge E, et al, 2009. Occupation and cancer - follow-up of 15 million people in five Nordic countries[J]. Acta Oncologica, 48 (5): 646-790.

Radican L, Blair A, Stewart P, et al, 2008. Mortality of aircraft maintenance workers exposed to trichloroethylene and other hydrocarbons and chemicals: extended follow-up[J]. Journal of Occupational and Environmental Medicine, 50 (11): 1306-1319.

Ramesh A, Inyang F, Lunstra DD, et al, 2008. Alteration of fertility endpoints in adult male F-344 rats by subchronic exposure to inhaled benzo (a) pyrene[J]. Experimental and Toxicologic

Pathology，60（4/5）：269-280.

Richards P，Brown CL，Houghton BJ，et al，1975. The incorporation of ammonia nitrogen into albumin in man：the effects of diet，uremia and growth hormone[J]. Clinical Nephrology，3（5）：172-179.

Rumchev K，2004. Association of domestic exposure to volatile organic compounds with asthma in young children[J]. Thorax，59（9）：746-751.

Rumchev KB，Spickett JT，Bulsara MK，et al，2002. Domestic exposure to formaldehyde significantly increases the risk of asthma in young children[J]. European Respiratory Journal，20（2）：403-408.

Sallmen M，Lindbohm ML，Anttila A，et al，1998. Time to pregnancy among the wives of men exposed to organic solvents[J]. Occupational and Environmental Medicine，55（1）：24-30.

Salvatore F，Bocchini V，Cimino F，1963. Ammonia intoxication and its effects on brain and blood ammonia levels[J]. Biochemical Pharmacology，12（1）：1-6.

Schlosser PM，1999. Relative roles of convection and chemical reaction for the disposition of formaldehyde and ozone in nasal mucus[J]. Inhalation Toxicology，11（10）：967-980.

Schreiber JS，Hudnell HK，Geller AM，et al，2002. Apartment residents' and day care workers' exposures to tetrachloroethylene and deficits in visual contrast sensitivity[J]. Environmental Health Perspectives，110（7）：655-664.

Secretan B，Straif K，Baan R，et al，2009. A review of human carcinogens：Part E：tobacco，areca nut，alcohol，coal smoke，and salted fish[J]. The Lancet Oncology，10（11）：1033-1034.

Šedivec V，Flek J，1976. The absorption，metabolism，and excretion of xylenes in man[J]. International Archives of Occupational and Environmental Health，37（3）：205-217.

Seitz HK，Stickel F，2010. Acetaldehyde as an underestimated risk factor for cancer development：role of genetics in ethanol metabolism[J]. Genes & Nutrition，5（2）：121-128.

Seldén AI，Ahlborg G，2011. Cancer morbidity in Swedish dry-cleaners and laundry workers：historically prospective cohort study[J]. International Archives of Occupational and Environmental Health，84（4）：435-443.

Shang YZ，Li BZ，Baldwin AN，et al，2016. Investigation of indoor air quality in shopping malls during summer in Western China using subjective survey and field measurement[J]. Building and Environment，108：1-11.

Sharma H，Jain VK，Khan ZH，2007. Characterization and source identification of polycyclic aromatic hydrocarbons（PAHs）in the urban environment of Delhi[J]. Chemosphere，66（2）：302-310.

Shimada T，2006. Xenobiotic-metabolizing enzymes involved in activation and detoxification of carcinogenic polycyclic aromatic hydrocarbons[J]. Drug Metabolism and Pharmacokinetics，21（4）：257-276.

Shimizu Y，Nakatsuru Y，Ichinose M，et al，2000. Benzo[a]pyrene carcinogenicity is lost in mice lacking the aryl hydrocarbon receptor[J]. Proceedings of the National Academy of Sciences of the United States of America，97（2）：779-782.

Smith EL，1982. Principles of Biochemistry：Mammalian Biochemistry[M]. NewYork：McGraw-Hill，3-4，142.

Spirtas R，Stewart PA，Lee JS，et al，1991. Retrospective cohort mortality study of workers at an aircraft maintenance facility. Ⅰ. Epidemiological results[J]. British Journal of Industrial Medicine，48（8）：515-530.

Stewart RD，Dodd HC，1964. Absorption of carbon tetrachloride，trichloroethylene，tetrachloroethylene，methylene chloride，and 1，1，1-trichloroethane through the human skin[J]. American Industrial Hygiene Association Journal，25：439-446.

Su FC，Mukherjee B，Batterman S，2013. Determinants of personal，indoor and outdoor VOC concentrations：an analysis of the RIOPA data[J]. Environmental Research，126：192-203.

Summerskill WHJ，Wolpert E，1970. Ammonia metabolism in the gut[J]. The American Journal of Clinical Nutrition，23（5）：633-639.

Sun YX，Cheng RS，Hou J，et al，2017. Investigation on indoor air quality in Tianjin residential buildings[J]. Procedia Engineering，205：3811-3815.

Sung TI，Wang JD，Chen PC，2008. Increased risk of cancer in the offspring of female electronics workers[J]. Reproductive Toxicology，25（1）：115-119.

Takigawa T，Horike T，Ohashi Y，et al，2004. Were volatile organic compounds the inducing factors for subjective symptoms of employees working in newly constructed hospitals?[J]. Environmental Toxicology，19（4）：280-290.

Takigawa T，Saijo Y，Morimoto K，et al，2012. A longitudinal study of aldehydes and volatile organic compounds associated with subjective symptoms related to sick building syndrome in new dwellings in Japan[J]. Science of the Total Environment，417/418：61-67.

Tang DL，Li tin-yu，Liu JJ，et al，2008. Effects of prenatal exposure to coal-burning pollutants on children's development in China[J]. Environmental Health Perspectives，116（5）：674-679.

Tang R，Wang ZJ，2018. Field study on indoor air quality of urban apartments in severe cold region in China[J]. Atmospheric Pollution Research，9（3）：552-560.

Tang XJ，Bai Y，Duong A，et al，2009. Formaldehyde in China：production，consumption，exposure levels，and health effects[J]. Environment International，35（8）：1210-1224.

Tanios MA，El Gamal H，Rosenberg B J，et al，2004. Can we still miss tetrachloroethylene-induced lung disease? The emperor returns in new clothes[J]. Respiration，71（6）：642-645.

Tao HT，Fan YS，Li XQ，et al，2015. Investigation of formaldehyde and TVOC in underground malls in Xi'an，China：concentrations，sources，and affecting factors[J]. Building and Environment，85：85-93.

Tirler W，Settimo G，2015. Incense，sparklers and cigarettes are significant contributors to indoor benzene and particle levels[J]. Annali Dell'Istituto Superiore Di Sanita，51（1）：28-33.

Uchida Y，Nakatsuka H，Ukai H，et al，1993. Symptoms and signs in workers exposed predominantly to xylenes[J]. International Archives of Occupational and Environmental Health，64（8）：597-605.

Uhde E，Salthammer T，2007. Impact of reaction products from building materials and furnishings on indoor air quality—a review of recent advances in indoor chemistry[J]. Atmospheric Environment，41（15）：3111-3128.

Uotila L，Koivusalo M，1987. Multiple forms of formaldehyde dehydrogenase from human red blood cells[J]. Human Heredity，37（2）：102-106.

Viau C, Bouchard M, Carrier G, et al, 1999. The toxicokinetics of pyrene and its metabolites in rats[J]. Toxicology Letters, 108 (2/3): 201-207.

Wang B, Lee SC, Ho KF, 2007. Characteristics of carbonyls: concentrations and source strengths for indoor and outdoor residential microenvironments in China[J]. Atmospheric Environment, 41 (13): 2851-2861.

Wang BL, Takigawa T, Yamasaki Y, et al, 2008. Symptom definitions for SBS (sick building syndrome) in residential dwellings[J]. International Journal of Hygiene and Environmental Health, 211 (1/2): 114-120.

Wang JZ, Guinot B, Dong ZB, et al, 2017. $PM_{2.5}$-bound polycyclic aromatic hydrocarbons (PAHs), oxygenated-PAHs and phthalate esters (PAEs) inside and outside middle school classrooms in Xi'an, China: concentration, characteristics and health risk assessment[J]. Aerosol and Air Quality Research, 17 (7): 1811-1824.

Wang W, Huang MJ, Chan CY, et al, 2013. Risk assessment of non-dietary exposure to polycyclic aromatic hydrocarbons (PAHs) via house $PM_{2.5}$, TSP and dust and the implications from human hair[J]. Atmospheric Environment, 73: 204-213.

Ware JH, Spengler JD, Neas LM, et al, 1993. Respiratory and irritant health effects of ambient volatile organic compounds. The Kanawha County Health Study[J]. American Journal of Epidemiology, 137 (12): 1287-1301.

Warren DA, Bowen SE, Jennings WB, et al, 2000. Biphasic effects of 1, 1, 1-trichloroethane on the locomotor activity of mice: relationship to blood and brain solvent concentrations[J]. Toxicological Sciences, 56 (2): 365-373.

Weisel CP, 2010. Benzene exposure: an overview of monitoring methods and their findings[J]. Chemico-Biological Interactions, 184 (1/2): 58-66.

Weng ML, Zhu LZ, Yang K, et al, 2009. Levels and health risks of carbonyl compounds in selected public places in Hangzhou, China[J]. Journal of Hazardous Materials, 164 (2/3): 700-706.

Weng ML, Zhu LZ, Yang K, et al, 2010. Levels, sources, and health risks of carbonyls in residential indoor air in Hangzhou, China[J]. Environmental Monitoring and Assessment, 163 (1-4): 573-581.

Wetmore BA, Struve MF, Gao P, et al, 2008. Genotoxicity of intermittent co-exposure to benzene and toluene in male CD-1 mice[J]. Chemico-Biological Interactions, 173 (3): 166-178.

Weyand EH, Bevan DR, 1986. Benzo (a) pyrene disposition and metabolism in rats following intratracheal instillation[J]. Cancer Research, 46 (11): 5655-5661.

White KL, Lysy HH, Holsapple MP, 1985. Immunosuppression by polycyclic aromatic hydrocarbons: a structure-activity relationship in B6C3F1 and DBA/2 mice[J]. Immunopharmacology, 9 (3): 155-164.

WHO, 2010. WHO guidelines for indoor air quality: selected pollutants[M]. Geneva: WHO.

Wilson RT, Donahue M, Gridley G, et al, 2008. Shared occupational risks for transitional cell cancer of the bladder and renal pelvis among men and women in Sweden[J]. American Journal of Industrial Medicine, 51 (2): 83-99.

Withey JR, Law FC, Endrenyi L, 1991. Pharmacokinetics and bioavailability of pyrene in the rat[J].

Journal of Toxicology and Environmental Health，32（4）：429-447.

Withey JR，Shedden J，Law FCP，et al，1993. Distribution of benzo[a]pyrene in pregnant rats following inhalation exposure and a comparison with similar data obtained with pyrene[J]. Journal of Applied Toxicology，13（3）：193-202.

Wolff RK，Bond JA，Sun JD，et al，1989. Effects of adsorption of benzo[a]pyrene onto carbon black particles on levels of DNA adducts in lungs of rats exposed by inhalation[J]. Toxicology and Applied Pharmacology，97（2）：289-299.

Wolkoff P，Clausen PA，Wilkins CK，et al，2000. Formation of strong airway irritants in terpene/ozone mixtures[J]. Indoor Air，10（2）：82-91.

Working Group on the Evaluation of Carcinogenic Risks to Humans IARC，2006. Formaldehyde，2-butoxyethanol and 1-tert-butoxypropan-2-ol[J]. IARC Monographs on the Evaluation of Carcinogenic Risks to Humans，88：1-478.

Wu J，Hou HY，Ritz B，et al，2010. Exposure to polycyclic aromatic hydrocarbons and missed abortion in early pregnancy in a Chinese population[J]. Science of the Total Environment，408（11）：2312-2318.

Wu Y，Lu Y，Chou DC，2018. Indoor air quality investigation of a university library based on field measurement and questionnaire survey[J]. International Journal of Low Carbon Technologies，13（2）：148-160.

Xie YY，Zhao B，Zhao YJ，et al，2017. Reduction in population exposure to $PM_{2.5}$ and cancer risk due to $PM_{2.5}$-bound PAHs exposure in Beijing，China during the APEC meeting[J]. Environmental Pollution，225：338-345.

Xu HM，Guinot B，Niu XY，et al，2015. Concentrations，particle-size distributions，and indoor/outdoor differences of polycyclic aromatic hydrocarbons（PAHs）in a middle school classroom in Xi'an，China[J]. Environmental Geochemistry and Health，37（5）：861-873.

Xue WL，Warshawsky D，2005. Metabolic activation of polycyclic and heterocyclic aromatic hydrocarbons and DNA damage：a review[J]. Toxicology and Applied Pharmacology，206（1）：73-93.

Yang JJ，Roy TA，Mackerer C R，1986. Percutaneous absorption of benzo[a]pyrene in the rat：comparison of in vivo and in vitro results[J]. Toxicology and Industrial Health，2（4）：409-416.

Ying CJ，Ye XL，Xie H，et al，1999. Lymphocyte subsets and sister-chromatid exchanges in the students exposed to formaldehyde vapor[J]. Biomedical and Environmental Sciences，12（2）：88-94.

Yoon JH，Kwak WS，Ahn YS，2018. A brief review of relationship between occupational benzene exposure and hematopoietic cancer[J]. Annals of Occupational and Environmental Medicine，30：33.

Yoshioka T，Krauser JA，Guengerich FP，2002. Tetrachloroethylene oxide：hydrolytic products and reactions with phosphate and lysine[J]. Chemical Research in Toxicology，15（8）：1096-1105.

Yury B，Zhang ZH，Ding YT，et al，2018. Distribution，inhalation and health risk of $PM_{2.5}$ related PAHs in indoor environments[J]. Ecotoxicology and Environmental Safety，164：409-415.

Zhang LP，Steinmaus C，Eastmond DA，et al，2009. Formaldehyde exposure and leukemia：a new meta-analysis and potential mechanisms[J]. Mutation Research，681（2/3）：150-168.

Zhang ZF，Zhang X，Zhang XM，et al，2020. Indoor occurrence and health risk of formaldehyde，toluene，xylene and total volatile organic compounds derived from an extensive monitoring campaign in Harbin，a megacity of China[J]. Chemosphere，250：126324.

Zhao Y，Chen B，Guo YL，et al，2004. Indoor air environment of residential buildings in Dalian，China[J]. Energy and Buildings，36（12）：1235-1239.

Zhu SW，Cai W，Yoshino H，et al，2015. Primary pollutants in schoolchildren's homes in Wuhan，China[J]. Building and Environment，93：41-53.

第六章　生物性及放射性指标

6.1　细 菌 总 数

6.1.1　基 本 信 息

1. 基本情况

中文名称：细菌总数；英文名称：total bacteria count。空气细菌总数是指在人体呼吸带高度采集一定体积的空气，在营养琼脂培养基上，于37℃培养48h后生长出的菌落数，以CFU/m³表示。虽然营养琼脂培养基并非选择性培养基，但由于设定了培养温度和培养时间，其培养出的菌落绝大部分为细菌。由于培养法的局限性，细菌总数不能代表实际空气中飘浮的所有细菌，也不能说明空气中是否有致病菌存在，只能说明空气中微生物污染的程度，因此该指标仅为指示性指标。

2. 生物学性状

空气中细菌来源广泛、种类繁多，研究结果显示室内细菌以革兰氏阳性菌为主，优势细菌为微球菌属、芽孢杆菌属、葡萄球菌属和库克菌属。大部分为非致病菌，但存在条件致病菌，其种类和浓度水平会出现季节性波动和地区差异。空气中细菌主要以微生物气溶胶的形式存在，粒径为0.1～10.0μm的微生物气溶胶具有重要的健康意义。

6.1.2　室内细菌的主要来源和人群暴露途径

1. 主要来源

室内细菌主要来自室外空气渗透、室内人员活动、室内空调系统、宠物活动等。室外空气中细菌对室内空气中细菌组成也有很大的影响，方治国等对北京市居家空气的调查结果显示，城市的室内空气细菌主要来源于室外，武利平等对空气重污染期间室内外细菌总数浓度分析时也发现，室内细菌总数与室外细菌总数具有相关性（r=0.866，P＜0.01）。此外，家用空调系统的使用会导致室内通风换气不足，针对空调环境与非空调环境的调查分析显示，通风不良导致细菌总数浓度明显升高。

2. 人群暴露途径

空气中的细菌主要以微生物气溶胶的形式存在，人群对空气细菌的暴露途径有呼吸道、消化道和皮肤接触等，但最主要的暴露途径是呼吸道。微生物气溶胶可沉着于人体呼吸系统，沉着部位与微生物气溶胶的粒径有关，其中＜5.0μm 的微生物气溶胶粒子能够进入人体细支气管和肺泡，研究资料显示，大部分细菌性气溶胶粒子能进入人体呼吸系统内部。某次北京市空气重污染黄色预警期间室内微生物气溶胶中细菌总数的监测结果表明，室内细菌性气溶胶粒径＜5.0μm 的粒子占 95.72%，即绝大多数细菌能够进入人体细支气管和肺泡。对非雾霾天气下我国南方城市和北方城市空气中细菌性气溶胶调查结果表明，南、北方冬季室内细菌性气溶胶粒径＜5.0μm 的粒子分别占 80%和 83%，夏季室内细菌性气溶胶粒径＜5.0μm 的粒子分别占 80%和 63%，说明非雾霾天气下，大部分细菌性气溶胶能够进入人体内部，可能会对人体健康产生不利影响。针对四季中居室内部细菌性气溶胶的粒径分析结果显示，细菌气溶胶粒子直径以 1.0～2.0μm 为主（占 29.8%～39.62%）。

6.1.3 我国室内空气中细菌污染水平及变化趋势

1. 文献调研

对近 20 年公开发表的文献进行检索，在中国知网、万方数据库、ELSEVIER 和 Web of Science 以“室内”“空气”“微生物”“细菌”“细菌总数”“indoor”“residential”“bioaerosols”“bacteria”“China”及其组合为关键词进行检索，共获得初始中文文献 115 篇，英文文献 47 篇；经过筛选，符合要求的文献共有 9 篇，其中英文文献 1 篇，中文文献 8 篇。其中 2 篇文献采用沉降法采样，7 篇文献采用撞击法采样，GB/T 18883—2002 规定细菌总数采用撞击法采样。符合要求的 7 篇文献均提供了细菌总数的平均浓度，平均浓度范围为 220～3035CFU/m^3；3 篇文献提供了中位数，中位数浓度范围为 176～1825CFU/m^3；4 篇文献提供了浓度的区间范围，最高浓度范围为 703～40 000CFU/m^3；1 篇文献提供了超标率，为 16.5%（以 2500CFU/m^3 为限值）。现有资料表明，我国室内细菌总数处于较高水平。从城乡空间分布的角度分析，资料显示农村住宅室内细菌总数超标情况比较严重，平均浓度高于城市住宅。从家庭居室内空间分布的角度分析，不同采样点细菌总数的平均浓度波动范围较大，但污染水平由高到低依次为卫生间、客厅、卧室、阳台。

2. 既往案例追踪

2017 年中国疾病预防控制中心环境与健康相关产品安全所（以下简称环境所）

对我国 5 个城市家庭进行的室内环境质量调查结果表明（以 2500CFU/m^3 为限值），哈尔滨住宅室内细菌总数浓度范围为 14～2409CFU/m^3，算术均值为 186.50CFU/m^3，P95 为 1039.68CFU/m^3，超标率为 0（0/180）；西安住宅室内细菌总数浓度范围为 21～8892CFU/m^3，算术均值为 316.71CFU/m^3，P95 为 1798.87CFU/m^3，超标率为 2.46%（3/122）；宁波住宅室内细菌总数浓度范围为 61～1700CFU/m^3，算术均值为 367.78CFU/m^3，P95 为 1099.00CFU/m^3，超标率为 0（0/124）；南宁住宅室内细菌总数浓度范围为 1～2698CFU/m^3，算术均值为 220.97CFU/m^3，P95 为 1099.01CFU/m^3，超标率为 1.49%（2/134）；深圳住宅室内细菌总数浓度范围为 0～5000CFU/m^3，算术均值为 141.07CFU/m^3，P95 为 858.52CFU/m^3，超标率为 0.94%（3/320）。统计结果表明以 2500CFU/m^3 为限值时，超标率很低，难以评价室内空气质量的优良程度，反映出限值 2500CFU/m^3 的局限性。

2017～2018 年环境所对北京某办公楼进行了全年日监测（以 2500CFU/m^3 为限值），2017 年日监测数据表明细菌总数浓度范围为 0～696CFU/m^3，算术均值为 69.30CFU/m^3，P95 为 233.22CFU/m^3，超标率为 0；2018 年日监测数据表明细菌总数浓度范围为 0～1823CFU/m^3，算术均值为 72.51CFU/m^3，P95 为 249.47CFU/m^3，超标率为 0。不同限值超标率见表 6-1。

表 6-1　2017～2018 年北京某办公楼室内空气细菌总数在不同限值下的超标率

季节	限值（CFU/m^3）	超标率（%）
春季（3～5 月）	2500	0.4
	2000	0.4
	1500	0.7
	1000	0.7
夏季（6～8 月）	2500	0
	2000	0
	1500	0
	1000	0
秋季（9～11 月）	2500	0
	2000	0
	1500	0
	1000	0
冬季（12 月至次年 2 月）	2500	0.4
	2000	0.4
	1500	0.4
	1000	2.0

2018年环境所对我国12个城市的家庭进行的室内环境质量调查结果如表6-2所示，除石家庄外，当细菌总数限值为2000CFU/m³时，其他城市的住宅室内空气细菌总数合格率达70%以上；当限值为1500CFU/m³时，其他城市住宅室内空气细菌总数合格率达60%以上。

表6-2 2018年我国12个城市住宅室内空气细菌总数超标率

	限值（CFU/m³）	超标率（%）											
		石家庄	洛阳	西安	青岛	哈尔滨	盘锦	兰州	绵阳	南宁	宁波	无锡	深圳
非采暖季	2500	61.7	12.5	24.5	9.3	0	2.0	0	1.2	0	0	0	1.7
	2000	72.5	22.3	25.5	13.3	2.9	2.0	0	6.0	0	0	0	3.4
	1500	90.0	32.1	25.5	18.5	4.3	3.0	0	10.7	0	1.8	0	3.4
	1000	96.7	45.5	25.5	38.0	11.6	12.0	0.8	16.7	0	5.4	0	6.9
采暖季	2500	79.2	19.6	—	4.7	1.4	0	0	6.2	0	0	0.9	1.0
	2000	85.0	25.9	—	9.3	2.9	1.0	0	12.5	1.0	0	1.9	1.0
	1500	88.3	38.4	—	14.7	5.8	3.0	0	18.7	2.0	0	2.8	1.9
	1000	95.0	58.0	—	34.9	8.7	9.0	0	25.0	3.9	0	5.6	3.3

6.1.4 健康影响

室内细菌种类繁多，分布广泛，细菌总数可指示空气中微生物污染的程度，空气中细菌总数越高，存在致病性微生物和过敏原的可能性越高，越易引起呼吸系统疾病或变态反应性疾病。特别是在设有集中空调的楼宇内，通风系统内的水分或冷凝物有利于有害细菌（如嗜肺军团菌、结核分枝杆菌等）的滋生，所产生的有害细菌会通过通风系统散布到室内。当通风不良时，从皮肤脱落下来的碎屑中含有大量表皮葡萄球菌、微球菌和黄杆菌，同样会造成室内空气中细菌浓度增加，对人体健康产生危害。但必须注意，空气中存在的细菌并不一定会引起感染。细菌总数是指一定条件下培养生长的菌落总数，而不一定全是致病菌，所以该指标不是健康风险的直接指标，从空气质量方面来看，室内环境中细菌总数越多，说明空气质量越差，致病性微生物存在的可能性越大。

动物实验表明，空气细菌性污染物会导致肺部炎症，并对肺组织造成损伤。Sidra等调查了巴基斯坦30间房屋起居室和厨房的空气细菌浓度，发现厨房中细菌浓度为472～9829CFU/m³，起居室中为275～14469CFU/m³，在30个家庭中有16个家庭至少有1个人有过敏反应。一项关于严重哮喘患者的定群研究显示，针对严重哮喘的多因素回归分析表明，居室内细菌总数浓度、革兰氏阳性菌浓度、革兰氏阴性菌浓度与严重哮喘明显相关（$P<0.05$）。室内空气中细菌等生物性物

质除了能直接对人体健康产生影响，还会使室内人员出现非特异性症状，即不良建筑物综合征（SBS），SBS 的症状主要包括头痛、头晕、咳嗽等。一项关于室内人员 SBS 与室内空气细菌污染水平的调查结果显示，室内空气细菌总数是 SBS 的危险因素（OR=1.10，*P*=0.045）。

6.1.5 国内外室内空气质量标准或指南情况

1. 我国空气质量标准

我国与室内空气质量相关的标准，分别为《室内空气质量标准》（GB/T 18883）、《民用建筑工程室内环境污染控制规范》（GB 50325）和《公共场所卫生指标及限值要求》（GB 37488）。

GB/T 18883—2002 规定了室内空气质量参数，适用于住宅和办公建筑物内部的室内环境质量评价，其规定室内空气中细菌总数限值为 2500CFU/m^3。GB 50325—2010 适用于新建、扩建和改建的民用建筑工程室内环境污染控制，该标准涉及的室内环境污染是指由建筑主体材料和装饰装修材料产生的室内环境污染，不涉及生物性污染指标。GB 37488—2019 规定有睡眠、休憩需求的公共场所的室内空气细菌总数不应大于 1500CFU/m^3。

我国香港于 2019 年发布《办公室及公众场所室内空气质素管理指引》，主要目的是为使用者提供背景资料及实用指引，从而保证使用者具备预防室内空气质量问题的能力，并能够在问题出现时及时解决。细菌总数指标在空气质量卓越级（代表一幢高级而舒适的楼宇应有的最佳室内空气质量）时为 500CFU/m^3，在良好级（代表可保障一般公众人士，包括幼童及老人的室内空气质量）时为 1000CFU/m^3。细菌总数含量超标未必会构成健康风险，但可作为需要进一步调查的提示。该限值的制订参考了美国政府工业卫生专家协会于 1986 年发布的美国政府工业卫生专家协会委员会活动及报告《生物喷雾剂：办公室环境中存活于空气的微生物采样准则及分析程序》（*Bioaerosols: Airborne Viable Microorganisms in Office Environments: Sampling Protocol and Analytical Procedures*）。

2. 世界卫生组织标准

WHO 所有关于室内空气质量的指南中均无细菌总数指标建议。

3. 其他国家和地区标准

有学者提出夏季室内空气细菌总数≥2500CFU/m^3 时为污染空气。俄罗斯现行《室内空气标准》（GOST ISO 16000—2016）中没有关于细菌总数指标的规定。

韩国 1996 年发布的《公用设施室内空气质量控制法》规定医疗机构、培育机构、老人福利机构、商业教育机构室内空气细菌总数限值为 800CFU/m^3，为强制标准。

新加坡 1996 年发布的办公场所良好空气质量指南规定可接受的室内空气质量细菌总数限值为 500CFU/m^3。

美国、日本、澳大利亚、加拿大、芬兰、德国的室内空气标准中都没有关于细菌总数指标的规定。

6.1.6 标准限值建议及依据

本次修订建议制订室内空气细菌总数限值为 1500CFU/m^3，具体依据如下。

针对我国不同地区住宅室内和办公场所室内空气中细菌总数浓度进行的多项调查结果显示，以原有限值 2500CFU/m^3 为判定标准时，除个别城市外，大部分城市超标率低于 10%。这说明随着我国室内环境的改善，原限值已不能反映该标准对室内人群健康的保护作用。

国外多数国家的标准中没有规定室内空气细菌总数的限值，仅亚洲一些国家和地区设定了限值，且限值均＜1000CFU/m^3。考虑到设定限值的亚洲国家或地区跨气候区窄，季节性气候均一，可设定较严格的细菌总数限值。而我国地域广阔，包括温带大陆性气候、热带季风气候、高寒气候等多种气候环境，环境条件的巨大差异导致空气中微生物数量和种类也会相应发生变化。作为国家推荐标准，应兼顾各种环境气候的变化而制订限值。

综上所述，结合我国最近 20 年的文献资料，以及既往室内空气细菌总数浓度调查结果，在保护室内人群健康的前提下，考虑社会经济效益，参考 GB 37488—2019 规定的有睡眠、休憩需求的公共场所的室内空气细菌总数不应大于 1500CFU/m^3，建议将细菌总数指标限值由 2500CFU/m^3 收紧为 1500CFU/m^3。

6.2 氡

6.2.1 基本信息

氡（Rn）原子序数是 86，为位于元素周期表第Ⅵ周期的零族元素，属于惰性气体；CAS 号：10043-92-2。

1. 理化性质

常温下氡是一种无色无味的放射性气体，分子直径仅为 0.22nm，氡转化为固态的温度约为−113℃，熔点为−71℃，沸点为−62℃，1 个标准大气压下氡气密度为 9.73×10^{-3}g/cm^3。氡易溶于水和煤油、甲苯、二硫化碳等有机溶剂。氡在水中的溶解度和温度相关，0℃、20℃和30℃时氡的溶解度分别为510cm^3/L、230cm^3/L和169cm^3/L。氡在脂肪中的溶解度比水中高120倍，氡在人体中的毒理学作用与这一特征有一定关系。氡易被所有固体尤其是疏松多孔物质所吸附，如活性炭、橡胶、硅胶、石蜡、黏土等。常温下氡及其子体在空气中形成放射性气溶胶而污染空气。氡化学性质不活泼，利用氡与氟气直接化合，可以得到氟化氡，它与氙的相应化合物类似，但更稳定，更不易挥发。此外，氡能和水、酚等形成络合物。

2. 氡的辐射特性

氡共有33种同位素，从^{196}Rn到^{228}Rn，其中最重要的是3个天然放射系（铀系、钍系和锕系）中的^{222}Rn、^{220}Rn和^{219}Rn。^{219}Rn半衰期只有3.96s，从产生的地点到人类呼吸带之前就衰变完了，故其危害可以忽略。^{220}Rn的半衰期为55.6s，只有在高^{232}Th背景地区，如广东高天然辐射背景地区或含高水平^{232}Th的稀土矿山等特定环境下才有卫生学意义。通常所说的氡指^{222}Rn。

^{222}Rn是氡的同位素中最重要的核素，广泛存在于人类生活环境中。^{222}Rn的直接母体^{226}Ra的半衰期为1602年。^{222}Rn的半衰期为3.824天。^{222}Rn衰变会产生一系列新的放射性核素，并释放出α、β和γ射线。这些新生的放射性核素被称为氡子体。氡子体可分为短寿命子体和长寿命子体，有剂量学意义的是^{222}Rn的短寿命子体，即^{210}Pb以前的^{222}Rn衰变子体，如RaA（^{218}Po）、RaB（^{214}Pb）、RaC（^{214}Bi）、RaC'（^{214}Po），其吸入人体后对人体产生的危害最大。图6-1为^{222}Rn的放射性衰变链。

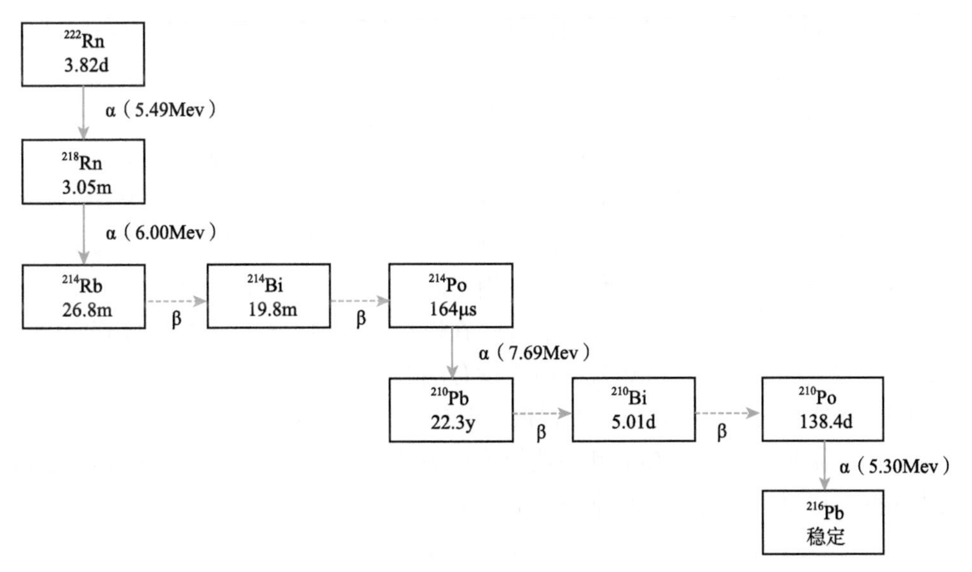

图6-1　^{222}Rn的放射性衰变链

6.2.2 室内氡的主要来源和人群暴露途径

1. 主要来源

（1）房屋的地基和周围的岩石或土壤：岩石和土壤是氡最主要的来源。建筑物地基和周围土壤中的氡气可以通过扩散或渗流进入室内，进入的通路可以是地板表面的缝隙或是穿过板面的各种管线周围的缝隙。扩散和渗流的机制不同，影响因素也不同。扩散是氡进入大气的主要机制，环境中氡气原子本身的热运动使之向浓度低的地方迁移，主要受与扩散通道相关的因素影响，如岩石或土壤的氡浓度、孔隙度、地面的致密程度等。氡进入的另一种方式是气压引起的对流，当建筑物内部与环境地基存在压差时，气体从压力高的位置向压力低的位置迁移。影响渗流的因素主要是气象因素，如气压、风向、风速、湿度等，同时还受土壤孔隙度、密度、房屋设计结构等诸多因素影响。来自地基和周围岩石或土壤的氡只对三层楼以下的建筑产生影响。

（2）建筑材料：是室内氡的另一重要来源。具有高镭或钍含量的建筑材料可将 ^{222}Rn 和 ^{220}Rn 释放到建筑物中，其浓度取决于镭或钍含量及建筑材料的物理基质和材料的表面特征。以往我国建材主要是黏土砖和普通混凝土，建材对室内氡的贡献主要是镭含量较高的磷石膏、石煤砖和矿渣砖。1996～2000 年为保护耕地和缓解工业废渣存放对环境的压力，我国实施了全国范围的墙体改革。加气混凝土是目前应用最广泛的新型墙体材料，具有轻质、高强、可大量利用工业固体废弃物等特点。其孔隙率在 70%～80%，其中 90%以上为贯通孔，因而导致该材料的氡析出率和扩散长度远高于传统混凝土，成为多层或高层建筑室内氡的主要来源。

（3）生活用水：特别是直接使用 ^{226}Ra 含量高的地下水或地热水时会引起室内氡浓度升高。据美国 EPA 推荐，氡从水中弥散至空气中的转换系数为 10^{-4}，假如家庭用水中的氡浓度为 1×10^{3}Bq/L，该家庭生活用水行为可导致室内空气中的氡浓度增加 100Bq/m^{3}。通常，室内空气中有 1%～2%的氡来源于水。温泉也是水氡的重要来源，一些采用温泉作为生活用水的住宅需要注意氡污染。

（4）家用燃料：天然气、煤气、煤等在燃烧过程中，氡气会被释放到室内。尤其是天然气和液化石油气燃烧，由于没有烟囱，氡气几乎全部滞留在室内。

（5）室外空气：氡的含量一般很低，不会增加室内氡浓度，但一些特殊地带，如铀矿山、温泉、富铀和镭的断裂地带等局部区域，室外氡浓度会比较高，通过气体交换可以进入室内，导致室内氡浓度增加。

2. 人群暴露途径

环境中的氡及其衰变子体主要经呼吸途径进入人体而产生辐射危害。此外，还可通过饮用氡含量高的水进入人体，但是饮用水摄入氡所产生的剂量和危害与吸入相比非常小。

氡的大部分辐射暴露来自吸入其短寿命子体，包括 RaA（^{218}Po）、RaB（^{214}Pb）、RaC（^{214}Bi）、RaC'（^{214}Po），而不是氡气本身。室内空气中氡衰变会产生一系列短寿命子体，绝大多数吸附在气溶胶颗粒上，称为结合态氡子体，其悬浮在空气中或沉积在房屋表面。没有附着于气溶胶的氡子体被称为未结合态氡子体，未结合态氡子体在空气中的占比通常不到 10%，但危害最大。

这些氡及其衰变产生的短寿命子体通过吸入沉积在呼吸道，氡及其子体衰变产生的 α 粒子，对肺部敏感细胞，如支气管上皮细胞和基底细胞产生辐射照射。根据核素的半衰期和理化性质，吸入氡所致的肺部辐射剂量主要贡献来自短寿命子体 ^{218}Po（半衰期为 3.05min）发射的 α 粒子（能量 Eα= 6.00MeV）和 ^{214}Po（半衰期为 1.64×10^{-4}s）发射的 α 粒子（能量 Eα= 7.68MeV），由于两者在组织中的射程仅为 48μm 和 71μm，具有很高的传能线密度，在短距离内可以对细胞 DNA 结构造成严重损伤。

6.2.3　我国室内空气中氡污染水平及变化趋势

在中国知网、万方数据库，对公开发表时间在 1998 年 1 月至 2018 年 12 月、以“室内”“住宅”“氡”等组合为关键词的文献进行检索，共获得初始中文文献 290 余篇，根据测量方法、地理区域、调查范围、期刊级别、作者等综合信息进行筛选，符合要求的共有 13 篇，获取了 31 个省（自治区、直辖市）64 个城市的室内氡浓度数据，涉及调查房间 9587 间。这 13 篇文献调查数据以城市居室氡浓度为主，其中 3 篇涉及农村居室，1 篇涉及学校，5 篇涉及办公室和公共场所，4 篇涉及地下场所。文献中涉及的 9587 间调查房间中 80%采用固体径迹法测量。

我国室内空气质量标准规定的室内氡浓度上限值为 400Bq/m^3。从公开发表的文献来看，64 个城市的室内氡浓度样本加权均值为 48.9Bq/m^3（n=9587），范围为 2～877.5Bq/m^3。我国室内氡浓度水平主要调查结果见表 6-3。

2001～2004 年在科技部社会公益研究专项基金资助下，中国疾病预防控制中心辐射防护与核安全医学所（NIRP）采用固体径迹探测器对我国典型地区进行了室内氡浓度的调查，测量时间为 3～6 个月，共调查了 26 个城市和地区，获得室内（仅居室）氡浓度数据 3098 个，室内氡浓度均值为 43.8Bq/m^3，范围在 6.6～596Bq/m^3，其中超过 100Bq/m^3 的房屋占 8.6%，超过 200Bq/m^3 的房屋占 0.7%，超过 300Bq/m^3 的房屋占 0.2%，超过 400Bq/m^3 的房屋占 0.06%。

表 6-3　公开文献报道的我国室内氡浓度情况（1998 年以来）

调查单位	地区	调查时间（年）	房间数（间）	场所	测量方法	范围（Bq/m^3）	算术均值（Bq/m^3）
中国疾病预防控制中心辐射防护与核安全医学所	26 个城市	2001～2004	3098	居室	固体径迹法	6.6～596	43.8
中国核工业集团有限公司	1 个省和 8 个城市	2006～2010	2029	居室	固体径迹法	5.3～183	32.6
住房和城乡建设部	9 个城市	2008～2010	406	居室	固体径迹法	4～170	34.9
成都理工大学	重庆	2009	168	居室/办公室/地下建筑	固体径迹法	8～177.2	64.5
天津市辐射环境管理所	天津	2006～2007	332	居室	固体径迹法	7～232	30.8
兰州军区疾病预防控制中心	兰州	2001	127	居室	双滤膜法法	6.2～170	51.6
辽宁省环境监测中心站	7 个城市	1996～1998	109	居室/办公室	固体径迹法	15.7～877.5	80
吉林大学	长春	2003	70	居室/办公室/地下建筑	连续测量法	14～673.4	87
南华大学	江苏	2012	980	居室/办公室/地下建筑	固体径迹法	5～238	30
陕西师范大学	西安	2013～2014	92	居室/公共场所/地下建筑	连续测量法	3.7～525.4	89.7
住房和城乡建设部	广州	2015～2016	1796	居室	活性炭盒法	12.1～524.6	84.2
中国疾病预防控制中心辐射防护与核安全医学所	深圳	2015	108	居室	固体径迹法	15～155	64
中国疾病预防控制中心辐射防护与核安全医学所	北京	2016	86	学校	固体径迹法	16～196	60

2006～2010 年中国核工业集团有限公司组织开展的部分省市室内氡浓度调查显示，浙江省、石家庄市、上海市、苏州市、成都市、包头市、济南市、威海市室内氡浓度均值为 32.6Bq/m^3，范围在 5.3～183Bq/m^3，超过 100Bq/m^3 的房屋占 1.8%。

2008～2010 年住房和城乡建设部组织开展的部分城市室内氡浓度调查显示，广州、昆山、青海、深圳、乌鲁木齐、厦门、信阳、徐州和诸暨 9 个城市室内氡浓度均值为 34.9Bq/m^3，范围为 4～170Bq/m^3，超过 100Bq/m^3 的房屋占 3.7%。

2015～2016 年广州新建住宅室内氡浓度调查显示，室内氡浓度均值为 84.2Bq/m^3，超过 100Bq/m^3 的房屋占 24%，超过 200Bq/m^3 的房屋占 3%。2015 年深圳室内氡浓度调查显示，室内氡浓度均值为 64Bq/m^3，超过 100Bq/m^3 的房屋占 11%。

20 世纪 80 年代我国第一次全国室内氡浓度调查显示，28 个省（自治区、直辖市）氡浓度典型值为 23.0Bq/m^3。2000～2010 年调查的室内氡浓度样本加权均值为 40.7Bq/m^3，2010 年以后调查的室内氡浓度样本加权均值为 65.6Bq/m^3。我国室内氡浓度呈现持续增长的趋势（图 6-2）。

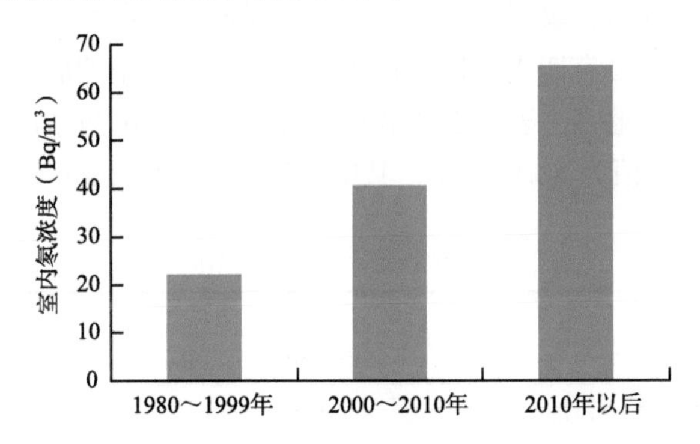

图 6-2　不同时期室内氡浓度变化

随着社会的发展，住宅建筑类型、建筑结构和建筑材料都发生了改变，砖混结构的普通楼房和平房逐渐被钢筋混凝土框架结构的高层建筑取代。随着掺工业废渣的新型建筑材料的广泛应用，原材料中含有较高浓度的放射性核素镭，室内氡浓度增加。此外，新型墙体材料加气混凝土具有质轻、保温隔热性能好、抗震能力强、施工简便等优点而被高层建筑广泛应用。虽然加气混凝土放射性含量符合国家建材标准，但是由于采用了发泡技术，提高了孔隙度，导致氡析出率增加，引起室内氡浓度增加。随着人类生活方式的改变，如空调的使用，住房很少通风或几乎不通风，以及为了保证建筑物的隔热保温性能，建筑行业人员在建筑物建造和设计时为了有效降低能耗，采取了一系列节能措施，增加了居室密封性，从而降低了居室的自然换气率，导致现有室内氡浓度升高。

根据2006～2010年的室内氡浓度调查，浙江省，以及石家庄、上海、苏州、杭州、台州、成都、济南、威海等城市的城镇和农村室内氡浓度调查结果见表6-4。城镇室内氡浓度与农村的比值范围为0.54～1.57，多数城镇氡浓度与农村无明显差异。

表6-4 城镇和农村室内氡浓度比较

居住地点	房间数（间）	氡浓度范围（Bq/m^3）	均值（Bq/m^3）
城镇	918	1.9～168	31.9
农村	725	5.0～183	35.7

我国部分地区农村仍存在传统生土建筑，室内存在高浓度的氡。生土建筑是指以地壳表层的天然物质，如岩石、土壤等未经加工处理的材料经过采掘成形或砌筑而建造的建筑物、构筑物。生土建筑在我国有着悠久的历史，具有建造简单、保温性能好、价格低廉等优点，目前在我国农村和少数民族地区还相当普遍。然而疏松的土壤为氡的析出提供了有利条件，而这类房屋通常装修又非常简单，地面和墙面一般不做屏蔽，氡很容易进入并聚积到较高的水平。

我国土砖房屋主要有四类，即土坯砖房、土楼（云南的蘑菇房）、西北的窑洞和新疆的半地下式地窖。表6-5为我国土砖房屋室内的氡浓度，氡浓度范围在43.8～255Bq/m^3，均值为88.1Bq/m^3，其中7.1%超过200Bq/m^3。

表6-5 传统土砖房屋室内氡浓度

地区	类型	样本量（个）	均值（Bq/m^3）	最大值（Bq/m^3）	>100Bq/m^3（%）	>200Bq/m^3（%）
甘肃庆阳	窑洞	25	145	255	76.9	23.1
甘肃平凉	窑洞	33	92.1	210	36.4	3
安徽上饶	土房	13	90.4	228	38.5	7.7
安徽黄山	土房	5	43.8	80.7	—	—
新疆吐鲁番	半地下	17	81.5	248	29.4	5.9
贵州惠水	土房	9	50.4	107	11.1	—
云南元阳	土楼	25	51.1	179	8	—

根据文献分析，居室、办公室、公共场所与地下建筑的室内氡浓度测量结果见表6-6。总体而言，居室和办公室氡浓度无明显差异，地下建筑室内氡浓度要高于地上建筑，主要是通风较差和地基土壤贡献所致。

表 6-6　居室，办公室、公共场所与地下建筑氡浓度（Bq/m³）

地区	居室	办公室（公共场所）	地下建筑
江苏	30.2*		34
重庆	63.9*		70.1
吉林	48.2	128.2	80.7
辽宁	108	99.7	—
陕西	64	76.7	299

注：*居室和办公室合并为地上建筑的室内氡测量结果。

按照冬季（1～3 月）、春季（4～6 月）、夏季（7～9 月）、秋季（10～12 月）划分，室内氡浓度呈现夏秋季低、冬春季高的趋势（图 6-3）。北方城市（如石家庄）室内氡浓度的变化幅度远高于南方城市（如上海、苏州），这主要与气候条件和人们的生活习惯有关。春季和冬季气温较低，居室开窗通风时间短，造成氡的积累；而夏秋季气温较高，居室开窗通风时间长，居室内氡浓度降低。室内通风和取暖引起的室内外压差是造成室内氡浓度随季节变化的主要原因。

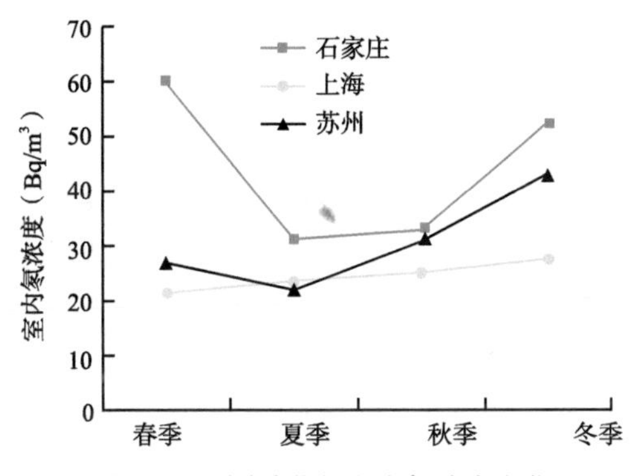

图 6-3　不同季节的室内氡浓度变化

我国东南地区及海岛共收集了 35 个城市的室内氡浓度数据，具体见表 6-7，各个城市室内氡浓度水平较低（常州和黄山除外），样本加权均值为 30.8Bq/m³。宿迁市室内氡浓度最低，为 15Bq/m³，其次为海口 15.9Bq/m³，这两所城市分别属于温带季风气候和热带季风海洋性气候，季风频繁，室内通风率高于内陆地区，并且当地居民习惯于开窗通风，良好的通风可将室内产生的氡气及时排出。

表 6-7　我国东南地区和海岛城市室内氡浓度

城市	样本量（个）	均值（Bq/m³）	最小值（Bq/m³）	最大值（Bq/m³）
青岛	108	45.7	—	205
淄博	21	22.1	—	—

续表

城市	样本量（个）	均值（Bq/m³）	最小值（Bq/m³）	最大值（Bq/m³）
威海	205	36.8	13.6	145
济南	354	38.1	14.2	183
南京	120	33	2	200
无锡	79	27	6	88
徐州	152	23.7	7	150
常州	76	63	6	153
苏州	263	31.7	7	238
南通	85	20	5	59
连云港	68	27	7	67
淮安	65	20	6	62
盐城	60	31	8	98
扬州	58	39	10	69
镇江	54	35	4	93
泰州	61	21	7	49
宿迁	60	15	6	23
海宁	24	29.3	—	55.5
杭州	440	30.2	5.3	169.5
丽水	33	29.1	8.2	84.4
舟山	14	20.2	9.2	50.8
衢州	37	25.4	5.7	129.8
嘉兴	26	37.7	11.2	169.4
金华	30	28.1	6.5	77.2
台州	87	27.3	6.9	112
温州	29	33.5	10.8	74.7
宁波	19	34.5	5.3	65.9
绍兴	13	24.9	12.8	56.6
昆山	29	26.7	4	116
诸暨	36	29.8	12	71
上海	183	37.7	—	132
上海	211	25.3	6	94.5
蚌埠	371	21.1	—	135
黄山	35	68.7	—	363
海口	65	15.9	—	47.2
厦门	59	32.5	5	76

我国西北和东北地区共收集了 10 个城市的室内氡浓度数据（表 6-8），室内氡浓度样本加权均值为 66.2Bq/m^3，明显高于全国室内氡浓度平均水平。这主要与我国西北和东北地区冬季气候寒冷、居民生活通风较少有关。此外，西北地区，如平凉和乌鲁木齐还有一定数量的传统生土建筑，也会导致室内氡浓度偏高。

表 6-8　我国西北和东北地区室内氡浓度

城市	样本量（个）	均值（Bq/m^3）	最小值（Bq/m^3）	最大值（Bq/m^3）
包头	52	34.6	17.6	73.8
兰州	127	51.6	6.2	170
平凉	54	70.7	—	210
西宁	44	67.1	18	203
乌鲁木齐	128	63.6	11	279
拉萨	45	43.9	—	125
西安	92	89.9	3.7	525.4
长春	39	58.4	—	109
沈阳	109	80	15.7	877.5
哈尔滨	71	83	33	321

我国华北及华中地区 6 个城市室内氡浓度数据见表 6-9，样本加权均值为 36.0Bq/m^3，低于全国平均水平，明显低于西北和东北地区室内氡浓度，但是高于东南地区。

表 6-9　我国华北地区室内氡浓度

城市	样本量（个）	均值（Bq/m^3）	最小值（Bq/m^3）	最大值（Bq/m^3）
天津	353	31	7	232
北京	518	47.6	16	320
太原	119	28.3	—	87.2
石家庄	95	27.5	6.9	82.1
信阳	50	30.7	10	128
郑州	296	28.2	—	100

我国西南和华南地区共收集了 12 个城市的室内氡浓度数据（表 6-10），样本加权均值为 52.9Bq/m^3，明显高于全国大部分地区室内氡平均水平，但低于西北和东北地区。这主要与我国南方地区的岩石土壤富铀（镭）含量有关。由于含矿渣建材，特别是煤渣砖、粉煤灰混凝土、掺渣建材的广泛应用，使得部分房屋氡浓度增高。珠海市的地质构成主要是燕山侵入期的花岗岩，这类花岗岩中的铀镭含

量比较高，用来建造房屋，会使房间中的氡浓度升高。

表 6-10　我国西南和华南地区室内氡浓度

城市	样本量（个）	均值（Bq/m^3）	最小值（Bq/m^3）	最大值（Bq/m^3）
上饶	143	83.3	—	596
珠海	327	60.6	—	398
贵阳	51	57.7	—	344
汕头	13	51.5	—	87.8
元阳	29	49	—	144
深圳	500	49.7	3	333
广州	323	44.4*	4	555
南宁	14	44.3	—	87.5
武汉	116	35.5	—	144
成都	234	39.4	8.4	177
重庆	168	64.5	8	177.2
昆明	26	43.5	—	148

注：*将固体径迹法测量的数据进行合并分析，未采用活性炭法测量数据。

总体，我国室内氡浓度呈现逐渐增高的趋势。地下建筑室内氡浓度要高于地上建筑。我国农村传统生土建筑内存在高浓度的氡。室内氡浓度呈现夏秋季低、冬春季高的趋势。按照地理分布，室内氡浓度样本加权均值从低到高依次为东南地区（$30.8Bq/m^3$）、华北及华中地区（$36.0Bq/m^3$）、西南和华南地区（$52.9Bq/m^3$）、西北和东北地区（$66.2Bq/m^3$）。这仅是粗略估计，因抽样方法、调查时间、测量方法及测量时间不同，数据的区域代表性会受到一定的影响。

6.2.4　健康影响

1. 吸收、分布、代谢与排泄

氡及其子体进入人体最主要的途径是呼吸吸入。氡及其子体主要沉积在呼吸道表面，主要为肺部。除此以外，摄取氡含量高的水也是一种途径，但与吸入途径相比，摄入途径的剂量与风险较低。

氡及其子体在不同器官的剂量分布受到多种因素影响，如未结合态份额、气溶胶子体的粒径分布、呼吸频率、肺部到血液的吸收参数、黏液清除率等。氡在不同器官中的剂量分布可根据国际放射防护委员会（ICRP）的呼吸道模型来计算。

肺和支气管被认为是氡照射的主要靶器官。由于氡及其子体的高脂溶性使其容易被吸收进入血液和脂肪含量高的组织，因此血液和骨髓也是氡照射潜在的靶器官。

吸入的氡绝大部分通过呼气被排出体外。氡的短寿命子体主要沉积在肺，发生放射性衰变释放出 α 粒子，造成内照射。少部分氡子体被血液吸收或进入消化道，可通过尿液或粪便排出。

2. 健康影响

（1）致癌风险：20 世纪 60 年代之后，地下矿工流行病学研究表明，氡及其子体可致肺癌风险增加。1988 年，国际癌症研究机构（IARC）将氡列为人类致癌物。

全球 11 项矿工流行病学队列研究，来自亚洲、澳大利亚、欧洲和北美共 6 万名矿工（包括铀矿、锡矿萤石矿和铁矿工人），其中发生 2600 例肺癌死亡病例。每项研究都发现，肺癌发病率随着累积氡暴露量的增加呈线性增长，但是不同研究之间肺癌风险相差约 10 倍。11 项队列研究统合分析，估计矿山氡诱发肺癌的超额相对危险度（ERR）约为每个工作水平月（WLM）0.44%（95%CI：0.18～1.27）。矿工患肺癌的相对危险度随暴露时间延长和发生年龄的增加而减小。经过调整暴露率和暴露周期后发现，存在反向暴露率效应，暴露于低浓度氡的矿工患肺癌的风险比暴露于较高浓度氡的矿工大。分析还发现，吸烟矿工肺癌风险要比非吸烟者高，ERR/WLM 分别为 1.02%（95%CI：0.18～1.27）和 0.48%（99.5%CI：0.18～1.27）。

20 世纪 90 年代以后，居室氡与肺癌流行病学研究为室内氡致肺癌提供了直接证据。迄今，全球已开展了至少 40 多项居室氡与肺癌的病例对照研究。大多数研究表明，居室氡暴露与肺癌风险之间存在正相关关系，但是估计的危险度通常没有达到统计学意义，不同研究估计的危险度也有很大差异。因此，将不同研究数据进行合并，分析居室氡致肺癌风险。迄今已完成 3 个统合分析，包括欧洲 13 项研究的统合分析、北美 7 项研究的统合分析及我国 2 项研究的统合分析。

欧洲 13 项研究的统合分析包括欧洲的 13 项室内氡与肺癌的病例对照研究，共 7148 例病例和 14 208 例对照，有详细吸烟史和居住 15 年及以上的房屋氡浓度测量数据。分析表明，室内氡和肺癌呈正相关。氡浓度每增加 $100Bq/m^3$，肺癌危险度增加 8%（95% CI：3%～16%）。室内氡和肺癌的剂量–反应关系近似呈线性，不存在阈值。针对室内氡浓度低于 $200Bq/m^3$ 的调查对象进行分析，室内氡和肺癌的剂量–反应关系仍有统计学意义。暴露于氡浓度 $100～199Bq/m^3$ 的人群与暴露于氡浓度小于 $100Bq/m^3$ 的人群比较，肺癌危险度要高 20%（95%CI：3%～30%）。调整室内氡浓度的年度变化后，长期平均氡浓度每增加 $100Bq/m^3$，肺癌患病风险增加 16%（95%CI：5%～31%），肺癌患病风险与平均氡浓度的剂量–反应关系呈近似线性（图 6-4）。

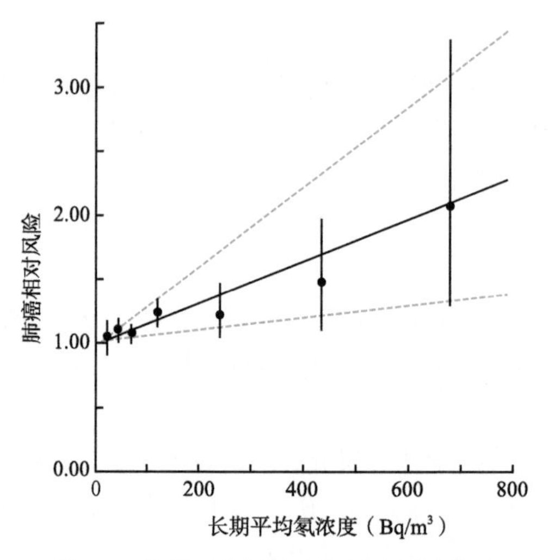

图 6-4　长期平均氡浓度与肺癌风险关系

Darby 等研究了氡与吸烟的联合作用。按预期寿命 75 岁计算，非吸烟者和吸烟者（每天 15～24 支）不同室内氡浓度所致肺癌终生累积死亡风险见表 6-11。分析表明，吸烟者的肺癌相对风险是非吸烟者的 25.8 倍。

表 6-11　不同室内氡浓度吸烟者和非吸烟者肺癌终生累积死亡风险

氡浓度（Bq/m^3）	每 1000 名吸烟者（15～24 支/天）（‰）	每 1000 名非吸烟者（‰）
0	101	4.1
100	116	4.7
200	131	5.4
400	160	6.7
800	216	9.3

据估计，如果在长期平均氡浓度为 $0Bq/m^3$、$400Bq/m^3$ 或 $800Bq/m^3$ 的居室，非吸烟者的累积肺癌死亡风险分别为 4.1‰、6.7‰和 9.3‰，而吸烟者的累积肺癌死亡风险分别为 101‰、160‰和 216‰。戒烟者的氡致肺癌风险要明显低于持续吸烟者，但仍然高于非吸烟者。非吸烟者和吸烟者终生超额危险分别为 0.6×10^{-5}（Bq/m^3）$^{-1}$ 和 15×10^{-5}（Bq/m^3）$^{-1}$。

北美 7 项研究的统合分析包括 3662 例病例和 4966 例对照。用固体径迹探测器测量每个调查对象 5～30 年前居住的房屋 1 年。分析表明，氡浓度每增加 $100Bq/m^3$，肺癌患病风险增加 11%（95%CI：0～28%）。室内氡和肺癌的剂量-反应关系也呈线性（无阈值）。如果仅限于假定“更准确的剂量测定”的研究对象，则氡致肺癌风险明显增加。如果调查前 5～30 年只住过 1 或 2 间房屋的调查对象，探测器测量至少覆盖20年的暴露时间，氡致肺癌风险增加18%(95%CI：2%～43%)。

我国甘肃和沈阳的2项室内氡与肺癌流行病学研究统合分析中包含1050例病例、1996例对照。分析表明，氡浓度每增加100Bq/m^3，肺癌患病风险增加13%（95%CI：1%～36%）。室内氡和肺癌的剂量-反应关系也呈线性（无阈值）。如果调查前5～30年只住过1间房屋的调查对象，探测器测量覆盖了全部的暴露时间，肺癌患病风险增加33%（95%CI：8%～96%）。

（2）氡导致肺癌以外的其他疾病：人或动物吸入氡后，其衰变产物可进入骨髓组织，造成造血细胞损伤。因此，研究者对氡与白血病之间的关系进行了大量研究。Laurier等对1997～2001年发表的关于氡与白血病的19项生态学研究、8项居民病例对照研究和6项矿工队列研究进行综述。虽然生态学研究表明，居民氡暴露与白血病之间存在正相关关系，但是现有的病例对照研究和队列研究则没有足够的数据证实氡暴露与白血病之间存在关系。目前，尚无足够的科学证据表明氡暴露存在其他疾病风险。

6.2.5　健康风险评估

氡对人体的健康危害主要是肺癌。地下矿工流行病学研究表明，肺癌危险度随氡浓度增加而增加。1988年IARC将氡列为人类1类致癌物。此外，居室流行病学研究为氡致肺癌提供了直接证据。

欧洲、北美和中国的3项统合分析均表明，肺癌风险随长期氡暴露浓度的增加大致呈线性增长，而且无阈值。氡浓度在200Bq/m^{3}以下时，这一增长具有统计学意义。矿工流行病学与居室病例对照研究的肺癌风险评估非常一致。对于由氡引起的其他癌症风险证据有限，但不一致。

氡是人体所受电离辐射的重要来源。通常室外氡浓度非常低，在2～20Bq/m^3。WHO对30多个国家的氡调查表明，室内氡浓度呈对数正态分布，范围为20～150Bq/m^3。据估计，由居室氡所致的肺癌占所有肺癌的3%～14%。由于大多数人暴露在中低浓度氡，绝大多数肺癌与中低浓度氡有关，而不是高浓度。在许多国家，氡是继吸烟后导致肺癌的第二大危险因素。由于氡与吸烟存在协同作用，大多数氡致肺癌病例为吸烟者或戒烟者。氡暴露是非吸烟者发生肺癌的主要原因。

居室流行病学研究为氡致肺癌提供了直接证据。氡致肺癌剂量-反应关系呈线性（无阈值）。根据30年长期暴露平均氡浓度，氡浓度每增加100Bq/m^3，氡致肺癌超额相对危险度增加16%，而且在30年暴露周期，吸烟者、戒烟者和非吸烟者之间没有明显差异。因此，吸烟者给定氡浓度的肺癌绝对风险要高于非吸烟者，吸烟者和戒烟者氡致肺癌的绝对风险要高于非吸烟者，戒烟者氡致肺癌的绝对风险介于吸烟者和非吸烟者之间。

按预期寿命 75 岁计算非吸烟者和吸烟者（每天 15～24 支）氡致肺癌累积死亡风险，非吸烟者和吸烟者终生超额危险分别为 0.6×10^{-5}（Bq/m^3）$^{-1}$ 和 15×10^{-5}（Bq/m^3）$^{-1}$。吸烟者终生超额危险度 1%和 1‰对应的氡浓度分别为 67Bq/m^3 和 6.7Bq/m^3，非吸烟者终生超额危险度 1%和 1‰对应的氡浓度分别为 1670Bq/m^3 和 167Bq/m^3。

6.2.6 国内外空气质量标准或指南情况

1. 我国室内空气氡控制标准

《电离辐射防护与辐射源安全基本标准》（GB18871—2002）规定住宅中氡持续照射的优化行动水平平均活度浓度应在 200～400Bq/m^3，其上限值用于已建住宅氡持续照射的干预，下限值用于对待建住宅氡持续照射的控制。

GB 50325—2010 规定Ⅰ类建筑物中氡浓度为 200Bq/m^3，Ⅱ类建筑物中氡浓度为 400Bq/m^3。2019 年对《民用建筑工程室内环境污染控制规范》（GB 50325—2020）进行了修订，将室内氡浓度限值规定为 150Bq/m^3。同时，该标准提出 4 种室内氡筛选检测方法：泵吸静电收集能谱分析法、泵吸闪烁室法、泵吸脉冲电离室法、活性炭盒-低本底多道伽马谱仪法。其中前 3 种方法要求每检测点的取样测量时间不少于 1h。

2015 年《室内氡及其子体控制要求》（GB/T 16146—2015）发布，代替《住房内氡浓度控制标准》（GB/T 16146—1995），规定新建建筑物室内氡浓度设定年均浓度目标水平为 100Bq/m^3；已有建筑物室内氡浓度设定年均浓度行动水平为 300Bq/m^3。与原标准相比，降低了室内氡浓度控制值，与 WHO 和国际放射防护委员会（ICRP）的最新要求一致。

GB 37488—2019 要求氡浓度的行动水平为 400Bq/m^3。

2019 年颁布的《公共地下建筑及地热水应用中氡的放射防护要求》（WS/T 668—2019）建议地下建筑的氡浓度参考水平为 400Bq/m^3。

2. 世界卫生组织标准

2005 年，WHO 启动国际氡项目（International Radon Project），来自 30 多个国家的学者致力于解决全球室内氡问题。2009 年 WHO 发布《室内氡手册》，根据最新科学研究数据，为减少室内氡照射的健康危害，建议室内氡参考水平为 100Bq/m^3；如果国家达不到该标准，建议室内氡参考水平不超过 300Bq/m^3。2010 年 WHO 发布的室内空气质量准则中，室内氡浓度采用了该推荐值。

3. 其他国家及地区标准

1993 年，国际放射防护委员会（ICRP）65 号报告将室内氡的年平均浓度行动水平定为 200～600Bq/m^3。2007 年，ICRP 103 号报告将室内氡的控制限值改为

600Bq/m^3，去除了 200Bq/m^3 的控制下限，并将行动水平改为参考水平。与行动水平相比，参考水平不仅是采取行动与否的界限，还体现了 ALARA 最优化原则。

2009 年，ICRP 发布声明，认可 WHO 建议的室内氡浓度参考水平。2010 年 ICRP 115 号报告根据氡暴露与健康效应的最新研究结果，将氡的标称危险度系数（nominal risk coefficient）由 2.83×10^{-4}WLM^{-1}（ICRP 65 号报告）调整为 5×10^{-4}WLM^{-1}。2014 年 ICRP 126 号报告将现存照射室内氡的控制限值由 600Bq/m^3 降至 100～300Bq/m^3。2017 年，ICRP 137 号报告将地下矿山、建筑物内、大多数环境下吸入氡及其子体的剂量转换系数调为 10mSv/WLM，是原来针对矿工剂量转化系数 5mSv/WLM（ICRP 65 号报告）的 2 倍。氡剂量转换因子的提高，对室内氡的控制提出更高的要求。

2014 年，国际原子能机构（International Atomic Energy Agency，IAEA）、欧洲委员会（European Community，EC）、联合国粮食及农业组织（Food and Agriculture Organization of the United Nations，FAO）、国际劳工组织（International Labour Organization，ILO）、经济合作与发展组织核能机构（Nuclear Energy Agency，NEA）、泛美卫生组织（Pan American Health Organization，PAHO）、联合国环境规划署（United Nations Environment Programme，UNEP）和 WHO 联合发布《国际辐射防护和辐射源安全基本安全标准》（*Basic Standards for Protection Against Ionizing Radiation and for the Safety of Radiation Sources*，BBS），修订了关于室内氡引起的公众照射限值，要求政府考虑普遍社会经济情况，制订关于住宅和对于公众成员而言具有很高占用因子的其他建筑物内氡的适当参考水平，建议氡参考水平一般不超过年平均浓度（300Bq/m^3）。新版 BBS 将室内氡浓度从 200～600Bq/m^3 降至 300Bq/m^3，并将行动水平改为参考水平。

2014 年，欧洲原子能共同体（European Atomic Energy Community，EURATOM）修订了室内氡浓度控制限值，从行动水平（200～400Bq/m^3）修订为参考水平（300Bq/m^3）。

近年，部分国际组织和国家制订的室内氡参考水平见表 6-12。多数国家室内氡控制标准采用 WHO 提出的参考水平 300Bq/m^3。

表 6-12　部分国际组织和国家制订的室内氡控制标准

地区、国家和组织	制订时间（年）	原有标准（Bq/m^3）	修订时间（年）	新标准（Bq/m^3）	备注
澳大利亚	1990	200	2017	200	参考水平
加拿大	1989	800	2007	200	行动水平
美国 EPA	1986	150	—	—	行动水平
英国	1990	200	2010	行动水平：200 目标水平：100	—

续表

地区、国家和组织	制订时间（年）	原有标准（Bq/m³）	修订时间（年）	新标准（Bq/m³）	备注
德国	1994	200～1000	2017	≤300	参考水平
韩国	—	148	—	—	—
瑞士	1994	1000	2018	300	参考水平
欧洲	1990	200～400	2014	≤300	参考水平
ICRP	1993	200～600	2014	100～300	参考水平
IAEA	1994	200～600	2014	≤300	参考水平
WHO	1985	100	2009	100（≤009）	参考水平

WHO 定义参考水平为居室可接受的最大年均氡浓度，并非安全与危险的严格界限，而是国家定义的室内氡风险水平。如果室内氡低于该参考水平，也可以采取预防措施，使室内氡浓度远低于该参考水平。氡行动水平指应采取补救行动的浓度水平。以往大多数国家，包括 2008 年的 ICRP 103 号报告给出的是行动水平，若室内氡浓度超过行动水平，建议采取补救措施。

6.2.7 标准限值建议及依据

综合分析国际最新室内氡致肺癌健康影响研究成果，目前我国室内氡浓度水平分布及超标情况，国际组织、发达国家涉及室内氡的现行标准和指南限值，以及我国室内氡控制标准现状，建议修订室内空气中氡浓度限值，由原来的 400Bq/m³ 降为 300Bq/m³，并将行动水平改为参考水平，与 WHO 和国际放射防护委员会的最新要求接轨，与 GB/T 16146—2015 保持一致。根据近年调查数据，室内氡浓度超过 300Bq/m³ 占被调查房屋数的 0.9%，在社会可接受范围。

如果筛选测量室内氡浓度＞300Bq/m³，该房间需要跟踪测量。若跟踪测量室内氡浓度＞300Bq/m³，则室内氡浓度超标，需要查找原因，考虑采取干预或降氡措施。

参考文献

陈新宇，毕新慧，盛国英，等，2008. 广州市秋季室内外大气中细菌气溶胶粒径分布特征[J]. 中国热带医学，8（2）：201-203.

杜淑艳，张立山，张秋芬，等，2006. 唐山市部分居室空气中微生物的污染状况[J]. 环境与健康杂志，23（5）：481.

范会弟，程柏，宇广华，等，2004. 住宅室内外空气卫生微生物的分布[J]. 中国公共卫生，20（10）：1251.

方志刚，徐绍琴，刘勇，等，2000. 辽宁省部分城市室内氡浓度水平[J]. 环境保护科学，26（3）：

39，40.
方治国，欧阳志云，刘芃，等，2013. 北京市居家空气微生物污染特征[J]. 环境科学学报，33（4）：1166-1172.
高建政，赵锋，田义宗，2009. 天津市氡浓度水平调查[J]. 中国辐射卫生，18（4）：456，457.
国家质量监督检验检疫总局，卫生部，国家环境保护总局，2002. 室内空气质量标准：GB/T 18883—2002[S]. 北京：中国标准出版社.
郝翠梅，2015. 杭州市居家空气可培养微生物特征研究[D]. 浙江：浙江工商大学.
景军波，卢新卫，李长卓，等，2015. 西安市室内空气氡浓度水平及人体辐射暴露研究[J]. 中国辐射卫生，24（2）：167-169.
李业强，田伟，葛良全，等，2010. 重庆市主城区室内氡浓度调查与评价[J]. 环境监测管理与技术，22（5）：23-25.
吕焱，杨湘山，贺强，等，2005. 长春地区不同室内环境中氡的测量与评价[J]. 吉林大学学报（医学版），31（4）：632，633.
梅爱华，刘子祯，盘文坚，2016. 广州新建住宅室内氡浓度调查[J]. 广州建筑，44（2）：14-17.
邱元凯，骆玮诗，陈宝勤，2018. 河源市区居家空气细菌污染监测与分析[J]. 科技视界，（16）：125，126.
宋凌浩，宋伟民，蒋蓉芳，等，1999. 常见大气细菌对动物肺损伤的实验研究[J]. 中国公共卫生学报，18（3）：27-30.
宋延超，马永忠，孙亚茹，等，2017. 我国某城市 8 家幼儿园夏季室内氡浓度调查分析[J]. 中国辐射卫生，26（3）：331-333.
孙宗科，康怀雄，申志新，等，2011. 南方和北方城市住宅室内空气微生物调查[J]. 环境与健康杂志，28（2）：130-132.
王春红，潘自强，刘森林，等，2014. 我国部分地区居室氡浓度水平调查研究[J]. 辐射防护，34（2）：65-73.
吴敏，陈军军，刘向荣，等，2005. 兰州地区居民室内氡浓度水平调查[J]. 中华放射医学与防护杂志，（2）：173，174.
吴小平，张起虹，肖拥军，等，2014. 江苏省室内氡水平调查及对公众剂量估算[J]. 辐射防护，34（2）：118-123.
武利平，毛怡心，王友斌，等，2019. 北京一次空气重污染过程室内外微生物气溶胶的浓度变化及影响因素分析[J]. 现代预防医学，46（5）：804-807，826.
武云云，孙浩，刘丹，等，2016. 深圳新建住宅室内氡水平及分布特征[J]. 中华放射医学与防护杂志，（7）：513-516.
徐东群，尚兵，曹兆进，2007. 中国部分城市住宅室内空气中重要污染物的调查研究[J]. 卫生研究，36（4）：473-476.
杨翠婵，陆也民，2001. 空调办公室环境质量与人群健康状况的调查[J]. 广东卫生防疫，27（1）：58，59.
郑德生，张杰，李立琴，等，2011. 北京市密云县新农村室内空气污染现状[J]. 职业与健康，27（19）：2231-2233.
郑天亮，2006. 建筑工程防氡技术[M]. 北京：北京航空航天大学出版社.
中华人民共和国住房和城乡建设部，中华人民共和国国家质量监督检验检疫总局，2010. GB

50235—2010《民用建筑工程室内环境污染控制规范》[S]. 北京：中国标准出版社.

卓维海，王喜元，金元. 我国 9 个城市室内的氡浓度水平[C]. //第三次全国天然辐射照射与控制研讨会论文汇编. 北京：中国环境科学学会.

Australian Radiation Protection and Nuclear Safety Agency, 2017. Guide for Radiation Protection in Existing Exposure Situations (RPS G-2) [S]. Commonwealth of Australia: Australian Radiation Protection and Nuclear Safety Agency, 38.

Clement CH, Tirmarche M, Harrison JD, et al, 2010. Lung cancer risk from radon and progeny and statement on radon[J]. Annals of the ICRP, 40 (1): 1-64.

Council of the European Union, 2014. Council Directive 2013/59/EURATOM of 5 December 2013 laying down basic safety standards for the protection against the dangers arising from exposure to ionizing radiation[J]. Official Journal of the European Union, L13: 1-73.

Darby S, Hill D, Auvinen A, et al, 2005. Radon in homes and risk of lung cancer: collaborative analysis of individual data from 13 European case-control studies[J]. BMJ, 330 (7485): 223.

Darby S, Hill D, Deo H, et al, 2006. Residential radon and lung cancer: detailed results of a collaborative analysis of individual data on 7148 persons with lung cancer and 14, 208 persons without lung cancer from 13 epidemiologic studies in Europe[J]. Scandinavian Journal of Work, Environment & Health, 32 (Suppl 1): 1-83.

Flores CM, Mota LC, Green CF, et al, 2009. Evaluation of respiratory symptoms and their possible association with residential indoor bioaerosol concentrations and other environmental influences[J]. Journal of Environmental Health, 72 (4): 8-13.

Government of Canada, 2009. Health Risks and Safety: Radon Guideline. Government of Canada[EB/OL].[2009-11-24]. https://www. canada. ca/en/health-canada/services/environmental-workplace- health/radiation/radon/government-canada-radon-guideline. htm.

Health Protection Agency, 2010. Limitation of Human Exposure to Radon, Advice from Health Protection Agency[M]. Chilton: Health Protection Agency, 20.

International Agency for Research on Cancer, Man-made mineral fibres and radon, 1988. IARC Monographs on the Evaluation of Carcinogenic Risks to Humans Vol. 43[S]. Lyon: International Agency for Research on Cancer, 300.

International Atomic Energy Agency. 2014. Radiation Protection and Safety of Radiation Sources: International Basic Safety Standards[S]. Vienna: International Atomic Energy Agency, 436.

International Commission on Radiological Protection, 2007. The 2007 recommendations of the international commission on radiological protection. ICRP publication 103[J]. Annals of the ICRP, 37 (2/3/4): 1-332.

International Commission on Radiological Protection, 2014. Radiological protection against radon exposure. ICRP Publication 126[S]. Annals of the ICRP, 43: 1-77.

International Commission on Radiological Protection, 2017. Occupational Intakes of Radionuclides: Part 3. ICRP Publication 137[S]. Annals of the ICRP, 46: 1-491.

International Commission on Radiological Protection. 1993. Protection against radon-222 at home and at work. ICRP Publication 65[J]. Annals of the ICRP, 23: 1-54.

International Commission on Radiological Protection. 1995. Human respiratory tract model for radiological protection[J]. Annals of the ICRP，24：1-3.

Krewski D，Lubin JH，Zielinski JM，et al，2005. Residential radon and risk of lung cancer：a combined analysis of 7 North American case-control studies[J]. Epidemiology，16（2）：137-145.

Krewski D, Lubin JH, Zielinski JM, et al, 2006. A combined analysis of North American case-control studies of residential radon and lung cancer[J]. Journal of Toxicology and Environmental Health Part A，69（7）：533-597.

Laurier D，Valenty M，Tirmarche M，2001. Radon exposure and the risk of leukemia：a review of epidemiological studies[J]. Health Physics，81（3）：272-288.

Lee CM，Kwon MH，Kang DR，et al，2017. Distribution of radon concentrations in child-care facilities in South Korea[J]. Journal of Environmental Radioactivity，167：80-85.

Lubin JH，Wang ZY，Boice JD，et al，2004. Risk of lung cancer and residential radon in China：pooled results of two studies[J]. International Journal of Cancer，109（1）：132-137.

Marsh JW，Bessa Y，Birchall A，et al，2008. Dosimetric models used in the Alpha-Risk Project to quantify exposure of uranium miners to radon gas and its progeny[J]. Radiation Protection Dosimetry，130（1）：101-106.

National Research Council，1988. Health Risks of Radon and Other Internally Deposited Alpha-Emitters：BEIR IV[M]. Washington DC：National Academies Press，624.

National Research Council，1999. Health Effects of Exposure to Radon：BEIR VI[M]. Washington DC：National Academies Press，592.

Porstendörfer J，1994. Properties and behaviour of radon and thoron and their decay products in the air[J]. Journal of Aerosol Science，25（2）：219-263.

Ross MA, Curtis L, Scheff PA, et al, 2000. Association of asthma symptoms and severity with indoor bioaerosols[J]. Allergy，55（8）：705-711.

Sidra S，Ali Z，Sultan S，et al，2015. Assessment of airborne microflora in the indoor micro-environments of residential houses of Lahore，Pakistan[J]. Aerosol and Air Quality Research，15（6）：2385-2396.

United States Environmental Protection Agency，2016. A Citizen's Guide to Radon：The Guide to Protecting Yourself and Your Family from Radon. United States Environmental Protection Agency[EB/OL]. [2016-12]. https：//www. epa. gov/sites/default/files/2016-12/documents/2016_a_citizens_ guide_to_radon. pdf.

World Health Organization，2009. WHO Handbook on Indoor Radon：A Public Health Perspective[S]. Geneva：WHO，94.

World Health Organization，2010. WHO Guidelines for Indoor Air Quality：Selected Pollutants[S]. Geneva：WHO，454.

第七章　展　　望

历时3年，施小明等完成了《室内空气质量标准》（GB/T 18883—2002）的修订任务。2022年7月11日国家市场监督管理总局、国家标准化管理委员会发布《室内空气质量标准》（GB/T 18883—2022），该标准代替《室内空气质量标准》（GB/T 18883—2002），于2023年2月1日起实施。本次《室内空气质量标准》的修订，以人民健康为本，以健康风险控制为目标，以现有室内空气污染问题为导向，同时兼顾健康公平原则，充分体现了标准修订的科学性、权威性、实用性与先进性。具体体现在以下几方面：第一，合理确定室内空气污染物指标。依据科学、权威的文献资料，结合我国室内空气污染现状，综合考虑人群健康风险、我国经济发展水平等因素确定纳入指标。新增了$PM_{2.5}$、三氯乙烯和四氯乙烯3个指标。第二，基于科学原则确定室内空气污染物限值。基于最新流行病学研究证据，根据我国的实际情况，对指标要求在我国应用的科学性和适用性进行了论证。除新增了$PM_{2.5}$、三氯乙烯和四氯乙烯3个指标要求，还收紧了二氧化氮、二氧化碳、甲醛、苯、可吸入颗粒物、菌落总数（更改为细菌总数）和氡等指标的要求。第三，科学选择检验方法。开展方法适用性评估，综合评估旧版标准及发布的国内外标准能够满足室内空气质量检验的方法。根据评估结果开展备选方法确认，结合方法的实用性等确定测定方法。增加了三氯乙烯、四氯乙烯和$PM_{2.5}$等3项指标测定方法和方法来源，增加了甲醛（高效液相色谱法）、苯并[a]芘、可吸入颗粒物、细颗粒物和氡等指标的测定方法，更改了温度、相对湿度、风速、新风量、臭氧、二氧化氮、二氧化硫、二氧化碳、一氧化碳、氨和甲醛（分光光度法）等指标的测定方法和方法来源，更改了苯、总挥发性有机化合物（TVOC）和细菌总数等指标的测定方法。此外，增加了环境要求、样品运输和保存、平行样检验、结果表述、实验室安全等技术内容。

本次《室内空气质量标准》的修订具有十分重要的意义。首先，标准修订是贯彻落实党中央、国务院把保障人民健康放在优先发展的战略位置，推动实施健康中国战略的重要举措。自党的十八大以来，党中央、国务院把保障人民健康放在优先发展的战略位置，发出建设健康中国的号召，明确了建设健康中国的大政方针和行动纲领。《国务院关于实施健康中国行动的意见》明确提出了防治室内空气污染是环境健康促进行动的重要任务之一。新版标准的发布和实施可有效控制居民室内空气污染，持续改善空气质量，保障居民全生命周期健康，提高人民生活质量。其次，标准修订是贯彻落实打好污染防治攻坚战和打赢蓝天保卫战，推进生态文明建设的重要抓手。室内空气质量安全长期以来都是我国生态文明建设的重要组成部分。最后，标准修订是以不断满足人民群众对美好生活的向往为出发点和落脚点。室内空气质量的优劣直接关乎公众健康，《室内空气质量标准》的修订以满足人们对健康环境的需求为出发点、以增强人民群众的幸福感为落脚点，通过不断完善和优化室内空气质量卫生标准体系，强化空气质量安全保障，确保人民群众在室内环境能够放心呼吸空气。标准的实施将大力推动住宅和办公场所等室内空气质量的提高，推动室内环境相关产业绿色发展，有利于提升居民生活质量，并逐步满足居民健康需求。新版标准的实施一方面为我国今后开展大规模室内空气质量监测、深入了解我国室内空气污染特征和变化规律、评估不同室内危险因素对人群健康影响等方面提供技术规范和依据准绳，可大幅度提升有关部门防治管理决策的科学性与客观性。另一方面新版标准的实施将大力推动室内建材、家装、家用燃料、日用化学品相关行业的绿色发展，提高从事室内空气质量评价、健康影响评估等相关服务机构人员的技术能力，有效降低我国室内空气污染健康风险。

为了更好地控制室内空气污染，降低其对人群健康的危害，下面对室内空气污染对人群健康影响相关研究方向进行展望。一是开展室内空气新兴污染物检测新技术和新方法研究。近年来，室内空气中新污染物不断涌现，使得我国室内空气污染物来源和种类繁杂多样、污染特征日趋复杂，迫切需要建立与室内空气污染物种类和浓度等相对应的检测方法，重点是开发室内空气新兴污染物的检测方法。另外，我国室内空气污染物监测工作尚处于起步阶段，迫切需要开展大范围的室内空气污染物监测，以获得准确、可靠的监测数据，为后续开展室内空气污染物对健康的影响等研究提供数据基础。二是开展室内传统和新兴空气污染物对人群健康的影响及机制相关研究。与室外空气污染对人群健康的影响相比，我国开展的室内空气污染对人群健康影响研究相对较少。本次《室内空气质量标准》修订过程部分指标的研究证据主要参考室外空气污染物对人群健康影响的研究结果。由于室内空气污染物来源不同于室外大气，如室内燃料燃烧和烹饪过程中产生的颗粒物物理、化学组成等，其对人群健康的影响程度和机制等也存在一定差异。鉴于我国室内空气污染存在新旧污染物并存的严峻形势，应加大对室内传统和新兴空气污染物特征及其对人群健康影响及机制的相关研究，为后续开展健康风险评估提供基础，可为有针对性地制订相关防控政策提供科学支撑。此外，随着新型冠状病毒感染疫情的暴发，后续研究应更加重视室内空气病原微生物的危害，了解我国室内空气微生物污染的传播规律、影响因素，加强我国室内空气微生物控制和人群聚集性感染风险防范等。三是开展室内空气污染控制技术研究及干预示范研究。室内空气质量同时受室内和室外多种因素的综合影响，需要采取多方面综合对策和技术措施改善室内空气质量。如加大环保型室内装修材料或者有净化功能材料的研发力度，从源头降低室内空气污染；加强室内空气污染治理技术研究，采取补救措施降低室内空气污染；加强研发高效的空气净化类产品的力度，有效降低室内空气污染等。大力开展室内空气污染干预效果评估研究，系统评估干预措施，降低室内空气污染物的效果，并择优开展推广应用。四是开展空气污染相关健康教育和健康促进的策略研究。近年来，相关部门主要通过例行新闻发布会、新闻媒体报道、学术期刊、地方报纸、微博、微信公众号和宣传活动等方式普及空气污染相关健康影响，以提高全民健康防护意识。虽然通过以上方式，已很大程度传播了室内空气质量对健康的重要性，但仍存在宣传内容过于学术、单一和死板，无法与公众建立有效沟通交流，以及宣传教育手段老旧，传播形式和方法亟待调整等一系列问题。因此，迫切需要开展空气污染相关健康教育和健康促进的策略研究，关注室内空气污染物对人群健康危害相关热点和现实问题，围绕环境健康工作重点，提高健康教育和健康促进的时效性、规范性、大众性，力求及时准确、通俗易懂，有效降低室内空气污染的健康风险。尤其应加强通过扶持环境健康文化作品创作、发挥各类公共场所（图书馆、博物馆、文化馆等）在宣传传播方面的作用，以及推进中小学环境健康教育社会实践等，对空气污染的健康风险感知、健康防护等进行普及教育，并及时评估成效和调整相关策略。

室内空气质量与每个人的健康息息相关。为了使标准的技术内容始终与时俱进，与社会经济的发展相匹配，迫切需要建立标准定期评估和修订机制。应密切追踪国内外重点关注的室内空气污染物，综合评估相关污染物健康风险和开展风险管理的相关科学证据及经验，及时梳理发达国家和国际组织室内空气质量相关标准和指南的制订和修订情况，定期评估现行标准实施效果，并适时启动标准指标、限值和检测方法的修订工作，使得标准更好地服务于社会经济高质量发展，更好地保护公众健康。